なぜ時間は飛ぶように過ぎるのか

WHY TIME FLIES

[著] アラン・バーディック
[訳] 佐藤やえ

A Mostly Scientific Investigation

TOYOKAN BOOKS

〈図版クレジット〉P.246 Courtesy of the Trustees of the Boston Public Library/Rare Books、P.343 Courtesy of Museu de Arte de São Paulo Assis Chateaubriand、P.386 Stephen Burdick Design。その他は原書をもとに編集部にて制作
（原書では、P.234 Ernst Pöppel 氏提供『Mindworks：Time and Conscious Experience』内図版、P.193、194、197、202、203、209、239、265、373 Stephen Burdick Design 制作）。

読者へ

本書のことを時間の百科事典のようなものだとは思わないでほしい。

（そうしたものは少なくともすでに二つある。一つ目は1994年出版で、総ページ数700ページ、重さ1.3キログラム。もう一つは2009年の出版で、3巻合計1600ページ、重さ5キログラムほどだ）。

本書を読んで、あなたが時間についてかねてから疑問に思っていたことが、何もかもわかるということはない。それは保証する。


時間に関する文献は無限にある。

有史以来、さまざまな書き手が、この主題についての考えを雄弁に語ってきた。その多くは、逸話の類いとしては考え抜かれた刺激的なものだが、ごく最近まで、科学的なものは比較的少なかった。本書では、哲学や宗教の世界の重要な知見を見逃すリスクは承知の上で、主に人と時間の関係を、実験を通して探求した多様な試みに焦点を当てた。


それは150年ほど前から本格的に始まった取り組みである。実験は立派な目的を持っていても、実施計画がお粗末なこともあれば、曖昧な結果や矛盾する結果が出る場合もある。

そうだとしても、私は読者と作者の両方の視点からの好奇心を心に抱きながら、人間の力でできると思える事柄に絞って、時間の実態を精査した。その作業は、とても興味深いものだった。


読者の皆様にとってもそうであることを願っている。

目次

第4章　Why Time Flies　待ちくたびれる日常とあっという間の1年

＊本文中の引用文は《　》で示しています。引用元の文献は引用一覧ページにまとめました。
＊本文中の登場人物の所属や肩書きは、著者の取材・調査当時のものです。
＊本書は『WHY TIME FLIES : A Mostly Scientific Investigation』の全訳に日本語版として編集を加えています。

はじめに

私は時々夜中にふと目を覚ます（最近は、そういう夜がいやでも多くなってきた）。するとベッドサイドの時計の音が耳につく。室内は暗くぼんやりしている。暗闇に包まれていると空間が広がって、まるで外にでもいるようだ。そこは果てしなく広がる空の下のようであり、同時に地下の巨大な洞窟の中のようでもある。私は空間を落下しているところなのかもしれない。夢を見ているのかもしれない。それとも死んだのだろうか。時計だけが動いている。規則正しく悠然と、時を刻み続ける音がする。そんなとき、私はとても落ち着いた気持ちになって理解する。時間は一方向だけに動いているということを――。

この世の始まりには（あるいは始まりの前には）時間は存在しなかった。宇宙論の研究者によると、宇宙は今から138億年ほど前に「ビッグ・バン」によって始まり、一瞬のうちに現在と同じくらいの大きさに膨張した。そして今でも、光より速いスピードで膨張し続けている。しかし、その宇宙が始まる前は何もなかった。質量も、物質も、エネルギーも、重力も、運動も、変化もない。もちろん時間もなかった。

それはどんな様子なのだろう。もしかすると想像できる人がいるかもしれないが、私には無理だ。頭がそんな考えを受け付けず、どうしても「その宇宙はどこから来たのか？　何もないところから何かが現れるとはどういうわけだ？」と考えてしまう。それでは話が進まないので、そういうものだと言い聞かせて先に進もう。ビッグ・バンの前に宇宙というものは存在しなかったらしいと――だが、それが何かの中で突然爆発して姿を現した、ということだろうか？　では、その何かとは何だろう？　宇宙の始まりの前に何があったのか？

こんなことを問うのは、南極に立って「南はどっちですか？」と尋ねるようなものだ、と宇宙物理学者のスティーヴン・ホーキングは言った。南極より南の場所というものが定義できないのと同じように、「宇宙が始まる前は、時間というものがそもそも定義されない」のだと。だからそんなことを気にしなくてもいい、とホーキングは言っているのだろう。その真意は、人間の言葉で説明できることには限界があるということのようにも思える。宇宙のことを考えるとき、人は（少なくともホーキング以外の人は）、きまってこの限界に行き当たるのだ。そこで人は、何か似ているものや隠喩（メタファー）を持ち出してくる。宇宙は大聖堂だ、ぜんまい仕掛けの時計だ、卵だ、などと表現する。

私たちが時間の話をするときも同じだ。人は時間を「見つけ」たり「なくし」たりする。その言い方はまるで部屋の鍵の話でもしているみたいだ。私たちは時間を、お金のように「節約」したり「無駄に」したりする。時間は「忍び寄り」「這うように進み」「飛び去り」「消え失せ」「流れ」「止まる」。「たっぷり」あったり「乏しく」なったりする。人に「重くのしかかる」こともある。鐘の音が「長く」あるいは「短く」響くという言い方は、まるでその音を定規で測れるかのようだ。子供時代は「遠ざかり」、締め切りは「迫りくる」――。哲学者のジョージ・レイコフとマーク・ジョンソンは著書の中で、ある思考実験を提案した。少しの間だけ、なんのメタファーも使わず、厳密に時間そのものに関係する言葉だけを使って時間のことを語ってみよう、と。すると人はなにも言えなくなる。《我々が時間を浪費することも出来ないし倹約することもできないならば、時間は依然として我々にとって時間であるだろうか。我々は、そうではないと考える[*1]》
神がそうなさったように、言葉によって始めよ、と聖アウグスティヌスは読者に語りかける。アウグスティヌスは、無から世界を造った神の御業《みわざ》について、こう述べている。《あなたが「在れ」とのたもうて造られたのです。あなたはそれらのものを、御言《みことば》においてお造りになったのです[*2]》
アウグスティヌスがこれを書いたのは西暦３９７年、43歳の時だった。アウグスティヌスは衰退期のローマ帝国の属領、西アフリカの港湾都市ヒッポで司教という重責を担いながら、人生の道半ばにあった。すでに説教集や、神学における論敵たちへの学問上の論駁集《ろんばくしゅう》など、多くの書物を書いていたが、今は『The Confessions（告白）』に取り掛かっている。完成までに4年を費やすことになるこの書物は、奇妙にも魅力的な作品だ。全13巻のうち1〜9巻には、自分に推測できる限りの幼い頃のことから、３８６年に正式にキリスト教の信仰を受け入れ、その翌年に母親が亡くなるまでの人生の重要な出来事を細かく記している。その途中の折々に、自分の罪の申し開きをする。盗み（隣家の木から梨を盗んだこと）、婚姻外の情欲にひたったこと、占星術や占いや迷信に没頭したこと、演劇に夢中になったこと、そしてさらに情欲にひたったこと（ただ、アウグスティヌスは実質的に、生涯のほとんどを一夫一婦主義を貫いた。最初は長年にわたって一人の女性とともに暮らし、その後は母が取り決めた相手と結婚し、それから独身になった）。

『告白』の10巻以降の4巻は趣が変わる。書かれている順番に挙げれば、記憶、時間、永遠、そして天地創造のことを長々と思案する。アウグスティヌスは、神と自然の秩序についての己の無知を率直に語りながら、粘り強く真実を求めている。彼が出した結論と、その内省的な手法は、デカルトからハイデガーやウィトゲンシュタインまで、何世紀にもわたる後世の哲学者たちに受け継がれた（有名なデカルトの「*cogito ergo sum*（我思う、ゆえに我あり）」は、アウグスティヌスの「*dubito ergo sum*《もしわたしが欺かれるとすれば、わたしは存在する》[*3]」から直接の影響を受けている）。

私は長いこと、時間というものをなるべく避けながら生きてきた。たとえば、成人してからしばらくの間、私は腕時計をすることを拒んでいた。どうしてそんな決心に至ったのかははっきりしないが、オノ・ヨーコは絶対に腕時計をしないという話を何かで読んだことはおぼろげながら覚えている。自分の手首に時間が巻きついているのがいやだから、という理由だった。なるほど、時間とは、外から押し付けられる鬱陶しいものなのだ（と私には思えた）。ということは、自分の体から遠ざけておくことを自ら選んでもいいのかもしれない。

そう考えると、最初のうちは実に楽しく、心が軽くなるようだった。何かに反抗したときは、よくそんな感じがするものだ。私は時間を自分の外にあるものとして捉えることで、ある種のコントロール感を得ていたのだ。たとえば小川に足を浸すかどうかとか、夜道で街灯の光の輪に入らないようにするといった行為と同じように、自分で選べるものとして。そうしながらも、心の奥底では本当のことを感じていた。時間は過去にも現在にも、私の（あるいは私たちの）「中」にある。朝起きたときから眠りにつく瞬間まで、時間はずっとそこにある。空気にみなぎり、心と身体に浸透している。人の体の細胞を、生命のあらゆる瞬間を、時間は通り過ぎていく。そしてすべての細胞を置き去りにしたあとも、ずっと進み続けている。私は時間が自分に染みついているように感じた。それでも私には、時間がどこから来たかはわからない。ましてや、それがどこへ行くのか――絶え間なく流れ去りながら、どこを進んでいるのか

——はなおさらだ。時間とは本当のところ何なのか、私には皆目わかっていなかった。私は時間を避けるあまり、納得のいく答えから遠ざかるばかりだった。

そこである日、私は時間の世界へ旅に出た。その目的は、時間を理解し、アウグスティヌスがしたように、時間は《どこから来たり、どこをとおって、どこに過ぎさってゆく》[*4]かを問うことだ。時間には、純粋に物理学的、数学的な側面があるが、それらについては、宇宙論の領域の偉大な研究者たちが議論を続けている。私が関心を持つのは、生物における時間の現れ方だ。それはまだ科学による解明が始まったばかりの領域だが、時間は生物の細胞と細胞内機構にどのように感知され、どのように伝達されるのか、そしてそれらの情報は、どのようにして中枢へと集められ、神経生物学や心理学、それに人の意識の問題として把握されるのだろう。私は世界の時間研究の現場をめぐり、何人もの専門家を訪ねながら、私が（そしてたぶん、あなたも）以前から気にかけていたいくつかの問題の答えを探した。

・子供の頃はどうして時間が長く感じられたのか？
・交通事故に遭遇したりするとき、時間がゆっくりになるというのは本当だろうか？
・人の体内に、秒、時間、日を数える時計があるのだろうか？
・時間の進み方を速くしたり、遅くしたり、止めたり、逆戻しにしたりできるのか？

・時間が飛ぶように過ぎる現象は、なぜ、どのようにして起きるのだろう？

この旅で自分が何を求めていたかを、はっきり説明するのは難しい。心の平穏かもしれない。あるいは、妻のスーザンがかつて言った私の性格（時間の経過を頑として否定する）のことを深く考えてみたかったのかもしれない。アウグスティヌスにとって、時間は「魂」に開けられた窓だった。一方、現代科学では、魂よりもう少しわかりにくい「意識」という概念の枠組みや本質が探求されている。（ただ、ウィリアム・ジェイムズは、意識とは実体のない《非存在者の名前であり……単なる木霊《こだま》、消え去らんとする『魂』が哲学の空中に残していった弱々しいざわめき》[*5]として退けていた）。それを魂と呼ぶか意識と呼ぶかはさておき、私たちはその言葉が意味する漠然とした概念を共有している。たとえばそれは、無数の自我の集まりの中で依存し合いながらも個別に存在する、途切れることのない自我の感覚だ。あるいは、「私」は漠然と「私たち」の一員であり、その「私たち」はもっと大きく、つかみどころのない「何か」の一部であるという感覚、または心の奥底にある共通の願いのようなもの。さらには、日々の営みや仕事に追われている間は気にも留めずにいるが、私の時間、私たちの時間は、終わりがあるからこそ大切なのだという絶えざる思いだ。

私は本書を瞑想録のようなものにしようとイメージしていた。そして、あわよくば過去の過ちの清算になることを願っていた。白状すれば、私が書いたこれまでの本は、事前に予定した期間（あるいは、自分でできると思っていた期間と言うべきか）よりはるかに長い時間がかかった。そこで私は自分に誓いを立てた。次に新しい本を引き受けるのは、絶対に期日通りに終えられる状況に限るのだと。つまり、本書『WHY TIME FLIES』は、「時間通りに書き上げられた、時間についての本」になる予定だった。そしてもちろん、そうはならなかった。一つ一つの仕事の断片をこなすうちには、子供たちの誕生があり、幼稚園、小学校への進級があった。海辺の休暇を経て、締め切りを破り、大切なディナーもキャンセルという段階を踏む頃には、旅として始まったはずのことが、楽しみと強迫観念の間に位置する何かに変わっていた。

そんな右往左往の中で、私は世界で一番正確な時計を見つめ、北極圏で白夜を体験し、目もくらむ高所から重力の腕の中へと落下した。そうして集めた数々の材料はお腹をすかせた泊まり客のように、いつまでも長居をして私を困らせたが、時間そのものと同じくらい魅力的で実り多い経験を私にもたらした。

この仕事に乗り出してすぐに、私は時間についての基本的な事実に行き当たった。それは、時間にまつわる真実は一つとは限らないということだ。

時間研究の世界には大勢の科学者がいることがわかってきた。その状況をたとえて言えば、広大な研究領域をあまねく照らす光のスペクトルの中に、ごく狭い波長域を専門とする科学者たちが無数に連なっているようなものだ。それぞれの科学者は、自分の波長域については自信を持って語ることができるが、それをどう足し合わせれば白色光になるかや、足し合わせた光がどう見えるのかといったことは誰もわかっていない。

ある科学者はこんなふうに言った。「何かの現象の意味がわかった、と思ったその瞬間に、どこかで別の実験がおこなわれていて、ごく小さな側面が変わってしまいます。するとまた急に、さっきの現象の意味がわからなくなるのです」。科学者たちの意見が一致する点があるとしたら、「時間のことを十分にわかっている人は誰もいない」ということ、そして「時間がいかに私たちの生活に浸透し、不可欠なものになっているかを思えば、この知識の欠如は驚くほかない」ということだ。また別の科学者は、こんなことを打ち明けた。「いつの日か、遠い宇宙の彼方からエイリアンがやってきて、『ああ、時間って、こうこうこういうものですよね』などと言うところを想像することがあります。そのとき、私たちは、まるでそんなことはずっと前から知っているというように、ひたすらうなずくのです」。私が見たところ、時間は天気に似ているような気がする。どちらも誰もが話題にするが、それについて何かの行動を起こそうとはまず思わないものだ。私はその両方をやってみることにした。

第１章　The Hours
正しい時計はどこにあるのか

《なにしろ哲学者の意見の一致よりも水時計の一致の方がはるかに難しいのだから。》[*6]
——セネカ、「The Pumpkinification of Claudius（神君クラウディウスのひょうたん化）」

秒の始まり、時計の誕生

パリのメトロに乗り込んで席に座り、眠気の残る目をこする。解放的な気分だ。カレンダーは晩冬を告げているが、窓の外は晴れて暖かそうに見える。私は昨日ニューヨークから到着し、夜更けまで友人たちと過ごした。それで今日はまだ頭が闇の中なのだ。パリより数時間遅れの時刻がこびりついていた。腕時計に目をやる。午前9時44分。いつものように私は遅刻している。

この腕時計は、義父のジェリーから最近プレゼントされたものだ。ジェリーはこれを長く自分で使っていた。スーザンと私が結婚したとき、義理の両親は私に新しい腕時計を買ってあげようと言った。そのときは辞退したのだが、それからずっと、私は印象を悪くしたのではないかと気になって仕方がなかった。義理の息子が時間に無頓着なやつでいいのか？　それで私は、後日ジェリーが自分のお古の時計をあげようかと言ったときに、すかさず「ええ、ぜひ」と答えた。幅広のシルバーのリストバンドにゴールドのケース。黒い文字盤にはブランド名Concord《コンコルド》と、*quartz*《クォーツ》の文字が太い書体で書いてある。時刻は数字のない線で示されている。私は手首に新鮮な重みを感じ、自分が偉くなったような気がした。私はジェリーにお礼を言い、とくに確信もないままに、これがあれば時間についての調査にきっと役立ちますと話した。

私は、掛け時計や腕時計、時刻表などが示す「自分の外」にある時間は、自分の細胞や心身を通り過ぎていく時間とは別物だと思い込んでいた。しかしよく考えてみると、私はそのどちらの時間のこともほとんど何も理解していなかった。腕時計一つ取ってみても、それがどういう仕組みで動いているかはわからなかったし、その時計がどういうわけで、あちこちにある別の時計とほぼ同じ時刻を示しているかも知らなかった。それに、もし外部と内部の時間に現実的な違いがあるとしても、どういうことなのかは見当もつかなかった。

そういうわけで、このお下がりの時計は一種の実験のようなものだった。自分と時間の関係をよく知るには、しばらくの間、時間を物理的に身につけてみるのがベストな方法ではないだろうか？　実験結果はたちまち見えてきた。腕時計をつけて最初の数時間は、そのことばかりが気になった。手首に汗をかき、自分の腕全体が重く感じられた。私は文字通り時間に縛られていた。そしてそのことばかり考えてしまうのだから、比喩的にも縛られている状態だ。それから少したつと、私は時計の存在を忘れた。しかし2日目の夜に時計のことを突然思い出した。赤ん坊だった息子をお風呂に入れてやっているとき、気がつくと、自分の手首にそれがあった。手首は水に浸かっていた――。

時計は二つの仕事をする。時を刻むことと、刻んだ時の数を数えることだ。原始的な水時計は、等間隔でしたたり続ける水滴を利用して時を刻む。そして、たくさんの歯車を組み合わせた進化型の水時計では、その水滴の力で針を動かし、並んだ数字やマークを指し示すことで、時間の経過がわかるようになっている。水時計は今から３０００年以上前に実際に使われていた。古代ローマの元老院では、水時計を使って、議員たちの演説時間を計っていた（キケロによれば、「時計を求める」とは発言権を要求すること、「時計を授ける」とは発言を許すことだった）。水時計は水滴に時を刻ませながら、それを足し合わせた時間経過を示していたのだ。

とはいえ、ごく最近まで、人類史に登場した時計のほとんどは、地球に時を刻ませるものだった。地球が地軸の周りを自転するにつれ、地上では太陽が空を横切るように見え、それに合わせて影が動く。これを応用したのが日時計だ。日時計はその影の位置で、今は1日のどのあたりかを知らせてくれる。そして１６５６年には、クリスチャン・ホイヘンスが振り子時計を発明した。これは重力の働き（と地球の自転の影響）で重りに往復運動をさせながら、文字盤上の2本の針を動かす時計だ。振り子が振動するごとに時を刻むそのリズムは、地球の自転によって決まっている。

現実世界では、1日、つまり地球の自転が生み出す「夜明けから次の夜明けまで」の間隔が、時を刻む単位になった。そして、その中間のあらゆる間隔——時間や分——は人為的に決められた。人が楽しんだり、費やしたり、金で買ったりするのに都合がいいような長さに、１日を分割したのだ。そして今、私たちの日常は秒に支配されつつある。秒は現代人の生活にとっては通貨のようなものだ。１セント銅貨がそうであるように、秒はとてもありふれているが、非常時には無視できない存在になる（たとえば、列車をどうにかうまく乗り継ごうとするときなど）。それでも、あまりにささやかなので、うっかりするとつまらないことに費やしたり、ごっそりなくなってしまったりもする。

ただ、秒は何世紀もの間、理論上の存在でしかなかった。１分の60分の１、１時間の３６００分の１、１日の８万６４００分の１というふうに相対的に定義された、数の上での下位区分だった。秒が確固とした物理的な（少なくとも耳に聴こえる）形をとったのは１６７０年のこと。イギリスの時計職人、ウィリアム・クレメントが、ホイヘンスの振り子時計に秒振り子を加え、私たちにはおなじみの「カチコチ」という音をたてるようになったときだ。

20世紀に入ると、水晶（クォーツ）時計の進歩とともに、秒の時代が到来した。科学者たちは、振動する電場の中に水晶の結晶を置くと音叉《おんさ》のように共鳴して、１秒あたり数万回も振動することを発見した。そして、その振動の正確な回数（振動数）は結晶の大きさと形によって決まることもわかってきた。「結晶時計」と題された１９３０年の論文では、この特性が時計の駆動に応用されたことが報告されている。結晶時計の時刻は、重力ではなく電場によって生み出されるものなので、地震の多い地域でも、走る列車や潜水艦の中でも信頼できるようになった。現代のクォーツ式の壁掛け時計や腕時計はたいてい、1秒間に正確に3万2768回（2^{15}回）の振動（3万2768ヘルツ）を起こすように、レーザーで削り出された結晶を使っている。このことから、水晶の結晶が3万2768回振動する長さを1秒とする、という便利な定義ができた。

1960年代までには、セシウム原子の1秒あたり91億9263万1770回という膨大な数の固有振動数が測定され、秒はさらに桁数の多い正確な数字に再定義された。この原子秒が誕生したことで、時間の考え方が逆転した。それまでの時刻系はトップダウン方式だった（つまり、秒は1日の部分として算出され、その1日は宇宙における地球の動きによって実現されるものだった）が、今や1日の長さはボトムアップ方式で、秒の累積として計られることになったのだ。この新しい原子時は、古くからの時間と同じように「自然」なものかどうかが哲学者の間で議論された。さらにもっと大きな問題があった。この二つの時間が完全には一致しないのだ。原子時計の精度が高まるにつれて、地球の自転が徐々に遅くなっていることがわかってきた。そのせいで地球の1日の長さはほんの少しずつ長くなっている。そのわずかな差の積み重ねが、数年のうちには1秒に達する。そこで1972年以来、合計30秒近い「うるう秒」が国際原子時（International Atomic Time：IAT）に追加され、地球の自転との同期がはかられている。

秒という単位は、かつては単純に、それぞれの人がそれぞれの場で時間を分割して決めればよかった。しかし今、秒は、専門家たちから与えられるものになっている。公式の用語で言えば、秒の「供給」を専門家が担っている。供給を意味する「dissemination」という英単語には「種まき」とか「宣伝」といった意味もあり、どこか庭造りやプロパガンダの宣伝にも似た活動が連想される。

世界を見渡すと、各国の時間管理を担う研究機関を中心に、全部で320台ほどのセシウム原子時計（大きさは小型のスーツケースくらい）と100台以上の、もっと大きな水素メーザー原子時計があって、それぞれが高度に正確な秒を、ほぼ連続的に「実現」している（セシウム原子時計は、セシウムファウンテン［原子泉］という装置で得られる周波数標準に照らしてチェックされている。世界に十数台ほどしかない、この原子泉型の一次周波数標準器は、真空内でレーザー光の力によって、セシウム原子を泉のように打ち上げるところからこの名がある）。そして、これらの装置が実現した時間を統合することで、正確な時刻が決められている。

アメリカ国立標準技術研究所（National Institute of Standards and Technology：ＮＩＳＴ）でかつてグループリーダーを務めていたトム・パーカーは、私にこう言った。「秒は『チクタク』と時を刻むもの。時刻はその『チクタク』の数を数えたものです」

ＮＩＳＴはアメリカの公式標準時を決める連邦政府機関だ。メリーランド州ゲイザースバーグとコロラド州ボルダーの２カ所に研究所があり、専門家たちが十数台のセシウム原子時計を常時駆動させている。これらの時計は正確であるとはいえ、互いの間にはナノ秒（10^{-9}秒、１秒の10億分の１）のレベルで不一致がある。そこで12分ごとに相互の１秒１秒を比較して、どれが速いのか、どれが遅いのか、正確にはどのくらい差があるのかを調べている。そして、この時計群のデータを統合して、パーカーが「極上の平均値」と呼ぶ数字を算出する。それがアメリカ標準時のベースになっている。

こうして決まった時刻がどのようにして人々のもとに届くかは、その人が使っている時計の種類と、その瞬間にいる場所によって変わる。パソコンの時計はたいてい、インターネット上の別の時計と時刻を付き合わせ、自ら補正している。そのインターネット上の時計群は、（アメリカ国内なら）最終的にはＮＩＳＴが運用するサーバーか別の公式時計を参照して、さらに正確な時刻に調整されている。ＮＩＳＴにある数多くのサーバーには各地のコンピューターから、正しい時刻を問い合わせる接続が毎日１３０億回も届く。もしあなたが東京にいるなら、小金井市にある情報通信研究機構（National Institute of Information and Communications Technology：ＮＩＣＴ）のサーバーに接続しているかもしれない。ドイツなら物理工学研究所（Physikalisch-Technische Bundesanstalt）だろう。

携帯電話の時計をチェックするときは、あなたがどこにいようとも、おそらく全地球測位システム（Global Positioning System：ＧＰＳ）から時刻を受信している。ＧＰＳはワシントンＤ.Ｃ.近郊にあるアメリカ海軍天文台に同期された航行衛星群だ。システム全体で70台余りのセシウム原子時計を持ち、それらが秒を実現している。また、電波時計の類いには、それぞれ小さな受信機が内蔵されていて、アメリカならコロラド州フォートコリンズにあるＮＩＳＴの無線局ＷＷＶＢ発の正確なタイムコードの信号を永久的に受信するようになっている（この信号は周波数が60キロヘルツときわめて低く、情報の伝送速度が非常に遅いので、タイムコードが届き終わるまでにたっぷり1分かかる）。それぞれの時計は単独でも時刻を示すことはできるが、たいていは仲介者として、より高精度の時計（時刻に関する指示系統の上の方のどこかにある）から発信される時刻をあなたに教えてくれている。

一方、私の腕時計には無線受信機や衛星との交信手段が一切ついていない。まるで自給自足の状態だ。広い世界と同期するには、私が別の正確な時計を目で見て、腕時計のリューズを回し、時刻合わせをするしかない。もっと高い精度を手に入れたいなら、腕時計を定期的に時計店に持ち込んで、水晶振動子という装置を使って調整してもらうという手もある（水晶振動子はＮＩＳＴ管理下の周波数標準器を利用して精度が保たれている）。ともかく何かの手段を講じない限り、私の腕時計は独自に実現した時刻を単体で保ち続け、すぐにもほかのあらゆる時計から取り残されてしまうのだ。腕時計をすれば、世間で認められた正しい時刻を手首につなぎ留めておけると私は思い込んでいた。けれども現実には、周りにある時計たちの力を借りない限り、私はやっぱり外れ者のままなのだ。「あなたは〝自走式〟なんですね」とパーカーは言った。

17世紀後半から18世紀初頭にかけて、世界で一番正確な時計は、イギリスのグリニッジに建つ王立天文台にあった。なぜ正確かというと、そこには王室付きの天文学者（王立天文台長）がいて、時計の動きを天体の動きに合わせて定期的に調整していたからだ。この仕組みは世界にとって大変有用だったが、天文台長その人にとっては、やっかいなことこの上なかった。１８３０年頃にこのシステムが始まると、天文台長の仕事に支障が出るほど、入れ代わり立ち代わり市民が訪ねてくるようになったのだ。人々は決まってこう言った。「恐れ入ります、今何時でしょうか？」

あまりに多くの人が来るものだから、しまいには市から天文台長に、正しい時刻を公布するようにとの要請があった。１８３６年に天文台長は、助手のジョン・ヘンリー・ベルヴィルにその仕事を命じた。ベルヴィルは、もともと名誉ある時計職人のジョン・アーノルド＆サンがサセックス公のために作った携帯型クロノメーターを持っていた。毎週月曜日の朝、彼はクロノメーターの時刻を天文台の時計に合わせ、それからロンドン市内の顧客たちのところに出かけていった。顧客は時計職人や時計修理工、銀行、それに一般市民たちだ。彼らはベルヴィルに料金を払って、自分の時計の時刻を彼の時計に（ひいては天文台の時計に）合わせるのだ（ベルヴィルはのちに、クロノメーターの金のケースを銀製のものに取り替えた。「市内のやや好ましからざる地区」で目立たないようにするためだったという）。1856年にベルヴィルが亡くなると、妻が仕事を引き継いだ。その妻は1892年に引退し、娘のルースに仕事を任せた。やがてルースは「グリニッジ・タイム・レディ」と呼ばれるようになった。父から受け継いだクロノメーター（ルースはそれを「アーノルド345」と呼んだ）を手にして、父と同じように市中に出かけていき、時刻を知らせて回る。

その頃までに「グリニッジ標準時」として知られるようになったその時刻は、英国の正式な公式時刻である。しかし、のちにテレグラフが発明されると、遠隔地の時計もほとんど時差なく、ずっと低いコストでグリニッジの時刻に合わせることができるようになり、ミス・ベルヴィルの仕事は激減した。とはいえ完全にお払い箱になったわけではない。1940年頃に80代半ばで引退するまで、彼女はそれでもなお50人ほどの顧客を抱えていた。

「正しい時刻」を決める人

私がパリに来たのは、現代版グリニッジ・タイム・レディに会うためだった。全人類にとってのミス・ベルヴィルと言うべきその人はパリ郊外のセーブルにある国際度量衡局（Bureau International des Poids et Mesures：ＢＩＰＭ）にいる。

ＢＩＰＭは世界中で使われる計測値の基本単位の決定や、その校正、標準化などを専門におこなう研究機関だ。経済のグローバル化にともなって、世界中の計測値を完全に一致させることがますます重要になっている。ストックホルムの1キログラムはジャカルタの1キログラムとぴったり同じであること、バマコの1メートルは上海の1メートルとぴったり同じであること、そしてニューヨークの1秒はパリの1秒とぴったり同じであることが大切なのだ。ＢＩＰＭは度量衡の世界標準を決める「単位の国際連合」とも言うべき組織だ。

ＢＩＰＭは1875年にメートル条約に基づいて設立された。メートル条約は計測の基本単位が国境を越えて確実に、等しく統一されることを目的としている（この条約にのっとった最初の活動は、ＢＩＰＭが「ものさし」を配布することだった。精密に測られたプラチナ・イリジウム合金製のその30本の棒は、それまで各国で一致していなかった1メートルの長さの正確さの問題に、決着をつけるものだった）。ＢＩＰＭは当初17カ国で始まったが、現在はすべての主要先進工業国を含む58カ国が加盟している（訳注：２０２１年7月現在は63カ国）。管轄する国際単位の数は徐々に増え、今は七つ。メートル（長さ）、キログラム（質量）、アンペア（電流）、ケルビン（熱力学温度）、モル（物質量）、カンデラ（光度）、そして秒だ。

ＢＩＰＭには数多くの職務があるが、その一つが、全世界で使われる唯一の正式な時刻、協定世界時（ＵＴＣ）を管理維持することだ（協定世界時の英語表記はCoordinated Universal Time、フランス語表記はTemps Universel Coordonné。略号は、英語ならＣＵＴ、フランス語ならＴＵＣになるが、協定世界時が最初に制定された１９７０年には、関係者の間でどちらを使うかの合意が得られなかった。そこで間をとってＵＴＣになった）。世界には、ＧＰＳ人工衛星に搭載されている超精密な原子時計から、歯車で動く機械式の腕時計まで、さまざまな時計があるが、そのすべてが直接または間接的にＵＴＣに同期している。あなたが世界のどこで暮らしていようと、どこに出かけようと、そしていつ誰に「今何時？」と尋ねようとも、その答えは突き詰めれば、ＢＩＰＭにいる時間の守り人たちが提供してくれたものなのだ。

ある時、時間研究者の一人がこんなふうに説明してくれた。「ＢＩＰＭが提供する時刻は、すべての人が合意している『今何時』なのです」。とすると、遅刻することは、その合意された時刻に対して遅れるということだ。定義によれば、ＢＩＰＭが示す時刻は、単に世界で一番正確な時刻というだけでなく、正確な時刻そのものということだ。

現代版グリニッジ・タイム・レディことＢＩＰＭ時間部門の部門長、エリーサ・フェリチタス・アリアス博士が現れた。すらりとして褐色の長い髪をなびかせたアリアスは、優しげで高貴な雰囲気をまとっている。天文学を学び、生まれ故郷アルゼンチンのいくつかの天文台で25年間勤務し、その後、次のうるう秒を決定する国際機関「国際地球回転・基準計事業」でも働いていた人物だ。私がオフィスに訪ねていくと、アリアスはコーヒーを勧めてくれながら、所属部門のことを説明した。「私たちの部門には一つの共通目標があります。それは、国際基準とするにふさわしい時間尺度を提供することです」。そして、「目指すは究極のトレーサビリティです」と言った。

ＢＩＰＭの全加盟国が運用している何百台かの原子時計のうち、およそ50の原子時計（群）が、それぞれの国の公式時刻である標準時を決定し、維持している。つまり、各国の「マスター時計」と言うべき存在が、世界のあらゆる場所で常時、秒を実現しているのだ。しかし、それぞれの時計が示す数字は互いに一致しているわけではない。ナノ秒（10^{-9}秒）のレベルで違いがある。その程度の差なら、電力会社（時間の正確さは必要だが、ミリ秒［10^{-3}秒、１秒の１０００分の１］のレベルで合っていれば問題ない）にトラブルを引き起こしたり、遠距離通信（マイクロ秒［10^{-6}秒、１秒の１００万分の１］単位でトラフィックする）を途切れさせたりすることはない。しかし、アメリカ国防総省が運用するＧＰＳと、欧州連合（ＥＵ）による最新のガリレオネットワークのようなナビゲーションシステムの時計は、互いに数ナノ秒の範囲内で一致していなければ一貫したサービスが提供できない。願わくは世界中の時計がぴったり合っていることが望ましいが、少なくとも最善の努力を払って、同じ値を目指すべきだ。その目指すべき目標がUTCである。

UTCは、BIPMの全加盟国の原子時計が同時に刻んでいる秒を突き合わせ、その差を補正することで確定されている。その作業には技術的にとてつもない困難がある。一つには、それぞれの時計が数百〜数万キロも離れたところにあることだ。その距離を電子信号が伝わるのにかかる時間を考えれば、たとえば各国で「同時に計測開始」しようとしても、その「同時」という言葉が何を意味するかが、まずはっきりしない。この問題を回避するために、アリアスの部署ではデータの転送にGPS衛星を利用している。すべての衛星は位置が把握され、アメリカ海軍天文台と同期させた原子時計を搭載している。BIPMでその情報を使えば、衛星から世界中の時計に向けて時報が送信された瞬間を正確に計算することができるのだ。

それでも、さらに不確かなことがいくつもある。個々の衛星の位置は必ずしも正確にわかるわけではない。悪天候の日や地球の大気が不安定なときは、通信信号の送達に遅れや変位が生じ、真の送達時間が不明になることがあるからだ。その上、装置の電子的なノイズのせいで精密な計測が妨げられることもある。BIPMでは、そんなノイズを補正するために多大な労力を払いながら、届いたメッセージに各国の時計の相対的な状態が正しく反映されるようにしている。

「世界の80の研究機関から協力を得ています」とアリアスは言った。複数の機関を持つ国もある。「私たちは、そのすべての時刻を整理統合しなければなりません」。そんなふうに語るアリアスは、穏やかでありながら自信に満ちていて、まるで有名シェフが美味しいヴィシソワーズの秘訣でも語っているかのようだ。パリのアリアスたちのチームのレシピをご紹介しよう。

◎材料
衛星から時報が送信された瞬間に、加盟機関の時計が示す時刻

◎手順
1．加盟機関の時計が示す時刻を集め、時報との差をナノ秒レベルまで算出し、数字の山をつくる。
2．1に、加盟機関の時計ごとの過去の性能に関する個別データを加味する。
3．2をアリアスが「アルゴリズム」と呼ぶプロセスに流し込む（日によっては、修理や調整のために止まっている時計もあるので、実際に運用されている時計の数を計算に入れ

る）。
4．3に統計学の風味を加え、精度の高い時計ほど重みづけが高くなるようにする。
5．全体をむらなく混ぜ合わせる。

この手順はすべてがコンピューターにお任せというわけではない。人の手による処理が必要な、細かいけれどきわめて重要な要素があるからだ。たとえば、全機関がまったく同じ方法でデータを計算しているわけではないので、そのことを考慮しなければならない。それに、いつも不思議なほど遅れている時計があるので、その寄与分の重みづけを見直す必要もある。さらには、ソフトウェアのエラーによって、集計表のマイナス記号がプラスに誤変換されたりすることもあるので、チェックして修正しなければならない。アルゴリズムを使いこなすには、ある程度は扱う人間の数学的才能も必要だ。「個人的な能力がものを言う部分があるのです」とアリアスは言った。

こうして最終的に得られた結果を、アリアスは最良の意味での「平均的時計」と呼んでいる。その時刻は、単独の時計や国家単位の時計群ではとうてい実現できないほどの堅牢さを備えている。その成り立ちから、全世界が（あるいは少なくともすべての加盟国が）合意するパーフェクトな時刻だ。

ＵＴＣの確定には時間がかかる。ＧＰＳ受信機に由来する不確実さとノイズを解決するだけでも2〜3日が必要だ。もしＵＴＣを間断なく計算しようとすれば、その作業量は膨大なものになるだろう。そこで、各加盟機関では5日ごとのＵＴＣ 0時ちょうどに、それぞれの時計の表示を読み取ることになっている。そしてそのデータを蓄積しておいて、翌月の4日または5日にＢＩＰＭに送る。アリアスたちのチームがそれを解析して、平均化し、チェックした上で公表している。

「あらゆるチェックは怠らないようにしながら、できるだけ速やかに作業するように努めています」と彼女は言った。「このプロセスには5日前後かかります。毎月4日か5日にデータを受け取り、7日から計算を始めて、8日か9日、あるいは10日に結果を公開します」。正確に言えば、こうして確定した時刻は国際原子時（ＩＡＴ）だ。このＩＡＴをＵＴＣにするには、うるう秒の補正値を加えればよい。「もうおわかりかと思いますが、ＵＴＣそのものを与えてくれる時計がどこかにあるわけではありません」とアリアスは言った。「各地の原子時計が、それぞれにＵＴＣを実現しているだけなのです」

ここにきて私は不意に理解した。世界時計は紙の上だけにあるものだ。しかも時間をさかのぼってしか存在しない。アリアスはにっこり微笑んだ。「よく『世界で一番正確な時計を見せていただけますか？』とお願いされるのですが、そのときは、『いいですよ。さあ、これが世界で一番正確な時計です』と言って、これをお見せするんです」と彼女は言いながら、角をホチキスで留めた紙の束を渡してくれた。それは加盟している時間関係の研究機関すべてに配布される会報とも言うべき月次報告書だった。『Circular T』というその報告書こそ、BIPM時間部門の主業務であり成果物だ。「毎月1回これを発行します。そこには過去の時刻、つまり1カ月前の時刻に関する情報が載っています」

世界で一番正確な時計は紙の報告書だった。ぱらぱらめくると、果てしなく続く数字の連なりが見えた。一番左の列には加盟機関の時計の名称が並んでいる。IGMA（ブエノスアイレス）、INPL（エルサレム）、IT（トリノ）……。一番上の行には、前月からの5日ごとの日付がある。11月30日、12月5日、12月10日……。一つ一つのセル内の数字は、計算上のUTCと各地でのUTC表示（日付の日に各機関の時計でUTCとして表示されていた時刻）との差を表している。たとえば、12月20日の香港の時計の欄には「98・4」という数字がある。これは、その日の計測で、香港の時計は計算上のUTCより98・4ナノ秒だけ遅れていたという意味だ。一方、同日のブカレストの時計の欄には「−1118・5」の数字がある。これは計算上のUTCより1118・5ナノ秒進んでいたということだ（けっこう大きな差だ）。

加盟機関はそれぞれに、計算上のUTCと比較しながら精度をモニターして微調整している（〝かじ取り《ステアリング》〟と表現される処理だ）。それを支援することが『Circular T』の目的なのだとアリアスは言った。各機関は前月に所管の時計が計算上のＵＴＣの値とどのくらい違っていたかを知ることで、装置の微調整と補正をおこなうことができる。そしておそらく、翌月はもう少し近づくことを目指すのだ。これまでのところ完璧な精度を達成した時計はない。一貫性があれば十分とされる。「このシステムは、研究機関がそれぞれのＵＴＣを運行しているからこそ有用なのです」とアリアスは言った。その言葉を聞くと、時刻とは航路を進む船みたいなものなのだと思えてきた。「研究機関では、自分の地域のＵＴＣがどのような位置づけにあるかを知る必要があります。そこで、自分たちが正しくかじ取りしているかを『*Circular T*』でチェックします」

最も正確な時計にとっては、かじ取りが何より重要だ。「時には素晴らしい性能を示す時計もあります。その場合はタイムステップと言って、測定間隔を飛ばして解析することが可能になります」とアリアスは言いながら、最新の『*Circular T*』を手にとり、アメリカ海軍天文台の数字の列を指差した。そこにはナノ秒で2桁（数十ナノ秒）範囲の、驚くほど小さな数字が並んでいた。「ＵＴＣが見事に実現されています」とアリアスは言い、それはある意味当然とも言える、と付け加えた。アメリカ海軍天文台は各国の中で最大数の原子時計を持っていて、ＵＴＣを決める全データの25％ほどを占めているからだ。アメリカ海軍天文台はＧＰＳ衛星システムが利用する時刻のかじ取りを担っている。だからこそ、ＵＴＣをきわめて厳密に追求する大きな責任があるのだ。

とはいえ、かじ取りはどこでもできることではない。一つの時計を運行させるだけでも高価な設備が必要なので、すべての機関にそれ以上のことをする余裕があるとは限らないからだ。「そういう場合は、時計が修正されないままになっています」とアリアスは言って、ベラルーシの研究機関の行を指した。そこでは数字たちが気ままに生きているような感じで、標準からずいぶん外れた値を示していた。私は、ある機関の数字があまりに不正確だからという理由で、BIPMが採用しなかったことはあるかを尋ねてみた。「一度もありません」とアリアスは答えた。「私たちは常にあらゆる機関の時刻を求めています」。ある国の時間研究機関が、きちんとした時計と受信機を備えている限り、その数値は一定の比率でUTCに加味される。時刻を確立するにあたっての目標の一つは、「その時刻を幅広く普及させることにある」と彼女は言った。たとえどれほど調子が外れていても、すべての加盟国を含んでいなければ、UTCはユニバーサルとはみなされないのだ。

私はまだ、UTCとは何なのか、それはいつのことなのかがはっきり理解できていなかった（「僕は2～3年かかりましたよ」と後日、トム・パーカーは言った）。「紙の時計が存在する」ということが何より奇妙だが、それが前月に集められたデータから導き出されるのだから「過去形でのみ存在する」のだ。アリアスはUTCのことを、「あとづけの時間プロセス」と呼んでいる。そうなるとやはり、彼女の紙上時計に並んだ数字は、現実世界の時計が正しい進路にかじ取りされるのを補助するための、軌道修正信号か水路標識みたいなものだ。時計たちは、水平線のほんの少し先にある港のようなＵＴＣを目指している。あなたが正しい時刻を知ろうとして、腕時計や壁掛け時計、携帯の時計などに目をやるとき、あなたが受け取る時刻は、正確な時刻に非常に近い推定値にすぎない。それがボルダーからのものでも、東京やベルリンその他のどこかから発信されたものであっても、同じことだ。正確な時刻は、あと１カ月ほど待たなければ知ることができない。完璧に同期されている時刻というものは、どうやら存在しないらしい――それは、もうないとも、まだないとも言える。永遠に続く生成状態だ。

私はパリに来たとき、世界で一番正確な時刻は、何かの形をもった最新鋭の装置から弾き出されるものと思い込んでいた。顔や手のようなものが付いた時計が、ずらりと並ぶコンピューターと、ちらちら光るルビジウムの光源につながっているイメージだ。しかし現実は、はるかに人間的なものだった。世界で一番正確な時刻――ＵＴＣ――は、ある機関の一部門で作り出されている。その部門では最新のコンピューターとアルゴリズム、そして多数の原子時計の情報を使っているが、時計ごとの重みづけをわずかに変える「計算のための計算」のような部分には、最終的に、思慮深い科学者たちの対話というフィルターがかかっている。

アリアスは、時間部門が諮問委員会やアドバイザー集団、特別研究グループ、モニタリング委員会といった、さらに大きな枠組みの中で機能していることを付け加えた。アリアスたちは、定期的にやってくる各国の専門家たちをもてなし、時には会合を開き、報告書を発行し、戻ってくる意見を分析する。常にチェックされ、監督され、修正されている。上位機関である国際度量衡委員会の時間・周波数諮問委員会（Consultative Committee for Time and Frequency：ＣＣＴＦ）が介入してくることもある。「私たちは単独で機能しているわけではまったくないのです」と彼女は言った。「小さな事柄については自分たちだけで判断できますが、重要事項についてはＣＣＴＦに案を提出しなければなりません。それを見て、最もふさわしい研究機関の専門家たちが、『同意する』とか『同意しない』などと言うのです」

ＵＴＣの決定までの道筋がこれほどまでに入り組んでいる理由は、単独の時計、単独の委員会、単独の人間だけでは完璧な時間を維持することはできないという、避けがたい事実に対処するためだ。あらゆる場所の時間に、この性質がある。私は数多くの時間研究者に会い、人の体と心における時間の働き方について話を聞いたが、科学者たちは皆、時間の働きを、ある種の集会の場のようなものとして描写した。時計は人のあらゆる器官や細胞に満遍なく配置されていて、それらが互いに交信し合い、歩調を合わせるようにして機能している。

時間の流れについての私たちの感覚は、脳の一つの領域から出てくるわけではなく、記憶、注意、感情を始めとする脳のさまざまな活動（決して1カ所だけに局在するわけではない）の複合的な作用から生まれている。脳内の時間は、外部の時間と同じように、集合的な活動なのだ。それでも私たちは、つい、脳のどこかに究極の集合体があるように想像してしまう――それは情報を精査したり選別したりする核となる集団で、体内にＢＩＰＭがあるようなものかもしれない。ひょっとすると、その場の指揮をとっているのは、褐色の髪をしたアルゼンチン生まれの天文学者かもしれない。私たちのアリアス博士はどこにいる？

私はアリアスに、彼女個人の時間との付き合い方を尋ねてみた。

「ひどいものです」とアリアスは答えた。彼女はデスクに置かれている小さなデジタル時計を取り上げ、その表示を私の方に向けて、「今何時ですか？」と言った。

私は数字を読み上げた。「1時15分」

彼女は私に、自分の腕時計を見てみるよう促した。「何時ですか？」

腕時計は12時55分を指していた。アリアスの時計は20分も進んでいる。

「自宅の時計は、どれをとっても同じ時刻になっていません」と彼女は言った。「私は本当によく約束の時間に遅れるんです。アラーム時計は15分進めています」

私はそれを聞いて安心した。が、全世界を代表して心配になった。「いつも時間のことばかり考えていると、そうなっちゃうんですすね」と言ってみた。もしも世界中の時計を調和させることが自分の仕事だったら、自分の家は避難所のように思えるかもしれない。時計を気にせずにいられる唯一の場所、靴を脱いで本当のプライベートな時間を楽しむことができる場所だ。「どうなんでしょう」とアリアスは、パリっ子みたいに首をすくめて言った。「飛行機や列車に乗り遅れたことはないんです。でも、家では、ほんの少しの間でも時間を忘れていられるなら、そうしています」

私たちは普通、時間についてはその逆のことを口にする。泥棒、暴君、支配者などと。デジタル時代の黎明期とも言える1987年に出版された『Time Wars（タイム・ウォーズ）』という本の中で、社会活動家のジェレミー・リフキンは、人類が《機械装置と電子インパルスによって時を刻む人工的な時間環境》[*7]を創り出したと嘆いている。リフキンはとくにコンピューターを問題視した。なぜなら、コンピューターのナノ秒という伝送速度は、《意識の領域を越える速度》[*8]だからだ。彼はそれを、新しい「コンピュータイム」と呼ぶ。《〝コンピュータイム〟は時間の窮極的な抽象化を示すものであり、時間が人間の体験と自然のリズムから完全に切り離されたこと》[*9]を意味する。逆にリフキンは、《時間観念の反乱者たち》[*10]の努力を賞賛した。それはオルタナティブ教育や持続可能な農業、動物の権利、女性の権利、それに軍縮を含む幅広いカテゴリーのことであり、《これまでわれわれがつくり出した人工的な時間世界は、自然のリズムからのわれわれの乖離《かいり》をいよいよ甚《はなは》だしくするばかりだと論じ》[*11]る人々のことだ。この論法では、時間は支配者層のツールであり、自然と人間の双方にとっての敵である。

これは過剰なレトリックではあるが、それから30年たった今、リフキンの主張は確かに現実味を帯びている。現代人はいったいなぜ、もっと健全な生き方を見つけようともせずに、生産性や時間管理のことばかり気に病んでいるのだろう。私が腕時計をしなかったのは、大きなものからの支配をかわそうとする私なりのやり方だったのだ（そういうものとは一度も遭遇したことがなかったにしても）。

ただ、「人工的」な時間を悪く言うほど、かつて人に優しい自然な時間というものがあっただろうか。過去には時間が完全に個人のものだった時代があったかもしれないが、果たしてそれがどのくらい前のことかは想像もつかない。中世の農奴たちは遠くで鳴る鐘の音に合わせて働いた。それより何世紀も前の修道士たちも規則正しく鳴る鐘の音に従って起床し、お祈りをし、ひれ伏していた。紀元前2世紀には、ローマの劇作家、プラウトゥスが日時計の普及を嘆いていた。それは「我が日々を無残にも細かく切り刻んだ」からだ。

さらに太古の昔の人々ですら、効果的に狩りをして、暗くなる前に無事に戻って来られるように、洞窟の壁に当たる日の光を気に留めておかなければならなかったはずだ。こうした風習のどれかが現代の習慣より「自然のリズム」に近いとしても、地球上の数十億の住人が従うべきモデルとして利用するのは難しいだろう。

私はアリアスが手渡してくれた紙の束にもう一度目をやり、それから彼女の机の置き時計と自分の腕時計を見た。そろそろおいとまする時間だった。私は何カ月か前から、社会学者や人類学者たちが書いたものを読んでいた。そこには、時間は「社会的な構築物」であると書かれていた。私はその言い回しを、「人工的なフレーバーのついたもの」といった意味に解釈していたが、今は正しく理解した。時間は確かに社会的な現象だ。これは時間に付随する性質ではなく、時間の本質そのものだ。時間は、一つの細胞の中でも、人間の集団の中でも同じように、相互対話の源である。1個の時計は、必ずどこかの時点で、目に見えてもそうでなくても、周りにある別の時計たちを参照することで初めて役に立っている。そのつながりに加わりたくないと叫ぶのは自由だし、実際にそういう声もある。それでも、もし時計がなく、時間という舞台もなかったら、私たちは一人一人の心の中で叫ぶだけの孤独な存在だ。

第２章　The Days
今日と明日の区切りを見つけに

かくして、この終わりなき日が始まった。そのすべてを記述すれば、あまりに冗長になるだろう。何事も本当の意味では起こらなかった。しかしそうでありながら、私の人生において、この日ほど重要な日はなかった。私は長年生きてきたが、そのすべてが苦闘だった。手にしたものは少なく、失ったものは多かった。その日の終わりに——それに終わりがあったと言えるならだが——私には、自分がまだ生きているということだけしかわからなかった。その状況を思えば、それ以上は望むべくもなかった。

——リチャード・バード提督、『Alone（仮訳：アローン）』

洞窟実験——消えた25日間

夜中に目がさめると、私はどうしても時計が見たくなる。だが、その時刻はすでにわかっている。夜中に目がさめるのは、午前4時、4時10分、4時27分のいずれかなのだ。それに時計を見なくても、冬場なら寝室のセントラルヒーティングのラジエーターにスチームが流れてくるカンカンという金属音から、それともほんの時たま表を通り過ぎていく車の数から、時間はわかりそうなものだ。プルーストはこんなことを書いている。《眠っている人間は身のまわりに糸にも似た時の流れを、そして、長い歳月やさまざまな世界が持つ一定の秩序を輪のように巻きつけている。目覚めたとき、人は本能的にそれらを探って、自分が現在いる地点や目覚めまでに流れた時間を即座に読みとろうとする[*12]》
自覚しているかどうかにかかわらず、人はいつでもそういうことをしている。心理学者はこれを時間見当識と呼ぶ。それは「成熟した時間感覚」とでも呼ぶべきものの特徴で、時計やカレンダーを見なくても、時刻や日付、年などがわかる能力のことだ。人がこの見当識をどういうふうに働かせているかを解明しようとして、さまざまな研究がおこなわれてきた。ある実験では研究者が道端に立ち、通りがかった人に「今日は何曜日でしょうか？」という簡単な質問をしたり、「今日は火曜日ですね」とわざと曜日を間違えて問いかけたりして反応をみた。その結果、質問をされた場合、人は週末に近いほど、正しい曜日を素早く答えられることがわかった。答えを出すには、過去にさかのぼって考えるやり方（「昨日は●曜日だったから、今日は▲曜日に違いない」）と、先の日を起点にして逆向きに考えるやり方がある。どちらの方向で考えるかは、前回の週末と今度くる週末のどちらが近いかによって決まる。つまり、もし今日が月曜日か火曜日なら過去を起点にして「今日」を判断するが、金曜日に近づくと、判断の基準日は未来に置かれるのだ。

ひょっとすると人は、時間的な目印を使って自分の位置を判断しているのかもしれない。自分の前か後ろに広がる水平線上に小島を見つけるようにして、どちらかの週末の方を向き、そこから自分が「曜日の海」のどのあたりにいるかを見積もるのだ。（余談になるが、人が時間について語るとき、空間に関する言葉をどれほど頻繁に使うかは注目に値する。来年はまだ「ずっと先」とか、19世紀は「遠い」過去、私の誕生日は「もうすぐそこ」などという表現は、まるで駅にでも向かっているかのようだ）。それとも私たちは脳内で「今日は何曜日の可能性があるか」のリストを作り上げ、ふさわしくない候補を消していきながら、最後の一つにたどり着くのかもしれない。「今日は木曜日かも。でも水曜日では絶対ない。水曜日はいつも午前中にジムに行くけれど、今、私はジム用のバッグを持っていないから」というように。

ただ、この二つの仮説はどちらも、なぜ週の半ばになると時間の基準点が移動するかの説明にはならない――つまり、人はどうして、曜日が進むにつれて、過去にさかのぼって考えるやり方をしなくなるのかは不明だ。それでもとにかく人は何らかの方法で、そんな時間的定位を、毎秒、毎分、毎日と、何年にもわたって、ほぼ休みなく続けている。そして夢からさめたとき、映画館から出てきたとき、夢中で読んでいた本からふと目を上げたときなどには、「私は今どこにいる?」「今何時?」と考える。時を忘れて過ごすと、自分を取り戻すまでに一瞬の間が必要なのだ。

昔むかし、ある男が暗い穴蔵に入った。そしてずいぶん長いこと、そこでたった一人で過ごした。男はその間、一度も太陽も月も星も見なかった。1日の正式な始まりや終わりを告げる日の出も日没も、まったく目にしなかった。時間の経過を知らせてくれる時計の類いは一切持ち込んでいなかった。男はプラトンを読んだり、将来のことをじっくり考えたりしたと、のちに書いている。男が一人で過ごした時間は非常に長かった。ただそれは、本人が予想した長さには及んでいなかった。
これはミシェル・シフレが1962年に挑んだ、史上初の「時間に関する実験」だ。フランスの地質学者のシフレはこのとき23歳。少し前に南フランスのアルプス地方の洞窟内で、スカラソンという地底氷河を発見していた。当時は冷戦下で、宇宙開発競争の真っ只中にあり、核シェルターや宇宙カプセルのことが盛んに議論されていた。多くの科学者と同じようにシフレも、人は他人や太陽から隔絶された場所に置かれたら、どうやって生きていくのだろうと興味を覚えていた。そこでシフレは、洞窟の中で地底氷河を調査しながら2週間を過ごすという隔離実験の構想を思いついた。しかしほどなく滞在期間を2カ月に延長して、彼がのちに「我が人生の主題」と呼ぶものを探求することにした。暗闇の中で、時間を知るすべもなく「動物のように」暮らすことにしたのだと、２００８年にキャビネット誌に語っている。

シフレは洞窟の中にテントを張り、キャンプ用ベッドと寝袋を持ち込んだ。心のおもむくままに寝て、起きて、食べて、自分の活動を記録し続けた。小さな発電機を使ってランプを灯すことはできたので、それを使って本を読んだり、氷河の研究をしたり、動き回ったりした。洞窟の中は冷え冷えとして、足元が常に湿っていた。地上とは唯一、電話で連絡がとれるようにしていた。シフレは定期的に地上の仲間に電話して、自分の心拍数と行動内容を報告した。仲間たちはそんなときも、日付や時刻についての情報は一切口にしないように厳命されていた。

シフレが洞窟に入ったのは7月16日。予定では9月14日に出てくることになっていた。ところが地上の仲間から「予定滞在期間が終わった。実験終了だ」と電話で告げられたとき、シフレの感覚によるカレンダーはまだ8月20日だった。つまりシフレの計算では35日しかたっていない――起きて、のんびり仕事をして、寝る、という「1日」を35回しか繰り返していない——というのに、外の時計では60日が過ぎたのだ。時間が飛び去っていた。

ここで、概日（サーカディアン）リズムの話をしておこう。「サーカディアン」の語源は、「およそ1日」を意味するラテン語の「*circa diem*」だ。生物にはおよそ1日の周期でリズムを刻む概日時計が備わっている。いわゆる体内時計のことだ。

植物や動物におおむね24時間周期を保つ能力があることはシフレの実験のはるか昔に発見されていた。1729年にはフランスの天文学者、ジャン＝ジャック・ドルトゥス・ドゥ・メランが、植物のヘリオトロープでその周期を発見していた。ヘリオトロープには夜明けに葉を開き、夕暮れ時に閉じる習性があるが、暗い戸棚の中に入れてもその習性は失われない。まるで、いつ夜が明け、いつ日が暮れるかを本能として知っているかのようだった。

シオマネキ属のカニは、日光がなくても1日のうちの決まった時間に灰色から黒へ、そしてまた灰色へと擬態のために体色を変化させるし、ショウジョウバエは、光を遮断した環境に置かれても、通常の1日周期の明暗がある場合と同じように、ちょうど夜明けの時間にサナギから羽化する。夜明け時は大気が最も湿り気を帯びているので、開いたばかりの翅《はね》を乾燥させないように環境に適応した結果だ。

このように、生物には内的な概日リズムがある。ただそれは外部環境の昼と夜のリズムにぴったり一致しているわけではない。概日時計の周期が24時間より少しだけ長い生物もいれば、少しだけ短い生物もいる。ヘリオトロープも長いこと暗闇に放置すれば、やがてその周期は外部の1日の周期からずれてくる。つまり、ヘリオトロープの習性が24時間周期に保たれるには、毎日、光刺激を受けてリセットされることが必要なのだ。それは私の腕時計とさほど違わない。私の腕時計は、無線や衛星からの正確な世界時間のシグナルを受信できないので、私が毎日リセットしてやらなければならないのだから。

１９５０年代になると、人にも内的な概日時計があることが明らかになった。１９６３年には、当時の西ドイツにあったマックス・プランク行動生理学研究所で生物リズム・行動部門を率いていたユルゲン・アショフが、音の漏れない地下壕を実験室に作り変え、被験者たちを時計なしで数週間滞在させて、その生理機能を観測した。

シフレの実験で初めて明らかとなったのは、人の1日の周期が正確には24時間ではないということだ。シフレが覚醒していた時間の長さは日によって大きく変わり、わずか6時間の日もあれば、最長で40時間に及ぶ日もあったが、平均すると睡眠覚醒周期は24時間30分で落ち着いた。そのせいでシフレの1日は、たちまち地表の1日からずれていったのだ。そしてこの経験――「我が人生の主題」を抱えて一人ぼっちにされた動物としての経験――は、彼自身をも不安にさせた。極端な孤独が人の精神に及ぼす影響を研究しようとして地下に潜ったシフレだったが、出てきたときには、本人の意図に反して、人の時間生物学のパイオニアのような存在になっていたのだ。彼はのちに、自分が「ちょっといかれて関節がはずれたあやつり人形」のようだったと回想している。


アメリカ英語の中で最もよく使われる名詞は「time（時間）」だ。ところで、時間の研究者に時間とは何なのかを説明してほしいと頼んだら、きっとこんな問いが返ってくるだろう。

「あなたがおっしゃるのは、どういう時間のことでしょうか？」

そこで、すでに何がしかの知識をお持ちの方なら、時間の中でもとくに「時間知覚」のことが聞きたいのだと言い出すかもしれない（私もそうだった）。これは外部の時間と、人が内的に認識する時間とを区別するための言葉だ。時間を二つに分けるこの考え方は、真実を階層構造で捉えていることを示している。第一階層の時間は、腕時計や掛け時計が表示する時刻のことで、私たちが「正しい時間」とか「本当の時間」と言ったときに、当たり前に思い浮かべるのがこれだ。そして、そのような時間についての人間側の知覚は、その下位に置かれ、機械の時計とどれだけ一致するかによって正確かそうでないかが計られる。しかし私は、時間がどこから来てどこに行くかを人間の尺度で理解しようとするうちに、この二分法の考え方は、無意味とまでは言わないが、あまり役には立たないように思えてきた。

ともあれ、ここは先に進もう。学術文献の中で古くから続く議論の一つに、「時間」はそもそも「知覚」可能なものなのか、ということがある。今では多くの心理学者や神経科学者が、「知覚できない」と考えるようになっている。その根拠は、人の身体構造にある。私たちの五感（味覚、触覚、嗅覚、視覚、聴覚）には、それぞれ別々の現象を感知する固有の器官がある。たとえば音は、空気中の分子の振動が耳の中にある鼓膜の動きを引き起こしたときに、音と呼ばれるものになる。視覚は、光を構成する光子が眼の奥の特別な神経細胞に当たった結果として生じてくる。一方、時間を感知することに特化した器官は、人体には備わっていない。

とはいえ普通の人なら、3秒続く音と5秒続く音の違いがわかるし、イヌも、ラットも、ほとんどの実験動物も同じようにできる。しかし、動物の脳がどのようにして、そうした微細なスケールの時間を追いかけたり計ったりできるかは、科学的に解明されていない。

「時間とは何か」を生物の観点から理解するためには、まず時間について話すときに、時間にまつわるさまざまな知覚経験のどれを指しているかをはっきりさせることが重要だ。たとえばこんなものがある。

時程――二つの別々の出来事の間にどれだけの時間が経過したかを判断したり、次の出来事がいつ起きるかを正確に予測したりする能力。

時間順序――複数の出来事が起きた順番を見分ける能力。
時制――過去、現在、未来の区別をつける能力。明日は昨日とは時間的に違う方向にあることを理解すること。
現在性の感覚――「たった今」時間が自分を通り過ぎていくという主観的な感覚（「たった今」がどういうものかはともかくとして）。

よく言われることだが、時間についての議論がしばしば混乱に陥るのは、私たちがこうした重層的な経験のことを、たった一つの言葉で言い表そうとするからだ。持続、時制、同時性といった時間知覚の経験はごく基本的で生得的なものに感じられるので、わざわざ区別をすることに意味があるとは思えないのかもしれない。
しかし、当たり前に感じているのは私たちが大人だからだ。発達心理学の観点からすると、時間とは人類が徐々に知るようになるものだ。人が出生から数カ月のうちに身につける基本的な洞察の一つが時間である。その頃に人は、「今」と「今以外」の違いを知るようになる（ただし、この気づきの源は、おそらくもっと早期の、まだ子宮の中にいる頃に受け取っている）。子供は4歳くらいになってようやく、「前」と「あと」を正しく区別できるようになる。そしてさらに年齢を重ねるうちに、人は「時間の矢」のことと、それが一方向に飛んでいく進路であることをはっきり意識するようになる。

時間についての私たちの認識は、カントが言ったようなアプリオリなものとは言い難い。時間は私たちがいつしか受け入れ、さらに長い年月をかけてなじんでいくものなのだ。

あらゆるものが時を刻んでいる

人は常に時間のことを考えている。時間の長さを見積もり、昨日のことや明日のことを検討し、前とあとの区別をつける。人は時間の経過を予想したり、思い出したり、感じたりしながら、常に時間とともにあり、時間にこだわっている。こうしたことは、ほぼすべてが意識にのぼる経験であって、私たちが知る限り、人類に固有の性質だ。しかし当然ながらその根底には、およそ40億年前から連なるすべての生命に浸透した概日リズム、つまり「1日」という時間の繰り返しがある。生物学的現象としての概日リズムは、驚くほど機械的で揺るぎないものだ。ここ20年ほどの間には、科学者たちが、その土台にある遺伝子や生化学的反応の解明を大きく進展させてきた。人の体内にある時計の中で、最も解明が進んでいるのが概日時計である。

概日リズムを比較的正確に調べる方法は、少なくとも人間では体温を測ることだ。平均的な人の体温は37℃（正確には36・9℃）と言われるが、それはあくまで平均値だ。人の体温は1日のうちに1・2℃ほど変動する。そこには規則性があり、正午から午後遅くにかけて最高値になったあとは徐々に低下して、夜明け前のまだ起きていない時間が最も低い。この最高体温の正確な数字と、そこに達する時刻には個人差があり、活動状態や病気によって体温が上がることもある。それでも私たちは皆、1日を通して、時計のように規則正しく上下する体温の変動を日々繰り返している。

概日リズムに厳密に従う身体機能はほかにもある。人の安静時心拍数は1日のうちの時刻によって、1分あたり24拍も変動することがある。血圧も24時間周期で上下する。血圧は午前2時から4時の間が最も低く、日中は上昇し、正午頃に最高値になる。排尿量は日中よりも夜間に少なくなる。それは水分摂取が減るからだけでなく、ホルモンの影響もある。ホルモンの分泌も概日リズムに従うため、その作用によって夜間には腎臓が、より多くの水分を保持するようになるからだ。こうして考えると、人は日々の予定を概日時計に合わせて組むと良いのかもしれない。身体の調節と反応時間は午後3時頃にピークになるし、心臓が最も効率よく働いたり、筋肉の強さが最大になるのは午後5時か6時頃だ。人の痛みの閾値《いきち》（耐えやすさ）は早朝に一番高くなる。歯医者には早朝営業をお願いすべきなのだ。アルコールの代謝速度は夜10時から朝8時の間が最も遅い。だから同じ量の酒を飲んでも、日中より夜間の方が体内に長くとどまり、酔いやすくなる。皮膚の細胞の分裂は、真夜中から朝4時の間に最も速く進む。一方、顔のひげが伸びる速度は夜間より日中の方が速い。男性は朝にひげを剃っても夕方にはうっすら伸びかけてきて、「5時の影（five-o'clock shadow）がさしてきた」などと言われることがあるが、夕方にひげを剃れば、朝起きたときに5時の影はみられないだろう。

このようなリズムは健康にも大きな影響を及ぼしている。脳卒中と心臓発作は午前の遅い時間に一番よく起きる。血圧が最も急上昇する時間帯だからだ。ホルモンの血中濃度はもともと24時間周期で変動しているので、さまざまな薬の効き目は、投与される時間にかなり影響される。最近では医師や医療機関がこの事実に注意を払うようになってきた。こうしたことは、あらゆる種類の動物にも言える。ある痛ましい動物実験の事例では、致死量に達していた可能性のあるアドレナリンがラットに投与されたが、投与時刻の違いによって、致死率がわずか6％の場合と78％にのぼる場合があった。また、ある種の殺虫剤は、午後の方が標的の昆虫に対する殺虫効果が高くなる。さらに、概日リズムは人の気分や頭の回転の速さにも影響する。ある研究では被験者に雑誌を渡し、30分のうちにできるだけ多く「e」の文字にチェックをつけるように求めた。すると朝8時の成績が最も悪く、夜8時30分が最も高成績だった。

覚醒度にもはっきりした概日リズムがある。覚醒度がピークに達するのは体温が最も高い時間帯で、一番落ちるのは体温が最も低い時間だ。後者は、たいていの人では夜明け前の数時間にあたる。ある研究結果によると、夜勤労働者の生産性は、本人たちが思っているほど高くはないという。早朝の3時から5時の間は、警告信号が発せられても反応がきわめて鈍く、計器の読み取りミスも一番起こりやすくなる。数学者のスティーヴン・ストロガッツは、チェルノブイリ（旧ソビエト連邦ウクライナ）、ボパール（インド）、スリーマイル島（アメリカ）、それに船舶のエクソンバルディーズ号で起きた大事故が、どれもヒューマンエラーによって、この時間帯に起きていたことを指摘し、《交代勤務の労働者は、この時間帯を『ゾンビ・ゾーン』と呼んでいる》[*13]と書いている。人類という生物種は奇妙なほどにこのゾンビを喜ばせようとする。そしてその悪ふざけがどれほど有害であるかを、現代科学が次々と明らかにしている。

時計とは時を刻むものだ。腕時計や置き時計でなくても、規則的な動きを長く続けるものなら、ほぼ何でも時を刻むことができる。たとえば、原子の振動、行ったり来たりする振り子、それに地軸を軸にして自転したり、太陽の周りを回ったりする惑星もそうだ。なんの変哲もない石炭ですら時を刻んでいる。石炭は炭素原子の塊だ。炭素原子は普通、6個の陽子と6個の中性子を持つ炭素12（^{12}C）がほとんどを占めるが、1兆に一つくらいの割合で6個の陽子と8個の中性子を持つ炭素14（^{14}C）が入っている。この^{14}Cの^{12}Cに対する存在比率（$^{14}C/^{12}C$比）は生命体ではほぼ一定に保たれる。しかし生物が死んだあとは、時間がたつうちに^{14}Cがごくわずかずつ崩壊して窒素14になるので、$^{14}C/^{12}C$比が徐々に低下する。^{14}Cの半減期（崩壊によって原子の数が半分になるまでの時間）は５７００年ほどということがわかっているので、この値と石炭の塊の$^{14}C/^{12}C$比を使えば、その石炭の年代を計算することができる。それは何万年という数字になることもある。つまり石炭は（あるいは、炭素を含むあらゆる化石は）長大な時を刻む時計なのだ。
そんなさまざまな時計——惑星、振り子、原子、石炭など——は、刻んだ時間を数えているとも言えるだろうか。これは古くから議論されている哲学的な問題だ。日時計は文字盤上の影の動きによって、あらかじめ表示してある数字を指して時間を示す。この時計は数を数えているだろうか、それとも数えているのは見ている人だろうか？　数える知性がなくても時間は存在するのか？　《はたして魂が存在しなくとも時間は存在しうるのか存在しえないのか、ということが問題とされよう》[*14]と、アリストテレスは思案した。《なぜなら、数えようとするものがいない場合には、何かが数えられるものであることは不可能であり、したがって数もまた存在しないことは明白である》[*15]。これは「誰もいない森で木が倒れたら、『音』がしたと言えるのか？」という哲学的な問答にも似ている。もし$^{14}C/^{12}C$比を測定する科学者がいなくても、石炭は時計と言えるだろうか？　アウグスティヌスは決然と言った。時間はそれを計る行為に宿る。だから時間は人の知性に属する特性にほかならない、と。後世の物理学者、リチャード・ファインマンもアウグスティヌスと同じことを述べている。ファインマンは辞書を見て、時間に関する定義が、「時間は間隔である」「間隔は時間である」と循環論法になっていることを指摘した上で、《しかし、ともかくほんとに大切なことは、時間をどのように定義するかということではなくて、どのようにして測るかということなのである》[*16]と書いた。

生物の概日時計において時間を刻む役目をするのは、細胞の中にある遺伝子とタンパク質――そして、それらの「対話」だ。遺伝子は、あらゆる細胞にDNAという物質として、細かく折りたたまれた状態で入っている。人を含むすべての動物と植物は真核生物（個々の細胞内に細胞核を持つ生物）という大きなグループに属し、その細胞核にDNAを保存している。DNAは2本の鎖がジッパーを閉じるような形で端から端まで結合して、二重らせん（ダブルヘリックス）と呼ばれる状態になっている。それぞれの鎖はヌクレオチドという小分子がビーズのように連なってできていて、複数のビーズからなるいろいろな長さの断片が、さまざまなタンパク質をコードする遺伝子だ。このDNAの二重らせん構造は不動のものではなく、きわめて動的である。必要に応じてジッパーの一部を開いては、一つ（または複数）の遺伝子をむき出しにして、そのコピーを作らせる。コピーされた遺伝子は核の外の細胞質に送り出され、その場でタンパク質合成の鋳型になる。その状態をたとえて言えば、どこかの小島に住んでいる設計士が、せっせと図面を描いて本土の工場へと送り出し、工場ではそれを使ってさまざまなロボットを作っている、といった状況だ。

遺伝子をもとにして作られたタンパク質は、ほとんどが細胞内の別の場所に運ばれて、大きな分子の部品になったり、代謝反応を触媒したり、細胞の壊れた箇所を修理したりと、さまざまな働きをする。ところが概日時計の遺伝子の場合は様子が違う。概日時計の二つの遺伝子から作られる一対のタンパク質は、ひたすら細胞質内にたまっていく。そして、やがて十分量がたまったら、その一部が核内へと戻り、もとの遺伝子のスイッチにあたる部分に取り付いて遺伝子を作動させなくする。つまり、このごく小さな一対の遺伝子が「時計」の役割をして、一定時間がたった頃に仲介物質の力を借りて、自らスイッチを切ってしまうのだ。あの設計士は図面を描いて本土に送るだけでなく、メッセージを入れた小瓶を未来の自分宛てにも送り出している。その小瓶が浜辺にたくさんたまってくると、やがてメッセージが設計士のもとに届けられる。そこにはこう書いてある。「お昼寝の時間です」

設計士が眠りに落ち、時計遺伝子が休眠している間は、タンパク質の合成も止まる。その間に、細胞質に残っていたタンパク質は分解されてしまうので、核に戻って遺伝子のスイッチを切る仕事をする者がいなくなる。すると遺伝子はまた目を覚まし、タンパク質合成の指令を発するようになる。このプロセスがうまく循環しているということは、自然選択が有利に働いたのだ。注目すべきは、そこで作り出される物質ではない（最終的に物理的なものは何も残らないのだから）。その物質を作る時間だ。時計遺伝子が最初に活性化されてから、やがてスイッチが切られ、それからまたスイッチが入るまでの周期が平均24時間なのだ。この遺伝子は結局のところ、分子ではなく、この時間を生み出している。つまり、概日時計の本質は、細胞のDNAと、それを使ったタンパク質合成の仕組みが織りなす対話だ。この対話がおよそ1日かけて展開されている。この内的な時計は、時計の持ち主——人、マウス、ショウジョウバエ、花など——が何日も暗闇に閉じ込められたとしても、自分の周期を保って時を刻む。ただ、その長さは日照周期と正確に同じ長さではないので、太陽が決める1日の周期とは徐々にずれていく。しかし定期的に日光に当たれば、概日時計がリセットされて周期が合うようになる。日光は対話の調整役として、常に時計に介入しているわけではないが、毎日1回、調子が合うようにしてくれている。

細胞内のたいていの生化学反応が1秒の何分の1というごく短い間に起きることを考えると、時計遺伝子が約24時間もの間隔を生み出すことはなおさら驚異的だ。実は核内の時計遺伝子と、細胞質で作られたタンパク質との対話の過程には、別の遺伝子から独自に作られる複数の分子も介在している。その状態は対話というよりは、大勢のプレーヤーが電話を使ってする伝言ゲームのようなものかもしれない。設計士は自分宛てのメッセージも送っているが、その仕事を処理するために、たくさんの仲介者が関わっている。配送業者、デリバリー・ボーイ、ドアマン——。そしてようやくメッセージが戻ってきた。24時間たって!

概日時計についての科学的な知見は、多くが動物の研究から蓄積されてきた。1960年代にはシーモア・ベンザーとロナルド・コノプカが、今や古典的とも言える一連のショウジョウバエ実験をおこなって、ショウジョウバエの活動が24時間周期の変動を繰り返すことを明らかにした。さらに、ハエの種類によっては、その周期が24時間より少しだけ（時には大幅に）長かったり短かったりすることがわかった。その後、ハエを交雑させせたりDNAを操作したりする方法で、この仕組みに関係する遺伝子が特定され、「時計」がどのように働くかの基本モデルが解明された。生物学者たちは一対の遺伝子を特定し、「ピリオド」遺伝子と「タイムレス」遺伝子と命名した。ピリオド（period）は周期、タイムレス（timeless）は永遠という意味だ。この二つの遺伝子は、ＰＥＲとＴＩＭというタンパク質をコードしている。ＰＥＲタンパク質とＴＩＭタンパク質は結合して一つの分子になって細胞質に蓄積し、十分量がたまったら核内に戻り、それぞれの遺伝子のスイッチを切る働きをする。

その後の研究では、これらと非常によく似た要素が関係する、非常によく似た時計が、マウスにもあることが発見された。ただしマウスの時計には、主な遺伝子とタンパク質にいくつかの変種がある。人の細胞でも同じような遺伝的要素が特定されている。それどころか、アリやミツバチからトナカイやサイまで、あらゆる動物が、よく似た作りの概日時計に従って生きている。植物も概日時計を持っている。多くの植物種が、昆虫からの攻撃が予想される朝の時間帯に防御作用のある化学物質を分泌するために、この時計を使ってスイッチを入れている。時計が正常に機能している植物は攻撃への抵抗力が高いのだ。ライス大学の細胞生物学者、ジャネット・ブラームたちのグループは、キャベツやブルーベリーなど、多くの果物や野菜にも概日時計があって、収穫された後も時を刻み続けていることを発見した。ただ、その概日リズムは、食品売り場の照明下や暗い冷蔵庫内にずっと置かれていると次第に不規則になる。その結果、周期的に作られていた重要な成分が失われ、微生物が繁殖しやすくなったり、場合によっては味も落ち、栄養価さえ損なわれてしまう。私たちは野菜を保存するつもりで、実はだめにしているのかもしれない。

パンによく生えるカビの一種、アカパンカビは、単純な構造の生物だがよく研究材料になり、やはり概日時計に従って活動することがわかっている。このように植物にも動物にも時計があって、どれも驚くほど根源的な共通点を備えていることから、7億年ほど前の地球に初めて多細胞生物が出現して以来、すべての生物が同じ時計の変種を使って生きてきたのではないかと考える生物学者もいる。私はこの考え方に慰めを感じることがある。それは午前4時27分、自分の意識のことや、いつか必ず死ぬということをじっと考えているときだ。私はおそらく、終わりのことを心配する唯一の生物種の一員なのだ。草は日光を浴びるための準備はするが、私が草刈り機を引いてやってくることを予想して悲観したりはしない。そんな私が朝起きるのと同じ頃、ミツバチや、どこか遠くの木に咲く花も目を覚ます。その花はやがて実を結び、いつの日か私がコーヒーメーカーに投入するコーヒー豆を育むのだろう。わが家のキッチンカウンターの上で、パンに生えているカビも目を覚ます。私たちは皆、内部で同じ時計を受け継ぎ、その時間の知らせを利用しているのだ。ただ、その時間を数える仕事だけは、その能力を持つ者に任されている。


人は時刻を知りたがる。私たちはベッドサイドの時計を見たり、腕時計をチェックしたり、互いに尋ね合ったりする。「今何時でしょう？」

一つの時計を見ている間は何の問題もないが、二つ目の時計を見てしまうと、たいてい最初の時計と合っていない。どちらを信じるべきだろう？　そこで私たちは、調停役になるもう一つの時計を探し出す。町の広場の時計台の時計、職場の入り口のタイムレコーダーの時計、1日の終わりに終業チャイムを鳴らす校長室の壁掛け時計などが適役だ。私たち一人一人が時間を守っていられるためには、こんなふうに、誰もがその一つの時間に合意して、必要とあらば一斉に時間通りの行動ができるような仕組みが必要だ。私たちは同期していなければならない。人生は他者の時間への大いなる適応なのだ。

同じことが私たちの細胞にも言える。哺乳類では、脳の視交《しこう》叉《さ》上核《じょうかく》と呼ばれる部分に概日時計の中枢があることが１９７０年代に明らかになった。視交叉上核は、視床下部の脳底部付近にある一対の小さな構造で、概日リズムに従って一斉に発火する2万個ほどの特別な神経細胞（ニューロン）でできている（訳注：発火とはニューロンが電気シグナルを発生させること）。

その名称は、右眼からの視神経と左眼からの視神経が交差する視交叉という場所（外界についての情報を受け取るために便利な位置）の真上にあることに由来する。

この視交叉上核が、体温、血圧、細胞分裂の速度、その他さまざまな生命活動の日々の変動を調節している。その働きは日光によってリセットされるが、自律的なリズムを保ち続けることもできる。たとえば、暗い洞窟で一人で過ごす時や、一定の光を常に浴び続ける状態では、視交叉上核が平均24・2時間ごとのリズムを繰り返す。これは地球の昼と夜の24時間周期にほぼ近いが完全に同じではない。実験的に齧歯類《げっしるい》やリスザルの視交叉上核を除去すると、その動物は非同期の状態になり、体温やホルモン分泌、その他の身体活動に概日リズムがみられなくなる。共通の時計を失ったために、これらのプロセスが互いに同期しなくなるのだ。ハムスターをこの状態にすると糖尿病を発症したり、不眠になったり、方向感覚を失ってちぐはぐな動きをしたりする。ところが、そこに別の個体の視交叉上核の細胞群を移植してやると、ハムスターはまた時計を取り戻す——ただし、その時計はドナー（移植した細胞を採取した個体）のリズムを保つ。

ところで、動物の体内時計は視交叉上核の細胞だけにあるわけではない。ここ10年ほどの研究では、実質的に人の体のほぼすべての細胞が概日時計を持っていることが明らかになってきた。筋肉の細胞、脂肪細胞、それに膵臓《すいぞう》、肝臓、肺、心臓など、あらゆる臓器の細胞が、自前の概日リズムを保っている。ある研究では、腎移植を受けた25人の腎臓を調べたところ、25人中7人に移植された腎臓は新たな所有者の概日リズムを無視し、ドナーの体内で示していたのと同じ排泄リズムを保ち続けていた。一方、残りの18人の腎臓は、新たな所有者の体内リズムの「反対方向」に同調するようになり、もとからあるもう一つの腎臓の活動が低下するときに最も活発に、その逆のときは逆向きになることがわかった。私たちの体内では遺伝子さえも、タンパク質を作ったり、細胞を維持したり、体内のエネルギー産生を調節したり、究極的には自己の定義に関係するようなさまざまな働きまでを概日リズムに従って果たしている。10年ほど前まで、哺乳類の遺伝子のうち概日リズムに従って周期的に振動するものは、ごく一部だと考えられていた。しかし今では、そうしたリズムを持つことは、あらゆる遺伝子の基本的な特性だとみられている。私たちの体には膨大な数の時計が満ちているのだ。

これらの時計は一つ一つが自律的に動く能力を持っている。つまり、それぞれ単独で時を刻むことができ、もしほかの時計から切り離されたら、ほぼ1日周期の自由継続リズム（フリーラン）を保ち続ける。さらには、その膨大な数の時計の中に、まったく同じ位相で振動するものはほとんどない。マウスの心臓と肝臓で1000以上の遺伝子を調べたある研究では、遺伝子の活性はおよそ24時間の周期に従って変動するものの、そのリズムは一つのパターンではないことがわかった。オーケストラを想像してみてほしい。弦楽器セクション――バイオリン、ビオラ、チェロ、コントラバス――が重層的なテーマを奏でている。そこへ金管と木管セクションが対位法の旋律で追いかけてくる。打楽器は背後で低音を鳴らしながら、時折り大きな銅《ど》鑼《ら》の音を響かせる。もしそこに指揮者がいなかったらどうだろう。演奏は騒音でしかなくなるだろう。人や多くの脊椎動物で、そんな指揮者の働きをするのが視交叉上核だ。視交叉上核は基本の拍子を刻み続けながら、そのリズムをホルモンや神経化学物質を使って末端の時計たちに伝え、すべての時計のリズムを合わせている。一つの時計は、自分の時間を周りの時計に知らせたり、少なくとも別の時計たちの言い分を聞いて同期しなければ、何の役にも立たない。時計はコンサートであり、集団の対話であり、双方向の物語である。あなたは、ただたくさんの時計を持ち歩いているのではない。あなた全体が一つの時計なのだ。

それでも、この全身時計は少なくとも単独では完璧とは言えない。昼夜の24時間周期への同期を保つには、理想的には毎日、外界からの刺激によってリセットされなければならない。そのための最も強力なシグナルが日光だ。そして、すべての哺乳類と多くの動物がそうであるように、人における光の入り口は目だ。視交叉上核が全身の指揮者なら、目は指揮者が使うメトロノームにあたり、物理的な時間を体が理解できるものに変換する働きをする。目の背後からは網膜視床下部路と呼ばれる神経経路が出て、視交叉上核までつながっている。日光が目に飛び込んでくると、その知らせがこの経路を通って指揮者に伝わり、交響曲を頭から再び演奏するようにと促すのだ。

このプロセスは同調（エントレインメント）と呼ばれている。生物の体にある無数の時計が一団として仕事を続けるために不可欠な仕組みだ。ただ、どの時間のどういう光でも指揮者をリセットできるというわけではない。どの波長の光が最も効果的なのか、どのくらいの長さだけ光を当てるべきか、そして1日のどの時間の光が適しているのかといった多くのことが、長年にわたる研究で解明されてきた。睡眠実験室で特殊な照明装置を使えば、人を異なる長さの1日――26時間や28時間――で機能することに慣れさせたり、深夜に起きて真昼に寝たりするように、体内プログラムを組み替えてしまうことができる。それでも、人は本来持っている時計に任せておけば、地球の自転がもたらす昼夜の変わらぬ繰り返しに同調する。私の携帯電話は軌道衛星（視交叉上核の役割をする原子時計を積んでいる）にシグナルを送り、返事を待つことで世界と同調するが、私自身は、目を開けて日光を浴びさえすれば、脳を世界と同調させられる。

新生児の概日時計

昔むかし、ある細胞が暗い穴蔵に入った。そしてずいぶん長いこと、そこにとどまっていた。その細胞は私であり、あなただった。私の二卵性双生児の息子たち、レオとジョシュアでもあった。

私たちは時間の中に生まれてくるのだろうか、それとも私たちの中で時間が生まれるのだろうか？　もちろんその答えは、時間という言葉が何を指すかによって変わる。「私たち」が何を意味するのか、そしてその私たちが「いつ始まるのか」にもよる。最初はたった一つの細胞だ。その一つの細胞が二つになり、四つになり、やがて数千個になると、形ある胎芽と呼ばれるものになる。そして、妊娠40～60日頃のどこかで視交叉上核になる細胞が現れる。それらの細胞は発生期の脳の一部に現れて浮遊したのちに、妊娠16週から妊娠中期にかけて視床下部の位置に落ち着く。

視交叉上核が定位置に落ち着いてから1カ月後の妊娠20週頃、概日性の活動が整った兆候が現れる。心拍数、呼吸数、それにある種の神経ステロイドの産生が、どれも24時間周期で規則的に変動するのだ。しかし胎児の場合は、フリーラン状態になったフランス人洞窟探検家のように内因性の時間に従って振動するわけではない。胎児は暗闇にいる上に、マスター時計たる視交叉上核に光の情報を届ける網膜視床下部路がまだ形成されていない。それにもかかわらず、子宮外の自然光による明暗周期に同調した概日性の活動を示すのだ。その1日の周期は、どうやって獲得されたのだろう？

それは母体からのシグナルのおかげだ。胎盤を通って流れ込んでくる栄養素や物質の中でも二つの神経化学物質――神経伝達物質のドーパミンと、ホルモンのメラトニン――が、胎児のマスター時計を外部の1日に同調させる重要な役割を担っている。子宮内で視交叉上核の構造が形成される頃には、早期から、その表面にこの二つの物質に対する受容体が発現する。私は夜中に目覚めて暗闇に横たわっているときに、子宮の中にいる胎児はこんな感じかもしれないと、よく想像する――そこでは時計の音はしないし、胎児は時間のことなど思いもしないのだから。胎児はせかされもせず、何も知らずに、時間を超越した空間で漂っているのだと――。しかし、それは大間違いだ。胎児はずっと、母体から届く狂いのない時間の知らせを浴び続けている。そして借りものの時間に従って生き、成長していく。

こうして胎児は、間接的に1日というものを知っている。では、そのことに何のメリットがあるのだろう？　一つの可能性として、胎児が子宮を出てから最初の数日間に好都合なことがありそうだと、科学者たちは考えている。たとえば、巣穴で暮らす哺乳動物――モグラ、マウス、ジリスなど――の新生仔は、生後数日から数週間は日光が直接当たらない場所にいて、しばらくしてからようやく地表に顔を出す。もし、そこからさらに数日かけて日照リズムに慣れなければならないとしたら、捕食者に対してあまりに脆弱だ。おそらく新生仔は（そして人の新生児も）、子宮内で概日リズムを経験しておくことが、明るい現実世界に飛び出していくための準備になっているのだろう。

それだけでなく、概日時計は体内環境を整えるためにも欠かせない。動物はまだ胎仔のうちから、ミニチュアの概日時計の集合体のようになっている――細胞に、遺伝子に、発達途中のあらゆる臓器に、無数の時計があって、およそ24時間のリズムで決められた役割をこなしている。中枢の時計――子宮内では母体からのシグナル、その後はその個体の視交叉上核がその役目をする――がなかったら、そうしたさまざまな体内システムは適切に発達できず、互いに協調しながら働くこともないだろう。もし、胃は1時に食べると決めているのに、胃の酵素たちは1時間遅れて姿を見せるとしたら、消化がうまく進まない。母体の時計は胎児の時計たちが仕事をこなせるようになるまで、不可欠な統制を胎児にもたらしている――この状態は、ある論文で「内的時間秩序」の状態と表現されていた。それによって胎児と母体の生理的な仕組みが統合され、両者が同じ時間に食べ、消化し、代謝することも可能になる。つまり胎児は誕生の瞬間まで、まさに母体の一部として存在している。そして母体にとっては、支配し、かじ取りをする末端の時計が一つ多くなった状態と言える。

母体の概日リズムには、胎児にとっての目覚まし時計の役割もあるかもしれない。研究によると、多くの哺乳動物の分娩の始まりに概日リズムの要素があることがわかってきた。たとえばラットは、日中の時間帯――夜行性のラットにとっては人間の夜間の時間帯に相当する――に出産するのが普通だが、実験室では、母体を照明に曝露《ばくろ》する時間を短くしたり長くしたりすることで、分娩が始まる時間を調節することができる。アメリカの女性が自宅で出産するときは、ほとんどが夜中の1時から早朝5時の間になる（ところが病院では、週末の午前8時から9時の間に生まれる赤ん坊が一番多い。おそらく誘発分娩や帝王切開が増えているためだ。こうした処置は、職員が最善のケアをおこないやすい時間帯にスケジューリングされるのが通例だからだ）。いくつかの動物研究からは、胎仔が分娩の進行に対しても能動的な役割を担うことが示唆されている。妊娠最終日には、胎仔の脳内のマスター時計（すでに太陽の1日に同調している）が神経化学物質によるシグナル伝達の引き金を引き、出産時にそれがピークに達するという。それまで末端の暗がりにいた幼い時計が独り立ちを宣言し、世界に向けて自らを解放するのだ。

レオとジョシュアは予定より6週間半ほど早い7月4日の早朝に、4分差で生まれてきた。新生児は不思議な生き物だ――びっくりして、金切り声を上げて、白い胎脂に覆われている。

振り返って率直に言えば、分娩室で息子たちが出てきたときは、二つの「ちょっといかれて関節がはずれたあやつり人形」みたいに見えた。二人は、この瞬間までの数カ月間、胎盤を通して流れ込んでくる神経化学物質を浴びながら、時間をじかに体感していた。

これから彼らにとっての時計になるものは、言うまでもなく、世界をあまねく照らす光だ。二人はすでに照らされていた（もちろん午前2時のこの時点では病院の照明だが、数時間のうちに本物の日光を浴びることになる）。ミシェル・シフレが内因性の時間で暮らした洞窟から、初めて日光のもとに出てきたときは、成熟した概日システムを持っていることが役に立った。シフレの睡眠覚醒周期は普通の生活に戻ってほんの数日でほぼ正常に回復し、友人や家族や、取り巻く世界とまた同期することができたのだ。それに比べて新生児は、概日時計の性能がまだ十分に整わないうちに、この世に現れる。母親と同期した状態で誕生して数週間は、新しい家族たちを巻き込みながら、あふれる日光のもとで時間の大混乱に陥っていく。

私の思い出せる限りでは、彼らの誕生から数週間に起きた数々の出来事は、このことで説明がつくと思う。私とスーザンはこま切れにしか寝ることができず、私は作業記憶を失った。私は真夜中に二人に哺乳瓶で授乳したあとで、映画の『フレンチ・コネクション』を何度か観たことは覚えている。しかし、そのあらすじは今だによくわからない。ひげ面の男、地下鉄での追跡、それにジーン・ハックマンがソフト帽をかぶっていたこと――そのくらいしか覚えていない。シフレと同じように、私は自分が前日に何をしたかをほとんど思い出せず、その前日とは何時間前のことなのか、あるいは前日はまだ終わっていないのかすら、ほとんどわからなくなった。あの期間全体がぼんやりとして、覚醒と不眠の長いひと続きの連なりのようだった。何カ月かたってから、スーザンと私はようやく振り返ってみる力を取り戻し、気がつけば、「時間が止まっていた」と「時間が飛ぶように過ぎた」の両方を口にした。そのどちらも等しく本当だったと感じられたのだ。

新生児は生まれて3カ月ほどは1日に16～17時間くらい眠る。ただ、決まった時間に寝るわけではない。睡眠は24時間全体にかなり均等に分布する。最初のうちは夜より昼によく眠るが、生後12週目までには夜の睡眠時間の方が長くなる。こんな不特定なパターンになるのは、体内のコミュニケーションがうまくいっていないからだ。赤ん坊の視床下部にある概日時計は生まれたときから作動しているが、そのリズムを脳と全身に伝える神経経路や生化学的経路はまだ完全にはつながっていない。「時計は確かに時を刻んでいます」とフロリダ大学医学部小児科医長のスコット・リフキースは言った。「ですが、時計で起きていることと、体のほかの部分で起きていることの間にずれがあるのです」。それはまるで、アメリカ海軍天文台が時刻のシグナルをGPS衛星ネットワークに送れなくなったみたいな状態だ。赤ん坊の脳は正しい時間がわかっているが、それを適切に配信できないのだ。

このずれは、少し前まで医学の世界で大いに注目されていた。１９９０年代後半にリフキースは、早産児や新生児の網膜視床下部路を特定する研究に貢献した。そして、何週間か早く生まれた早産児でも光に反応することから、この経路が妊娠後期には機能する状態になっていることを見出した。リフキースは、この発見に重要な意味があることに気づいて驚いたのだと言った。早産児は一般に、自宅に連れ帰っても大丈夫なほど体力がつくまでは、新生児集中治療室（neonatal intensive-care unit：ＮＩＣＵ）でケアされる。ところが１９９０年代のアメリカのＮＩＣＵでは、常に照明を消しておくことが慣例とされていた。子宮は暗い場所なので、早産児のための院内環境もそうあるべきと考えられていたのだ。しかし、リフキースはこの論拠の妥当性に疑問を持った。予定より早く生まれた新生児は、たちまち母体からの概日シグナルの刺激を失ってしまう――その情報は、まだ未熟な器官や臓器系が互いに同期しながら発達していくためには不可欠なはずだ。しかし、そんな早産児でも、十分に機能する網膜視床下部路を持っているとなると、早産児は自力で概日リズムの情報を得ることができるのかもしれない。病院は正しいことをしているつもりで、実は新生児にとって不可欠な時間の情報を奪っているのではないか、とリフキースは感じた。

リフキースと同僚たちは、早産児を対象とした実験をした。早産児の一群を常に照明を暗くした通常のNICU環境で約2週間保育し、それから退院させた。別の一群は、午前7時から午後7時まで照明をつけ、それ以外の時間は消すという周期のもとで約2週間保育したのちに、退院させた。両群の児にはNICU在室中から退院30日後まで足首に活動計を装着させて、心拍数と呼吸数のわずかな変化も連続的に記録できるようにし、児が体を動かした頻度（体動回数）を測定した。そのデータを解析したところ、両群の児の1日あたりの体動回数は全期間を通してほぼ同程度だった一方、日中と夜間の体動回数の比率には明らかな違いがあることがわかった。病院で周期的な照明を浴びていた児は、NICU在室中からすでに、夜間より日中の方が20〜30％ほど活発になっていたが、もう一方の群は退院から20日以上経過した頃にようやく同じようなパターンになったのだ。早期に光を浴び、早期に時間の感覚を持つことには健康を促す以上の意味があるかもしれない。新しい家族の絆につながる相互関係の構築に大切な役割を果たすことだろう。

　この研究の貢献もあって、今、アメリカの新生児病棟では周期的に照明をつけることが普通になっている。また小児科医は通常、家庭で遮光用カーテンを使うのは夕方から夜明けまでだけにして、赤ん坊の午後のお昼寝のときは使わないようにとアドバイスしている。それでも、リフキースによると、「子宮の再現」神話は親たちの間に根強く残っている。小児科の看護師が家庭訪問をすると、新生児たちが真っ暗な部屋や薄暗い部屋で寝かされていることがよくあるという。

また、乳児の概日リズムは、出生後も母親からの影響を受け続ける。母乳にはトリプトファンという分子が含まれているが、これは吸収されたあとにメラトニンという神経化学物質に変化して、眠りを誘う働きをする。もともとトリプトファンは母体の概日時計のスケジュールに従って産生されるので、母乳中の濃度は1日の中で特定の時間に高くなる。規則正しく授乳をすることで、新生児の睡眠周期が母体の周期に合うだけでなく、自然な1日周期にも合いやすくなるということだ。母乳保育は調整乳保育の場合より、乳児が健康的な睡眠スケジュールに適合する時期が早くなるという研究もある。新生児にとっての「1日」は、時間を消費するだけでなく、吸収しながら過ぎていくものでもあるようだ。


暗闇の中、泣き声で目を覚ます。レオだ。お腹がすいたのだ。今何時だろう？　手探りで時計を引き寄せ、目の前に持ってくる。午前4時20分。今日は6月21日、夏至の日。昼間の時間が一年で一番長い日だ。どうやら私は、そのすべてを起きて過ごすことになりそうだ。

レオとジョシュアは2万個ほどの時計細胞と、網膜からつながる特別なニューロンの助けを借りて日光を処理しているうちに、人生最初の365日の節目を迎えようとしていた。ここ数週間、二人とも夜はずっと眠っているが、朝起きるのが恐ろしく早い。夜明けの気配がうっすら漂う頃に、鳥よりも早く目を覚ます。友人たちからは、二人をベッドに連れて行く時間をいつもより少し遅くしたら、朝起きる時間が少し遅くなるだろうと言われる。それでも私たちは概日リズムの同調のことを学んだばかりだったので、成り行きを科学に委ねることにした。

光は概日時計をリセットする。ただ、どんな光でもそれができるわけではない。そうでなかったら、概日時計は日光に触れるたびにリセットされてしまう。現実に生体が最も敏感になる光――正確に言えば、光の強度の変化――は1日の始まりの光だ。コウモリなどの夜行性動物の概日時計は、朝よりも夕方の日光の強度の変化に同調する。一方、昼行性動物（ある程度の日周リズムのようなものを達成済みの場合は、人間の子供も含む）は、夕方の光より明け方の光に感受性が高い。だから子供を前の晩にベッドに連れて行く時間が6時だろうが8時だろうが、翌朝は早朝の同じ時間に目覚めるだろうと私たちは考えた。

私の頭の中にあるこうした知識をスーザン（彼女ももう起きていた）と話し終える間もなく、表で鳥たちが一斉に歌い出した。最初に1羽のコマツグミがさえずり出し、それから大合唱だ。時刻は午前4時23分。スーザンはレオに授乳するために、ゆっくり部屋を出た。20分もすればレオはまた眠り、スーザンはベッドに戻ってくる。それから1分もしないうちにジョシュアが目を覚まし、泣き声をあげる。おぼろげな光が窓のブラインドを通して入ってくる。鳥の声が耳障りなほどだ。それでジョシュアは眠れないのだろう。概日リズムを研究している科学者たちは、生物時計をリセットさせる出来事を「同調因子」という言葉で言い表す。最も強力で最もよくある同調因子は日光だ。その日光の刺激を長期にわたって奪われると、人の概日リズムは無意識のうちに、別のシグナルによってセットされるようになる。目覚まし時計、ベルの音、単純だが規則的な社会的接触などだ。日光はコマツグミにとっての同調因子で、コマツグミは子供たちにとっての同調因子。そして子供たちは大人にとっての同調因子だ。

「鳥、うるさーい」とスーザンがつぶやく。

私たち二人にとって親であるということは、ゆるやかだが容赦のない譲歩の連続だということがわかってきた。最初のうち私たちは、本当は新米の親などではなく、スタートアップ企業のマネージャーなのだと自分に言い聞かせていた。この作り話の中での私たちの生活は、仕事はできないが可愛らしい二人の従業員が加わったことを除けば、以前とまったく変わらない。私たちの仕事は、彼らを私たち大人のスケジュールに（かつての子供がいなかった頃の私たちのスケジュールに）合わせるようしつけることだった。けれど私たちの会社は、そのいわくつきの二人の従業員にどんどん支配され、操られていくようだった。

私は彼らが午後のお昼寝をしている間だけでも、自分を取り戻そうとした。その2〜3時間はかつての自分がよみがえり、かつて得意だったこと（何かを書く、あるいは寝るなど）ができそうな気がしたのだ。しかしこれも思い込みだった。私は二人をそれぞれのベビーベッドにそっと置き、忍び足で部屋を出る。二人は静かになる。ところが、すぐに一人がキャッキャと言いはじめ、私のことを呼ぶ。私が行かずにいると、彼は不満げにうーうーと声を上げ、やがて激しく飛び跳ねる。1メートルも離れていないところで兄弟がすやすや寝ているというのに。そうなると私はわけもなく心を乱された。自分一人でいるときの大切な感覚が一層侵害された。「今は私の時間なのだ」と私は息子に言い含めようとした。

優しく話したり、おだてたり、叱ったりした。それでも息子を興奮させるだけだった。私はいらだってきたが、しかめっ面を見ても息子は怖がらず、おどけたしぐさで私をからかって楽しんでいるように見えた。私は、はっとした。自分がいかにも偉そうな大人になっていることに気づいたのだ。息子はただ一緒に遊んでほしかっただけなのに。私は仕事をするという妄想をあきらめ、息子と二人の時間を楽しむことにした。

ある日の午後、息子は寝室の壁に掛かっている時計を指差した。その「コチコチ」いう音が気になって起きていたのだ。息子は、もっと近くで見たいとせがんだ。私は時計を壁からはずして持ってきて、裏側の電池と装置が入っているプラスチックのボックスを見せた。それからひっくり返して、秒針がぐるぐる回るのを一緒に首をかしげながら眺めていた。

地球最古の生物の概日時計

私はハドソン川沿いの丘のふもとにある古いビルに仕事場を置いている。ビルの表には、駐車場のそばに人工池とベンチがある。私は時々そこに行って考え事をする。池は小さく、たぶん向こう岸まで30メートルくらいだ。池の縁はコンクリートで覆われている。水――都市近郊にありがちな地面に浸み込まない雨水――が向こう岸の雑草だらけの溝から流れ込み、こちら側の排水管から流れ出ている。早春の頃は水が澄んでいて、水深1メートルくらいの底の方に、池に棲み着いた金魚の姿が見える。5月の半ばになると水面に緑色の薄い層ができてくる。そして6月後半には泡交じりのぬるぬるしたもので池全体が覆われ、ほとんど何も見えなくなる。しかしそこには考察すべきことが大いにある。

藻屑のようなそのぬるぬるは、本来ならもう少し讃えられるべき存在だ。そのほとんどは単細胞性のシアノバクテリアという生物で、かつては藍藻植物《らんそうしょくぶつ》と呼ばれていた。原核生物（細胞核がない生物）の中で大きな一群を占め、さまざまな種類が日光を受けて光合成をしながら水中で生息している。シアノバクテリアは一般の人が「菌」と呼ぶ生物とは違うし（私たちの身近にいる菌は光合成はしない）、正確に言えば藻類でもない（藻類は単細胞だが細胞核がある真核生物）。それでも、シアノバクテリアはほとんどどんな場所にもいる。地球のバイオマス

（生物量）のかなりの部分を占め、食物連鎖の起点になっている。

45億年という地球の歴史の中で最古の部類に入る生物で、その誕生は今から28億年以上前とも、38億年も前の地球の大気に酸素が含まれていなかった頃とも言われている。実はシアノバクテリアは、光合成の副産物として、大気中の酸素を増やすことに貢献した生物だと考えられている。もしも、この世の歴史のどこかの時点で何かが起きて、時間のエッセンスのようなものが生物に取り込まれ、そこから体内時計が時間を刻みはじめたのだとしたら、シアノバクテリアはそれにふさわしい舞台の一つと言えるだろう。

体内に固有の時計を持つことは優れた適応だ。時計は、必須の機能のための備えになるからだ。理論的には、時計を持たない生物であっても、時間を知る必要が生じたときに対処する方法はある。日光の24時間リズムを絶えず直接参照しながら、体内環境を調整維持すればいいのだ。しかし、そんな生物は夜間と曇りの日には、いつも調子が狂ってしまうだろう（もしあなたの電波時計が日没後は電波を受信しなくなり、正しい時刻を保つ機能がほかについていなければ、どういうことになるかを想像してほしい）。

それでも１９８０年代後半までは、シアノバクテリアのような微生物に概日時計はないと考える生物学者が大勢を占めていた。その理由は単純で、普通の微生物は概日時計が必要になるほど長くは生きないから、というものだ。典型的なシアノバクテリアは数時間ごとに分裂して、二つの新しい個体になる——太陽が輝いている間はもっと速く、盛んに分裂するが、暗闇ではあまり分裂しない。24時間のうちに、1個の親細胞から6世代かそれ以上の後継世代が生まれ、多数の細胞に分かれていく。「もし、あなたが翌日には別人になっているのだとしたら、時計を持つことに意味があるでしょうか？」と、ヴァンダービルト大学の微生物学者、カール・ジョンソンは私に言った。

ジョンソンはもう20年以上、研究現場の最前線に立って、シアノバクテリアが間違いなく概日時計を（それも驚くほど正確な時計を）持っていることを明らかにしてきた。そしてさらに、シアノバクテリアの時計には動物、植物、真菌の細胞に入っている時計との類似点がほとんどないことから、そもそもなぜシアノバクテリアの概日時計が進化してきたのか、そしてその後の時計の多様性とどのような関係にあるのか、という問題に取り組んでいる。

シアノバクテリアはどれも光合成の過程で酸素を発生させるが、窒素固定という重要な機能を持つ種類も多い。窒素固定とは、大気中の窒素を吸収して、植物が利用可能な窒素化合物を作り出すことだ。この光合成と窒素固定という二つのプロセスを同時にこなすことは難しい。なぜなら、酸素が存在する環境では、窒素を捕まえるのに必要な酵素が分解されてしまうからだ。多細胞からなる糸状性シアノバクテリアという種類は、細胞ごとに仕事を分担することで、この二つの同時進行を実現している。しかし、単細胞性シアノバクテリアは細胞内に区画があるわけではない。そこで代わりの手段として、時間による区分をするようになった。つまり、単細胞性シアノバクテリアは日中に光合成をして、夜間に窒素固定をおこなっている。
このような日々のリズムの存在が、この微生物に何らかの概日時計があることの一つの手掛かりになった。ジョンソンは数名の同僚とともに、この時計の仕組みを解明した（他の微生物の間でも同様の時計の特徴がみられるが、人を含む多くの生物の時計との類似性はほとんど認められない）。シアノバクテリアの時計の重要な要素は、KaiA、KaiB、KaiCと命名された三つのタンパク質だ（「Kai」は回転の「回」にちなんで名づけられた）。（訳注：この遺伝子は日本の研究グループがジョンソン博士とともに発見した）
カリフォルニア大学サンディエゴ校（University of California, San Diego：UCSD）の微生物学者、スーザン・ゴールデンは、この三つのタンパク質の相互作用を「集団ハグ」と呼んでいる。その抱擁が完成するのに、約24時間かかる。
「時計を動かす歯車に形がよく似ています」とゴールデンは言った。その仕組みには驚くような側面がいくつかあるが、何よりその独立性が際立っている。多くの生物の概日時計は遺伝子の周期的な発現によって駆動されている。つまり、核内にあるいくつかの重要な遺伝子がコピーされて、細胞質でタンパク質が合成され、やがてそのタンパク質が核に戻ってきて遺伝子のスイッチを切るというプロセスだ。

一方、シアノバクテリアには核がなく、その概日時計は、タンパク質の相互作用だけで成り立っている。それらのタンパク質を産生させる遺伝子は特定されている（その遺伝子の機能を止めると、時計は部品が足りなくなって、やがて止まることからわかる）。しかしタンパク質の時計が時を刻むペースは、遺伝子が発現するペースとは関連していない。それどころか、時計の働きは細胞そのものにもほぼ依存しないので、主なタンパク質を細胞から取り出して試験管に入れておいても、24時間周期のハグが何日も続いて起きるのだ。

「植物、動物、それに真菌の時計は非常に漠然とした存在で、たくさんの物質が関係する複数の出来事を、まとめて時計とみなしています」とゴールデンは言った。「シアノバクテリアの時計がそういうものと違うのは、現実に、時計の装置にあたる物があるところです。だからそれを試験管内に移しても、同じように仕事を続けるのです」

シアノバクテリアが分裂するときは時計も二つに分かれ、リズムが狂うことなく時を刻み続ける。2個のバクテリアが4個になり、8個、16個、そして数百万個になっても、そのすべてが最初の時計と同じものを同じように内蔵し、集団で同期したまま同じ時間を刻んでいく。その時計は、細胞膜という袋の中で複数のタンパク質が相互作用することで成り立っている。袋が分裂するときはタンパク質たちも同じように分かれ、時計の仕組みはそのまま保たれて、新たな二つの袋の中で同じリズムを刻み続ける。この仕組みはシアノバクテリアのDNAには依存しないので、時計は一つ一つの細胞の寿命を超えていく。池の表面を覆う緑の膜を見て、気づく人はほとんどいないだろうが、それは無数のシアノバクテリアの細胞でできている。その全体が一つの時計の文字盤のようなものだ。

この時計のいくつかの変種が、数十種類のシアノバクテリア種で見つかっている。「似たような種類の時計を持つ生物が、おそらくほかにもいるでしょう」とゴールデンは言った。「時計がいくつあるのか、私たちにはわかりません」。種類の違う数多くの時計が、動物、植物、真菌、細菌で機能していることから、生物学者たちは、それらの時計にどの程度のつながりがあるかを考えるようになった。

2通りの説がある。一つは「多時計説」とでも呼べるだろうか。日光の24時間リズムは非常に普遍的な自然選択の推進力になっていること、そして概日時計の発現は非常に重要な適応であることから、無数のタイプの概日時計が現れているはずだという考え方だ。「生物の種類が違えば、それぞれが自分のキッチンにある別々の材料を使って時計を料理するかもしれません」とゴールデンは言った。「その時計がうまく動けば、それでいいのです」

もう一方の「単一時計説」はその逆だ。日光のリズムは非常に浸透性のある選択圧なのだから、いったん原型の概日時計が登場したあとは、それが保たれているはずだと主張する。この論拠を説明するのはなかなか難しい。ヒトと植物、植物と真菌、あるいは真菌とシアノバクテリアの時計の間には、あまりに大きな違いがあるので、簡単には成り立ちそうにない。

しかし、少なくともカール・ジョンソンは、最終的にはそういうことが起こり得ると述べている。多細胞生物の時計を成り立たせている「遺伝子の転写」と「タンパク質への翻訳」との「対話」の背後には、シアノバクテリアのタンパク質時計のような何かが隠れていて、それが時を刻み続けながら、見かけ上の対話を促しているのではないかという考えだ。「私は、転写翻訳モデルのほかに何か中心的な存在があるかもしれない、という説を推していますと言った。「シアノバクテリアが新たな考え方に導いてくれるかもしれません」

藻屑時計の池を長いこと見つめていると、疑問がぶくぶく湧いてくる。たとえば、その概日時計は何度も進化を重ねたのか、それとも1回だけなのだろうか。そもそも、なぜそれが出てきたのだろう。証明できる答えは、もちろんない。自然選択は証拠を残さないからだ。それでも、時計が出現するときに日光が何らかの役割を担ったことは、ほぼ間違いない。概日時計のリズムと太陽による1日の長さは非常に密接な関係にあり、しかもそれが生物界全体に広く一貫している。こうしたことは単なる偶然ではあり得ない。

微生物の立場になって、自分の24時間時計で何ができるかを想像してみよう。時計は太陽光が当たらないときのための便利な備えになる。ただそれは、ほとんど目覚まし時計のような、未来予測のための装置だ。太陽が明日はいつ頃顔を出すかを的確に教えてくれるので、あなたはそれに備えることができる。あなたが光合成をするタイプなら、その時計があれば、エネルギー調達機械を動かす準備ができるので、おそらく他の光合成生物より優位に立てるだろう――そうなると、あなたは時計を一層うまく再生産して未来の世代へ伝えることができる。

ただし、そういう利点は赤道直下ではあまり役に立たないかもしれない。昼と夜の長さが同じで、日の出と日没の時刻は変わらないからだ。しかし、北極か南極に近づくほど、季節の進行とともに昼と夜の比率が日に日に変化するので、概日時計はその変動を予想するのに役立つだろう。もしかするとその時計は、太古の昔の生物たちが生息範囲を拡大するのに貢献したのかもしれない。17世紀に経度と機械式時計が考案されて、イギリスが世界の海を探検し、遠くの島々を植民地にするのに役立ったのと同じように。

とはいえ、選択圧としての日光は両刃の剣だ。利用するべきものであると同時に、回避するべきものでもある。紫外線は細胞のDNAに壊滅的な損傷を及ぼすことがある。ゲノムが最も脆弱になるのは、DNAがほどけて自己複製をしている細胞分裂の間だ。現在、地球の大気にはオゾン層があって、有害な紫外線から生物を守ってくれているが、オゾン層がまだなかった40億年ほど前は、危険きわまりない状況だっただろう。ならば、この地球に酸素とオゾン層をもたらすという、少なくとも10億年はかかる偉業に大いに貢献したシアノバクテリアは、かなりの危険に曝《さら》されていたはずだ。シアノバクテリアには鞭毛《べんもう》がないので自力で動くことはできず、水中に沈んで隠れることはできなかった。自分の脆弱な部分を紫外線に曝さずに、どうやって増殖することができたのだろう？

そこに概日時計が役に立ったのかもしれない。概日時計を持つことで、バクテリアは1日のうちで危険の少ない時間帯に細胞分裂をするような工夫ができただろう。生物学者は、これを「光逃避」説と呼んでいる。シアノバクテリアは太陽光の中でも絶え間なく分裂しているように見える——究極的には太陽エネルギーを利用して生きている——とはいえ、自らの繁殖についてはなんらかの時間的制約を課しているのだ。野生の三つの微生物群——二つは藻類、三つ目はシアノバクテリアの一種——を使ったある研究では、これらの微生物が光合成は終日おこなっているが、新たなDNAの合成は日中の3〜6時間停止して、日没前に再開させていることがわかった。紫外線の悪影響を最も受けやすい部分には昼寝をさせて、うまく光を避けるようにしていたのだ。

現生動植物の細胞の中には、クリプトクロムという特殊なタンパク質の形で、この進化の歴史のなごりをとどめているものがある。クリプトクロムは青色光と紫外線に感受性があるタンパク質で、その生物が太陽光周期への同調を保つために働く概日時計の一部にもなっている。クリプトクロムは、青色光のエネルギーを使って傷ついたDNAを修復する、光回復酵素という酵素によく似た構造を含んでいる。一部の生物学者は、この酵素の役割が長い年月をかけて変化した可能性があると考えている。もしかすると、紫外線によるダメージを修復するツールとして始まったものが、概日時計の仕組みに取り込まれて定着したのかもしれない。今、その仕組みの中ではクリプトクロムというタンパク質として、管理者のような役割を担い、生物が太陽光による悪影響を避けることに貢献している。

光逃避論者が正しいとすれば、概日時計はこの世で最初の予防的措置であり、安全な性行動の先駆けのようなものだ。日光が射す一番危険な時間帯を予想して、繁殖行動を回避することができた生物は、次世代を残すという報酬を得ただろう。一方、装備不十分で時間がわからない生物は遺伝子を焼かれたのだ。

二度目の洞窟実験

１９７２年2月14日、ミシェル・シフレは2回目の時間隔離の大実験に向かう。史上最長となる実験だ。シフレはアメリカ航空宇宙局（National Aeronautics and Space Administration：ＮＡＳＡ）の資金援助を受けて、テキサス州デル・リオ近郊のミッドナイトケーヴという洞窟に専用の地下実験室を作った。木の土台の上に大きなナイロン製のテントを張り、ベッド、テーブル、椅子、さまざまな実験装置、食料用の冷蔵庫、それに総量３０００リットルの水の入ったたくさんの容器を持ち込んだ。カレンダーはなし、時計もなしだ。シフレは報道陣のカメラに微笑み、母親にはハグを、新婚の妻にはキスをした。それから30メートルの縦穴を降りていき、隔離実験が始まった。すべてがうまくいけば、シフレはそこに9月まで、６カ月以上もとどまる予定だ。「究極の闇、静まり返った世界だ」と彼はのちに書いている。

シフレは目覚めから目覚めまでを一巡りとして日数を数えていく。

午前中は忙しい。起きたら地上の研究チームに電話して、シフレがあらかじめ洞窟内に設置しておいた照明をつけてもらう。それから血圧を記録し、固定した自転車を5キロメートルほどこぎ、空気銃の射撃練習を5ラウンドする。胸部に電極を取り付けて心臓のリズムを測定する（寝るときは頭に電極を付けて睡眠の性質を記録する）。直腸にセンサーを入れて体温を測る。ひげを剃り、あとでホルモンの変化を調べるために、剃り落としたひげはとっておく。それからシフレは掃除をする。周囲の岩が崩れてちりになり、そこら中に積もっている。そこにはかつてコウモリの群れが残したグアノ（糞化石《ふんかせき》）が混じっている。ちりが舞い上がるたびに、吸い込まないように用心が必要だ。

シフレは、人間を長期にわたって時間から隔絶させたら、自然な生体リズムに何が起きるかに関心を持っている。ユルゲン・アショフなどの科学者たちの研究では、被験者を1カ月もの間、隔離していると、一部の人は1日48時間（つまり通常の2倍の長さ）の睡眠覚醒周期で生活しはじめることが示された。宇宙船や原子力潜水艦の乗組員も、そういう状態になると言われている。そのことで何かのメリットがあるだろうか？　そんなことを考えていたシフレだったが、毎日の測定にも、センサーや電極を付けたり外したりすることにも、ひげを集めることにも、たちまちうんざりしてきた。最初のひと月が終わる頃には、シフレの主な気晴らしの手段だったレコードプレーヤーが壊れる。「私にはもう本しか残っていない」と彼はノートに綴っている。カビが繁殖して、実験装置のダイヤルにまで生えてきた。

検査と測定結果から後日明らかになったことだが、シフレは地下での最初の5週間を26時間の概日リズムで暮らしていた。つまり、体温が26時間周期で上昇と下降を繰り返していたが、自分ではそのことに気づいていなかった。シフレは26時間周期の睡眠覚醒リズムのせいで、毎日起きる時刻が2時間ずつ遅くなりながら、1日の3分の1を眠って過ごした。スカラソンの時もそうだったが、シフレはフリーラン状態になったのだ。日光とも社会とも契約しない、厳密に体内の時間尺度だけに従って生きるその様子は、ルソーなら理想の生き方と言っただろうか。

地下での37日目（シフレの認識では30日目だったが）、それまでにないことが起きる。すでに太陽日と同期していなかった体温と睡眠の周期がばらばらになったのだ。その日、シフレは普段なら就寝する時間を過ぎてもずっと起きていて、そのあと15時間（いつもの睡眠時間の2倍）眠った。シフレの生活時間は、この日からたびたび変化した。26時間周期で眠るときもあれば、40〜50時間周期になることもあった。しかし体温は、その間ずっと26時間周期の変動を保っていた。そしてシフレ自身はそのことにまったく気づいていなかった。

科学者たちはやがて、人の睡眠習慣は一部分のみが概日リズムに支配されると知ることになる。人は通常、1日を過ごすうちに、神経化学物質のアデノシンが脳内に蓄積することで眠気を誘われる。うたた寝をすれば、アデノシンの一部が燃焼して、夜になるまで眠気を感じずにいられるし、カフェインなどを摂取して、できるだけ長く覚醒していようと努力しながら耐え抜くこともできる。そうして眠気を克服することは可能だが、いったん眠ったあとは、概日リズムに支配される。人は睡眠の早期段階で深い眠りに落ち、時間が進むにつれ夢を見はじめるが、少したつとまた深い眠りに落ちることを繰り返す。夢を見る状態は、体温が低下したときに起こりやすい。ほとんどの人の体温は朝起きる2〜3時間前に最も低くなり、そこから概日リズムに従って上がっていくので、人はたいてい夜明け前頃に長い夢から覚醒する。それが毎日ほぼ同じ時刻——たとえば、4時27分——なのだ。

つまり、人は自然のままにしていれば、アデノシンの働きによって眠りに落ち、その睡眠の深さは、眠る前にどれだけ長く覚醒していたかによって決まる。一方、睡眠の長さを決めるのは、概日リズムに影響される体温の変動だ。この前半の要因はある程度まで自分で操作できるが、後半の要因は変えられない。どれだけ長く眠っているかは、うとうとしはじめた時刻と、体温が最低値になる時刻との関係によって決まるのであって、その前に普段より長く起きていたとしても体温の変動の影響からは逃れられないのだ。

こうしたことはすべて、後日、清潔な実験室での隔離実験で明らかにされていった。そんな実験に参加したボランティアたちの精神状態は、シフレとはまったく違っていただろう。シフレはある時、「私は人生の最底辺を生きている」と書いている。77日目までに、彼の手はビーズに糸を通す程度の器用ささえ失い、精神はほとんど思考をつむげなくなった。記憶力が落ちていた。「昨日のことは何も覚えていない。今朝の出来事すら忘れた。すぐに書いておかないと、何もかもたちまち忘れてしまう」。ある時、シフレはひどいパニックを起こした。雑誌からカビをこすり落としながら読んでいたら、たまたまそこに、コウモリの尿や唾液から狂犬病が空気感染することがあると書かれていたのだ。79日目にシフレは電話を手にとって叫んだ。

「*J'en marre!*」もう十分だ！

しかし、まだ十分ではなかった。滞在期間は半分にも達していない。シフレは測定し、記録し、センサーを使い、電極を付けたり外したりし、ひげを剃り、掃除をし、自転車をこぎ、空気銃を打つ日を続けた。ある日ついに何もできなくなった。シフレは自分につながっているあらゆるコードや配線をはずして思案にくれる。「私はこの馬鹿げた研究で人生を無駄にしている！」それから彼は、自分が線をはずしている間は仲間たちが貴重なデータをとれなくなっていることを思う。そしてすべてを配線し直す。シフレは自殺について考える――事故に見せかけようと思っていた――。その後、この実験のための全費用を、残された彼の両親が支払うことになるのだと思い出し、自殺を取りやめる。

160日目、シフレはネズミがかさこそ音をたてるのを耳にした。ミッドナイトケーヴでの最初の1カ月は、夜中にネズミが動き回って落ち着かなかったので、シフレは苦心して罠を仕掛け、ネズミのコロニーを全滅させていた。しかし今は、たった一匹でも仲間がほしかった。シフレはネズミに「マウスちゃん」と名づけ、数日かけてその習性を調べながら、捕まえる構想を練った。ついに170日目、彼は蓋つき鍋でこしらえた罠にジャムを仕掛け、将来の友達候補が警戒しながら近寄ってくるのを見張っていた。あともう一歩……そしてシフレは素早く鍋を閉じる。興奮して心臓がどきどきする。「洞窟に入ってから初めて、喜びが湧き上がるのを感じた」。でも何かがおかしい。鍋を持ち上げてみると、はからずもネズミは押しつぶされていた。シフレに見守られながらネズミは死んだ。「かすかな鳴き声が消えた。ネズミは動かない。悲しみに圧倒されそうだ」

それから9日後の8月10日、電話が鳴る。「実験終了だ」。シフレは追加の検査を受けながら、さらに1カ月を洞窟の中で過ごす。この1カ月は人間の仲間たちも加わった。9月5日、地下で200日以上を過ごした末に、シフレは戻ってきた。おかえりなさいの挨拶が飛び交い、草の香りがする地上へ――。シフレは記録テープでいっぱいの木箱を積み上げた。長さ数キロメートルにもなるそのテープは、これから解析にかけられる。シフレには視力の低下と慢性的な斜視が表れていた。50万ドルの借金もできた。完済するまでに、このあと10年かかることになる。

日が沈まない2週間

7月の北極地方で最も役に立たないものは、懐中電灯だ。私は二つも持っていってしまった。

今考えても、どうしてそうしたのかわからない。北極圏では5月中旬から8月中旬まで太陽が沈まない。太陽は一番低いときでも水平線の少し上のあたりをのろのろ進み、午前2時になっても青白い光を放ちながら、起伏のある、ぬかるみだらけの広大なツンドラを照らしている。夏はひと続きの長い1日のようだ。生態系全体が、絶えず日が照るこの季節の恵みを受けられるように進化している。花が咲き、卵がかえり、食べ、泳ぎ、つがい、増える。そして8月後半に太陽が沈むまでに再び姿を隠す。その後は日の射す時間が急激に少なくなって、長い夜である冬へと向かう。私はこうしたことを全部、前もって知っていた。なのにどういうわけか、いつの間にか、私は暗闇を想像して、明るくする手段が必要になると思ったのだ。洞窟を探検するときとか、ホッキョクジリスの巣穴をのぞくときとか、自分の暗い、きっと暗い、テントの寝袋に入ったときなどに——。

私はアラスカ州の最北部に位置するノーススロープ郡にあるトゥーリック・フィールドステーションという観測所を訪ね、しばらくの間、北極圏の生物学者たちとともに過ごすことにした。トゥーリック湖という小さな湖のほとりで1975年に設立されたこの施設には、ハイテクのトレーラー型研究室や耐天候性のかまぼこ型宿舎が立ち並んでいるが、そうしたものを除けば、あたりは何もない場所だ。ここより北にある町は、200キロメートル先のデッドホースだけだ。北極海と接するプルドー湾に面したこの町までは、世界有数の酷道として知られるダルトンハイウェイを5時間走り続ける必要がある。

その途中に広がるのは何千平方キロもの広大なツンドラと、無数のトゥーリック湖のような小さな湖だ。ツンドラの風景は見るからに単調で退屈だが、実は豊かで多様な生態系を成している。蘚類《せんるい》、地衣類、苔類、スゲ属やイネ科の草、それに小低木が交じり合っている。地表から数十センチ下は永久凍土だが、凍らない地表部分には、ハタネズミ、野ウサギ、キツネ、ジリス、マルハナバチ、それに巣ごもり中の鳥類などの生物がいる。毎年、夏になれば、100人前後の科学者や大学院生たちが観測所にやってきて、ツンドラを調べたり、湖や川で標本を採取したり、あれこれ記録する。ここでの環境変化はゆっくりだが、とても重要視されている。ほかの土地では、生態系の研究が始まったとしても、予算が削減されたり注目が集まらなくなるなどして数年しか続かないのが普通だ。しかしトゥーリックでは、環境がどのように機能するかを調べる学術的な取り組みが数十年にわたって続いている。

私は日周期の科学的側面に興味を持っていた。滞在申請書には、私は概日リズムに関心があるということと、トゥーリックの生物学者たちに取材して探ってみたい点をいくつか書いた。極地の夏という極端な状況下にある簡素な生態系の中で、概日リズムはどういう姿を見せるのだろう？　最小限の要素しかない場所で、生物の時間はどんな様相になるだろう？

ただ、本当のところを言えば、私はそこがどんな感じなのかを知りたかっただけだ。１９３４年に探検家のリチャード・バードは、４月から7月までの４カ月を、氷と暗闇に閉ざされた冬の南極の粗末な小屋で、たった独り、気象観測をしながら過ごした。彼は著書『Alone』の中で、そのときの思い出を、「この重大事についてはは始まりの時点から理解されるべきである」と書いている。「それまで人跡未踏だった南極圏内で天候とオーロラを観測するということには素晴らしい価値がある。また私自身、その研究には関心を持っていた。しかし、ほかの何にも増して、私はただその場所を経験したいがために、そこに行きたかったのだ……私は重要な目標など立ててはいなかった。その種のものは一切なかった。しばらくの間、独りきりになって、平穏と静寂と孤独を十分に味わうことで、そうしたものの本当の価値を見出したいという、一個人としての欲望のほかに何もなかった」

私は時計を脱ぎ捨てたかった。そこで隔離実験の話をいくつも読んでみたが、それらはどれも、洞窟や暗闇、凍てつく小屋などに閉じこもるものばかりだった。しかし、アラスカの広大なオープンエアのもと、暮れない夏の太陽を浴びながら２週間を過ごすのはどうだろう――それはある種の魅力的な冒険のように思えた。子供たちのことは気にしないことにした。二人は私がいない間に2歳の誕生日を迎えるのだが、太陽が私を待っているのだ。

今から1万年前、最後の氷河時代が終わり、一番新しい氷河がノーススロープから退いていった。あとには無秩序なネットワーク状に広がる川筋と、互いにつながり合った無数の小さな湖が残された。これらのほとんどは道路を使ってアクセスすることができない場所だ。1973年、そんなところに生物学者たちが到着した――マサチューセッツ州のウッズホール海洋生物学研究所から来た少人数の研究チームだった。当時建設中の原油パイプラインによって、どのような影響が想定されるかを調査するためだ。一行はパイプライン建設用の宿舎のそばで、砂利道から少しはずれたところにトゥーリック湖を見つけた。その付近にテントを張って調査に出かけ、時折り宿舎に立ち寄っては、洗濯をしたり、冷蔵庫からアイスクリームバーを持ち出したりした。その後に研究者たちは湖の別の岸辺へと移動し、その場に居つくようになった。そうしてできた観測所が今や数千平方メートルの広さになり、北極圏の生態系研究に関しては世界で最も進んだ施設になっている。

ある朝、私は、ノースカロライナ大学から来ている淡水生物学者、ジョン・オブライエンとともに、彼の研究現場に向かった。トゥーリックから真南に数キロほど行ったところにある三つの小さな湖だ。その距離を徒歩で行くのは不可能だった。ツンドラにはスポンジ状の苔類と、ワタスゲという固い草の茂みが塊になって混生しているので、長い距離を歩くのは困難をきわめる。ただの沼地に足をとられながら歩くよりも、足首を捻挫する危険性が高いのだ。観測所には、研究で遠出するときに使える小さなヘリコプターがある。オブライエンは、湖のそばの小高い場所まで、私たちと3人の研究生、それにつぶしたゴムボートとパドル、試料採集用具一式が詰まったバックパックいくつかを運んでもらえるように手配した。その湖は幅が100メートルもなく、ほとんど池のようだった。ヘリコプターが飛び去り、あたりの草が動きを止めたときは、蚊に包囲された。晴れて風がなく、いつになく穏やかな日だった。

オブライエンは1973年にトゥーリックを開拓したチームの一員だった。それ以来ほとんど毎年、夏になると家族を何週間も家においたまま、ここに戻ってきている。微小な淡水植物と、それらを食べる、ほんの少しだけ大きな淡水動物プランクトンの相互関係を研究するためだ。普通の人が生態系のことを考えるときは、だいたいそこにいる生物に注目する――カイアシ類、地衣類、トビムシ、ヒトリガ、カナダカケス、キタカワヒメマス、などなど。しかし、こうした生き物は束の間の物体であって、永遠に流れ続ける栄養素の一時的な入れ物にすぎない。トゥーリックに来る科学者たちには、植物学、湖沼学、昆虫学など、さまざまな専門分野があるが、究極的には、そのすべての背景にある生物地球化学という同じ学問領域を探究している。研究対象は土壌から小川へ、葉っぱから大気へ、雨から土壌へと、何度も繰り返す元素（炭素、窒素、酸素、リンなど）の循環だ。これらの元素を含む物質を、環境中のあらゆる場所で、成長速度や呼吸数、バイオマスの質量などとして繰り返し丹念に計測することで、生態系が全体としてどのような営みと変化を続けているかの信頼に足る指標が得られるのだ。

私には、トゥーリックでわずか1日を過ごしただけで、わかったことがある。この場に時間生物学を研究している科学者など一人もいないということだ。その代わりに、ここにいる誰もが、一つの懸念事項の研究を多方面から深めていた。それは、今や否定しようのない地球温暖化の問題だ。北極地方は生物の構成要素の数が比較的少ないので、より複雑な生態系が地球温暖化にどのように反応するかを理解するための基本モデルになる。また、この地方そのものがきわめて重要な意味を持っている。たとえば、全世界の陸域にある炭素の10％以上は、凍ったツンドラに閉じ込められている。気温が上がると、それらの炭素のうちのどのくらいの量が放出されるのか？　植物がどれだけの量の炭素を再び取り込み、自らの成長に使うのか？　そしてどのくらいの量が大気中に散らばり、地球をさらに温暖化させるのだろう？　トゥーリックは辺境の地だが、実は世界の関心の的になっている。

「昔はね、ここの裏手の山脈は、てっぺんに雪をかぶってた。夏の間もずっとね」とオブライエンは言った。「この暖かさにはぞっとするよ」。湖のほとりに立つオブライエンは、ゴムボートのパドルをステッキのようにして寄りかかり、南にあるブルックス山脈の方を眺めている。オブライエンは66歳にしてたくましく、好奇心旺盛だ。白くてもじゃもじゃの髪とごわごわしたひげを生やしている。私には彼の存在が錨のように、とても頼もしいものに思えた。

「昔はね、誰もが自分の本能的な欲求を重んじていたから、人間の中にある動物性がむき出しだったんだ」とオブライエンは言った。彼が初めてアラスカの夏を体験したのは、7人の同僚とともにノアタック川の渓谷を調査しながら3カ月を過ごしたときだ。その場所もまた、アラスカ州に眠る莫大な宝のような、人跡未踏の地の一つだった。オブライエンたちは1日14時間、週に7日間仕事をした。太陽は沈むことがなく、彼らもまたそれに従ったのだ。ほどなくオブライエンたちはお互いにうんざりするようになり、ほとんど口をきかなくなった。料理係は最低限の料理をしたが、皿洗いは拒否した。そこで研究者たちは皿や道具を使うことをやめ、防水布に料理を載せてそのまま食べた。オブライエンは現実逃避のために、『Sometimes a Great Notion（わが緑の大地）』を読んだ。森林伐採業を営む一家を描いたケン・キージーの小説だ。そのストーリーと自分の周囲の状況を一緒くたにしてのめり込んだオブライエンは、自分は小説の中で生きている登場人物の一人だ、これからもずっとそうだ、家庭での生活こそ作り事なのだ、と考えるようになった。「みんな、どんどんおかしくなっていったね」と彼は言った。

トゥーリックでの2週間、私は、例のかまぼこ型宿舎に泊まっていた。分厚い木の床板の上に立つキャンバス地の大きなテントだ。夜はスプリングのきいたマットレス付きのベッドを使い、天井から吊るした蚊帳の中で寝た。ほかの利用者と同じように、シャワーを使うのは週に2回、2分間にとどめるように言われた。真水を節約するためだ。設備はいろいろ整っていた。高速ワイヤレスのインターネット環境が利用できたし、常時開いている食堂では、「ティラピアのトウモロコシ粉包み、バナナとグアバソース添え」などという料理が出てきたりした。鏡のようなトゥーリック湖の水面を見渡す場所には、シーダー材でできたサウナがあって、とくに深夜に賑わっていた。

けれど、そこには暗闇がなかった。最初の2～3日は、宿舎の壁を照らす日の光から、てっきり1日の始まりだと思って寝袋から勢いよく起き出したものの、腕時計に目をやって、まだ午前3時30分だと気づいたりした。夜には（あるいは「今は夜だ」と思うようにした時間帯には）、長距離フライトの最中のようにアイマスクをつけた。腕時計を見て本当の朝がきたとわかって外に出るときは、いつも「明かりを消すのを忘れないようにしないと」という、無意味な注意喚起の言葉が浮かんでくるのだった。

北極圏の生態系で暮らす生き物たちは進化を経るうちに、この日周期の混乱を克服するように適応してきた。ヒゲペンギンは、自分たちのコロニーから海辺で餌を捕る場所まで出かけていくときに通い慣れたルートにこだわる傾向があり、出発時刻がかなり厳密に決まっている。ヒゲペンギンが1日の始まりに出発する時刻は、気温や日光のいかんにかかわりなく、ほぼ正確に24時間周期だ（一方、1日の終わりに戻ってくる時刻は、もう少し緩やかにしか決まっていない）。夏の間は太陽が沈まないフィンランド北部のミツバチは、24時間ずっと活動的でいるわけではない。正午頃に活動がピークになり、深夜には仕事をしなくなる。それは1日の中でわずかながら気温が下がる時間帯に巣を温めるためなのか、あるいは休みをとって、その日の食糧探しの記憶を固定するためかもしれない。少なくともこうした行動をするとき、動物たちは太陽の運行状況は無視して、自分の内部にある概日時計に厳密に従っている。

一方、ホッキョクトナカイは逆の戦略を採用した。２０１０年、イギリスのマンチェスター大学のアンドリュー・ラウドンと共同研究者たちは、ホッキョクトナカイの二つの重要な時計遺伝子が、ほかの動物のような1日周期の振動を示さないことを発見した。この地方でおおむね24時間周期で眠ったり起きたり、ホルモンを分泌したりしている多細胞生物は、たいてい日光に対する感度が非常に高い概日時計を持っていて、絶えず光に曝される夏の間でも物理的な1日周期に同調しながらリズムを保っている。しかしホッキョクトナカイは違う。ホッキョクトナカイは体内に概日シグナルを持たず、日光に直接反応して行動するのだ。空が明るさを増してきたら起き、光が鈍くなったら眠るというふうに。トナカイはまさに時計を脱ぎ捨て、完全に太陽に隷属している。「進化によって、細胞内にある時計のスイッチを切る手段を身につけたのです」とラウドンは言った。「そこにはおそらく今でも時計があって、時を刻み続けているかもしれませんが、私たちはまだ見つけることができません」

この常に明るい状況に対しては、トゥーリックの生物学者たちもさまざまな反応をみせている。データを集められる季節は短い上に、「暗くなったから今日はこれまで」ということがないので、研究者たちは常時この土地のあちこちに散らばって、何かを集めたり、測ったり、組み立てたり、比べたり、話し合ったりしている。7月4日、私は北極海を見るためにデッドホースの町に出かけ、戻ったのは午前2時30分だった。そんな時間でも食堂にはロブスターやヒレステーキを食べる人たちがいた。トゥーリックでは誰もが、不眠になった人物の逸話を知っていた。ある科学者は、自分のトレーラー実験室にキャンプ用のマットレスを持ち込んで、ちょっとした時間にいつでも眠れるようにしていた。ある夏、その人は普段より睡眠時間が短くなったので、余った時間を使って工作をしていたら、テーブルサッカーのゲーム台とヨットができてしまったという。また別の科学者は、トゥーリックにいる間は腕時計をしまい込んで、時間を思い出させるものを一切見ないことに決めていた。気の向くままに食事をしたり眠ったりしながら、思う存分仕事をした。そして夏の終わりに自宅に帰ると、夜に「幻覚でもみているような異常な状態になった」のだと私に打ち明けてくれた。ある女性は、少し前に経験した夕食後のハイキングのことを話してくれた。時間を忘れて気ままに過ごし、やがて観測所に戻ってみると、驚いたことにキッチンのスタッフが朝食の支度を整えていた。

その一方には、かたくなに時計に従う人もいた。「私は寝る時間になったら寝るようにしています」と、オブライエンのチームの大学院生の一人が言った。そのとき、私たちはゴムボートを膨らませて湖の真ん中に浮かべ、湖水の試料を採取していた。オブライエンは岸辺に立って、小さな網で動物プランクトンを集めていた。オブライエンは厳密に時計に従うタイプだ。そして、学生たちを自分のスケジュールに同調させる（あるいは、させようとする）ことで有名だった。オブライエンは学生たちに、毎日、朝食の時間には食堂に姿を見せるよう求めていた。学生たちは巧妙に対応していた。彼らはよく夜通し起きて研究していたが、朝食の時間になると食堂に顔を出し、オブライエンとミーティングをして、研究の進捗を報告したり、その日の役割分担を話し合ったりした。そしてそれからベッドに入るのだ。オブライエンがそのことに気づくまでに20年かかった。

光あふれる場所で、誰もが共有する時間的な区切りがあるとしたら、それは朝食だ。観測所ではほぼ例外なく全員が、朝食の時間帯に1日の予定を立てていた。食事は朝の6時半に始まることになっていて、6時45分には食堂が人でいっぱいになった。そうして人が集まる背景には、生理的欲求と同じくらい、社会的な誘因もあった。活動計画の打ち合わせ、検討すべきデータの山、それに空きポストに関する情報共有などが常に待ち構えている。セビラー66型ボートを誰が一番早く膨らませられるかの議論にも決着をつけなければならない。トゥーリックでは、時計を一切無視して自分の体内リズムだけに従って生活することも、おそらくそれすら脱ぎ捨てることも、理論的には可能だ。だが、そういうやり方はほとんど現実的ではない。何かのプロジェクトに二人以上が関わっているなら、時間を共有しなければ物事が進まないからだ。正午に桟橋で落ち合うこともあれば、ヘリコプターが9時きっかりにアナクトブックの現場に向けて飛び立つこともある。金曜の夜になれば、8時30分に、食堂のテントでサルサのダンスパーティーが始まるのだ。

私は腕時計が目に入れば時刻を確かめるが、トゥーリックでの日々が過ぎるうちに、その数字の意味はだんだん薄れていった。この「日々が過ぎる」という言い回しすら、とくに意味のないものになった。私はひたすら、ひとつながりの長い1日を過ごしていた。時々うとうとし、目が覚めると腕時計が示す時刻を見ては、何時間も眠っていたことを知って驚いたりした。睡眠はある日と次の日を分けるものではなくなり、好きなときにとればいいのだと感じるようになった。私は気がつけば観測所の電話ボックスに入り、自宅に電話する時間が長くなっていた。

トゥーリックのような静かな場所は、時間のない世界であるかのように誤解されやすい。しかし、そこには常に時間があった。流れる雲の中に、動物プランクトンのかすかな動きの中に、結氷と融解の繰り返しの中に、悠久の時をつむぐツンドラの時間が流れている。しかし今は変化のスピードがどんどん速くなり、さまざまな問題が起きている。トゥーリックだけでなく北極圏全域で、平均気温が着実に上昇しているのだ。30年前のノーススロープでは激しい雷雨などめったになかったが、今ではよくあることだ。科学者たちは北極海の海氷の後退が天候パターンの変化を引き起こし、この地域の乾燥化が進むとともに、雷が発生しやすくなっているのではないかと考えている。

２００７年は観測所の記録の中で最も気温が高くなり、人々が記憶している限り最も乾燥した年だった。この年、トゥーリックから30キロほど離れたアナクトブック川沿いのツンドラに雷が落ち、火災が発生した。それから10週間燃え続けた結果、およそ１０００平方キロメートル、ケープコッドと同じくらいの面積が焼け野原になった（訳注：マサチューセッツ州の大きな半島。東京都の半分弱の大きさ）。おそらく地球の歴史の中で、最大のツンドラ火災だった。私が滞在した夏、トゥーリックの研究者たちは、火災の影響の実地調査に追われていた。断熱作用のある泥炭層を失ったために、従来より多くの熱が土壌に伝わるようになっていた。いくつかの場所では下層の永久凍土が部分的に溶け、斜面の崩壊や土壌の流出が発生して、栄養分が流出する事態になっていた。

ある朝、私は水生生物学者、リンダ・ディーガンの徒歩調査に同行した。ディーガンは川に入って浅瀬を歩いて行った。ディーガンは１９８０年代からここでカワヒメマスという魚のことを調べている。カワヒメマスは春にこの川を下り、晩夏の頃に戻るという回遊行動をしながら生息する唯一の魚で、流域にいる数種の鳥や大型のレイクトラウトの重要な食料になっている。ディーガンは季節をまたいだ調査を何年も続け、カワヒメマスの個体数や回遊行動の性質（いつ、どのくらいの速さで、どのくらい遠くまで行くのか）が気候変動によってどう変わるかを調べ、その変化がさらに広範囲に及ぼす影響をつきとめようとしていた。

多くの移動性動物と同じように、カワヒメマスは遺伝子の働きによって太陽に同調している。春の北極地方では日照時間が1日ごとに8〜10分ずつ長くなる。カワヒメマスの概日システムには、この徐々に長くなる光の周期が刻み込まれていて、どこかの段階で一連の生理学的変化の引き金が引かれ、産卵のための下流への旅の準備が始まる。ディーガンが気にかけているのは、カワヒメマスの旅のエネルギーとして欠かせない昆虫たちのことだ。昆虫のライフサイクルは日光ではなく、水温の変化に合わせて進んでいく。そのため、気温が年々上昇するにつれ、昆虫が卵からかえる時期がわずかずつ早くなっている可能性がある。もしかすると、光の周期に従わざるを得ないカワヒメマスが到着する頃には、昆虫たちがいなくなっているのではないだろうか。一方は温度、もう一方は光が決め手になる二つの生物のライフサイクルが分断の危機に瀕している。ディーガンは定量的に調べてはいないし、北極地方でこうした現象の綿密な調査がおこなわれたことはない。「私の感覚にすぎませんが」とディーガンは言った。

それでもさまざまな場所で、気温の世界と、時間の世界のギャップが広がりつつあることが明らかになっている。一部の移動性の鳥たちは、温暖化への反応として、以前より2週間も早く北極圏に飛来し、繁殖の季節に入るようになった。そのせいで、遅れてくる鳥たちがかつてない不利益を被るようになっている。ほかにも多様な種類の鳥が北極圏を含む北の方に移動しつつあり、各地で、もとからいる鳥たちと資源を争っている。適応できている種もあるが、季節性の行動が概日周期に強く影響される生物ほど脆弱だ。マダラヒタキという鳥は西アフリカで冬を過ごし、春にヨーロッパの森に移動して繁殖する。その移動の時期は日光の周期と結びついていて、ほとんど変化しない。ところが、この鳥がヒナの頃に餌にする毛虫は、春に卵からかえる時期が20年前より早くなっている。一部の地域では、マダラヒタキが到来する頃には、毛虫がほとんど残っていないため、この鳥の集団が90％も減少した。地球全体が、一種の時差ぼけを経験しはじめたかのようだ。温暖化する気候に合わせて変化しながら、生き残る種もあるかもしれない。それらは以前より早く、または遅く、移動するようになったり、違う食べ物を見つけたりするのだろう。そうした変化をしない種は、終わりを迎えることになる。

時間をなくせる場所

時間のない世界、あるいはそれに近い状態は、洞窟の奥や極北の地で体験できる。真夜中に、または終わりなき日光のもとに身を置いたときにも知ることができる。しかしもっと手軽な方法がある。飛行機に乗ればいいのだ。それも遠くまで行くほど。

まずはその物理学を勉強しよう。あなたは地上から10キロメートルくらいの高さを素早く移動しながら、基本的には下向きの重力に縛られている。アインシュタインの特殊相対性理論では不思議な結論がいくつか導き出されたが、その一つは、「非常に高速で移動する物体に流れる時間は、静止している観測者の時間に比べてゆっくり進む」というものだ。このことはジェット機の原子時計実験で確かめられている。ジェット機に載せた原子時計は、地上の静止している時計に比べて――数時間あたり数ナノ秒というレベルで――ゆっくり進むことがわかった(飛行機そのものの内部では1秒は正確に1秒の長さを保ち、前の秒と同じだけの時間が流れている。これを地上にいる観測者から見ると、飛行機の1秒が自分の1秒より長いと観測されるということだ)。その効果は小さいとはいえ実在している。２０１6年3月、宇宙飛行士のスコット・ケリーは、時速約2万８０００キロメートルで地球を周回する国際宇宙ステーション(International Space Station：ＩＳＳ)での３４０日間の滞在を終え、地上に帰還した。

その間、双子の兄（生まれた時間が6分早かった）のマーク・ケリーは地上にいて、5ミリ秒だけ多く年をとった。

次に標準時間帯（タイムゾーン）について。タイムゾーンとは、地球の一周を経線と平行に15度ずつ等分割することで、1区画ごとに1時間（前後）ずつずらし、地球一周で合計24時間になるように取り決めた時間帯のことだ。時間の始点（タイムゼロ）はイギリスの王立天文台があったグリニッジ（経度0度）に置かれている（訳注：現在、王立天文台があった場所は国立海事博物館となっている）。地球は回転する球体なので、太陽の光は一度に地球全体を照らせるわけではなく、地球上のすべての場所が同時に昼間ということはあり得ない。タイムゾーンによって、地球のほとんどの場所で「正午」がほぼ同じ状態――太陽が天頂付近にある、1日の真ん中の時点――を意味するようになっている。その「正午」は、一度に一つのタイムゾーンだけに起きている。タイムゾーンが徐々に用いられるようになったのは19世紀。鉄道網が発達するにつれ、運行時刻を各地で統一する必要が生じたからだ。1929年までには、世界のほとんどの国が1時間ごとのタイムゾーンの制度を承認したが、現在も一部の国は独自に30分間隔のタイムゾーンを設定している。ネパールのように、45分という区切りを採用している国もある。一方、1949年に地理的な拡大戦略をとっていた中国は、逆の方針を採用し、五つのタイムゾーンを一つの大きな区画に統合した。

航空機を使う現代人は、しょっちゅうタイムゾーンを越えている。パリからニューヨークへの7時間のフライトに乗れば、両都市の6時間の時差がなかったことになる。時計は基本的に地域特有のものであって、時刻は場所によって違っている。飛行機に乗っているとき――高速で移動しながら、どこまでも広がる海を見下ろしたりしているとき――は、場所だけでなく時間も刻々と変化している。私はまだ腕時計をパリ時間に合わせたままにしているので、腕時計の時刻は現時点での私の時刻より数時間進んでいる。そして、私の目の前のシートモニターに映る情報マップにはニューヨークの時刻が表示されていて、今の私よりまだ数時間遅れている。私は、漠然とした――永遠のようにも思える――時間の区切りの中間地点にいるようだ。

飛行機で移動するときは、視交叉上核のような機長がいるコックピットが標準時刻を保っている。それは世界中のたくさんの原子時計から作られたＵＴＣだ。パリにあるＢＩＰＭの専門家がアルゴリズムに従ってふるいにかけ、重みづけをしたその数字は、衛星を経由して、各地を移動中の貨物船やレンタカー、それに飛行機などのナビゲーションシステムに送られる。しかしコックピットを出て客室を見渡せば、あらゆる時計が思い思いの時を刻んでいる。うたた寝をしている乗客もいれば、食事中の人もいる。到着地で待ち受ける午後遅くの会議に向けて準備をしている人もいれば、その日の朝、飛行機に乗り遅れまいと頑張った疲れから回復途中の人もいる。機内上映の映画に没頭して我を忘れ、ハッピーエンドを迎えようとしている人もいる。西に向かいながらずっと昼間を追いかけていると、時間に気づかせてくれる手掛かりが何もないので、乗客たちは各自ばらばらの時間に従っている。

脳の視交叉上核がどのようにして時間を全身に行き渡らせているかは、まだよく解明されていない。ただ、そのプロセスの完成には数時間から数日もの時間がかかる。もし突然、誰かをいつもと違う光の周期に曝し、強制的に新たなスケジュールに適応させたとしても――いくつかのタイムゾーンを越えるときや、サマータイムの開始または終了直後の1〜2日目にそういう状況になるが――その人の体のすみずみにある時計は一斉に遅れだすわけではなく、一様に変化したりもしない。その人の体は同期した時計の連合体であることをやめ、時間的に独立したいくつもの状態が、少しの間せめぎ合うようになる。それが時差ぼけの核心だ。私の視交叉上核がニューヨークに着いたとき、私の肝臓はまだカナダのノヴァスコシア州の時間、膵臓はアイスランドあたりの時間でとどまっているかもしれない。すると2〜3日は消化器系の調子が悪いだろう。なにしろ脳は時間になれば食べ物を食べろという指令を出すが、各臓器は食物を代謝する準備が整っていないのだから（体が回復する速度は、1日に一つのタイムゾーンくらいのものだ）。その結果、人は胃腸炎になる。長距離を旅行する人や飛行機のパイロットによくある病気だ。時差ぼけは頭で起きるわけではない。非同期状態になった体全体が陥る病気なのだ。

学術文献では時々、体のマスター時計以外の時計のことを、視交叉上核に仕える「従属」時計と書くことがある。しかし、それらは自律的に振る舞う能力を持っている。適切な状況では、マスター時計や天然の昼光サイクルに従うのではなく、別のどこかから届く指示に自らの概日リズムを同期させることがある。時計のある種の部品に対しては、食物からとくに強いメッセージが送られることがわかっている。過去10年のいくつかの研究によると、定期的な時間割に従って食事をとれば肝臓の概日時計の位相が変化して、脳から伝わる日光ベースの時間割は無視するようになり、肝臓自身からのメッセージを上流に送り返すことすらあるようだ。太陽の時間ではなく、食事の時間が肝臓の1日を決めるようになるのだ。「実験用のマウスに睡眠周期の真っ只中に餌をやるようにすると、たちまち学習して前もって起きているようになります」と、カリフォルニア大学ロサンゼルス校（University of California at Los Angeles：UCLA）の概日リズム研究のリーダーであるクリス・コールウェルが話してくれた。「私はよく学生たちに言うんです。もしピザの配達人が毎日午前4時に君の家にピザを届けてくれるようになったら、君は絶対、3時半に起きるようになるだろうって」

ということは、とくに長距離フライトの場合に時差ぼけを軽減する一つの方法は、機内食を客室乗務員が渡してくれる時間通りに食べないようにすることだ。航空会社の決まりでは、乗客に数時間おきに食事を出すことが義務づけられていて、その典型的なスケジュールは出発地の時計で決められている。一方、移動中はいつものような日光による合図がないので、肝臓は概日時計を作動させ続け、あなたが置き去りにしようとしているタイムゾーンに一層固執する。だから、まずは腕時計をただちに目的地のタイムゾーンに合わせ、もう到着したかのように食事の時間を計画するのがいいだろう。「旅行中の人たちには、日光を浴びて食事をし、できるだけ早く社会的な交流を持つようにアドバイスします」とコールウェルは言った。朝食をとることもお薦めだという。「人間も実験室のマウスと大差ないのだとすれば、概日シグナルを保つには朝食が重要です。光のシグナルがなくても、あなたが変調をきたさないようにしてくれます」

コールウェルの研究では、定期的な運動も概日システムを働かせるのに役立つことが示唆されている。実験室で回し車を与えて運動できるようにしたマウスは、あまり運動できなかったマウスに比べて、視交叉上核から発せられるシグナルが強いことがわかったのだ。ランニングをすることで時計がよくランするようになっていた。スケジュールを決めた運動が人にも同じ程度に有用かどうかは、まだわかっていない。しかし、私たちのマスター時計の質は年齢とともに衰えるのだから、そのアイデアはとても興味深い、とコールウェルは言った。「私はもうじき50歳ですが、夜通し眠り続けることが難しくなってきました。それに日中に疲れを感じやすくなっています」。時間の守り人でさえ年をとるのだ。

時差ぼけは少なくとも一過性の現象だ。しかし、もっと持続的に、昼と夜の区別を無視する生活を続けている人々について、その影響が懸念されている。それは交代制勤務だ。今や何百万ものアメリカ人が夜通し車を運転したり、配送センターで遅番のシフトについたり、病院で過酷な勤務パターンを続けたりしている。時間生物学者が「ソーシャル・ジェットラグ（社会的時差ぼけ）」と呼ぶ状態になる人が増加して、単に昼夜逆転というだけではすまない事態になってきた。概日時計の重要な機能の一つは、体の代謝を監督することだ。それによって、人が空腹なときに食べたり、細胞が適切なタイミングで必要な栄養素を受け取ったりすることが可能になる。しかし、常に交代制で働いている人は肥満や糖尿病になりやすく、心疾患に罹りやすいということが多くの研究からわかってきた。概日リズムのアンバランス（その人の睡眠覚醒周期が概日時計と一致しないこと）と、代謝性疾患（食物を消化するための体のシステムが、エネルギー産生と貯蔵のプロセスと調和しなくなる結果として起きる、糖尿病などの複合的な疾患状態）との強い関連を示すエビデンスが報告され続けている。

　人は何を食べるべきかの研究に何千万ドルもの資金を費やしているが、いつ食べるべきかも同じくらい重要だ。マウスを使った食事時間の実験では、寝ているべき時間（つまり、概日リズムの中で間違った時間）に餌を食べさせると、通常の時間に食べさせたマウスより体重増加が大きくなることが判明した。概日周期の調整不良に関する研究は、たいてい齧歯類や人以外の霊長類を対象にしてきたが、人の被験者に注意を向ける医学研究者が増えている。ハーバード大学のある研究では、10人のボランティアに1日28時間周期で生活するように訓練したところ、被験者たちの行動時間は4日目までに逆転し、夜中に起きて食事をするようになった。そしてその4日後に、また正常時間に戻った。研究期間の10日のうちに、被験者の血圧は急上昇し、血糖値は正常値範囲を超え、3人のボランティアが糖尿病予備群に分類された。確認されたその原因は睡眠不足ではなく、被験者が常に、臓器や脂肪細胞が食物を代謝する準備を整えていない時間に食事をすることだった。「ほんの数日のうちに、著しい糖代謝の変化がみられた」と、ある研究論文に記されている。「このような異常がわずか数日で急激に起きるところをみると、時差ぼけを経験する年間何百万、何千万もの人々が、こうした変化を一時的にせよ起こしていると言える」

現代は肥満が蔓延している。座りがちな生活スタイルや、模範的とは言い難い食事など、肥満には多くの原因がある。しかし、概日リズムの研究から、目にみえにくいもう一つの元凶が浮かび上がってきた。それは、人が1日を間違った時間帯に広げようとしていることだ。「私たちは体内に素晴らしい計時システムを持っています。ただそれは、昔ながらのルールにのっとって動くのです」とコールウェルは言った。「人が電灯を発明したからといって、そのルールを無視できると考える方がおかしいのです」

人類史上最長の1日

科学者たちが正しいなら、人類はいつかきっと火星に到達するだろう。それは大仕事だ。火星は今、地球から5800万キロメートルほど離れている（訳注：火星の軌道は楕円のため、観測時により距離は異なる）。現時点のロケット技術を使えば、そこにたどり着くだけで6カ月かかる。数名の仲間とともに、人工的な光のもとで缶詰になって過ごす6カ月だ。そこにはたぶん窓がない。地球にいる間は磁場によって守られているが、地球を飛び出して長距離を旅するときは、宇宙放射線をなるべく浴びないようにしなければならないからだ（窓から外を見たところで、暗闇と星しかないからそうなっているというわけではない）。そんな旅がどうすれば旅人にとって耐えられるものになるかを、研究者たちはすでに考えている――どういう食べ物が最も健康的で最も美味しいか、どんな楽しみがあれば退屈をまぬがれられるか、医学的な緊急事態が起きたときはどうするべきか――。それでもともかく人類は火星に行くだろう。缶詰状態から抜け出して、火星の夏の太陽に照らされる。そして何がしかの居住施設を用意して、そこに駆け込む――そこもまた窓のないコンテナだ。エネルギーを節約するために、人工照明がほの暗く灯されている。

火星での第1日目は、人類が知る中で一番長い1日になるだろう。火星の自転速度は地球よりやや遅いので、火星の1日は地球時間で24・65時間に相当する――つまり、地球の1日より0・65時間（39分）長い。大した長さではないと思われるかもしれないが、人類の概日システムが自然選択の中で適応してきた時間より39分長いのだ。新しい火星人たちは、たちまちその悪影響を感じるだろう。「3日おきにタイムゾーン二つ分の旅を繰り返すようなものです」。ハーバード大学医学部関連施設のブリガム・アンド・ウィメンズ病院に所属する生理学者、ローラ・バーガーは言った。バーガーは、ハーバード大と同病院の睡眠医学部門で部門長を務めるチャールズ・サイズラーたちとともに、周回軌道上にいる宇宙飛行士の概日リズムと、地上で常時彼らとコンタクトをとっていなければならないミッションコントローラーたちの概日リズムを研究している。ある研究では、ボランティアを集めて1日24・65時間に適応させてみた。「被験者たちの概日リズムは、うまく適応しません」とバーガーは言った。「睡眠障害が出て、誰もが青白い顔になるんです」

２００７年にサイズラーは、1日の特定の時間に特定の波長の人工照明を当てる方法で、概日時計を25時間周期（火星での生活も受け入れやすいと思われる長さ）に変えさせられるかどうかを検討した。25時間周期実験では12人のボランティアを集め、時計も窓もなく、時間の手掛かりが何もない薄暗い照明の個室で65日間を過ごさせた。最初の3日間はまず24時間周期で生活させ、それから何段階かの調節と測定を経て、照明の点灯時間を1時間長くして、各自の生来の周期より1時間長い1日を過ごさせた。すると被験者たちの覚醒時間はうまく1時間だけ長くなった。さらに適応を促すために、毎日の覚醒時間の終わりに照明を調節して、日没とほぼ同じくらいの照度の光を1回あたり45分間、1時間の間隔をあけて2回当てた。すると被験者たちは、30日後には1時間長い1日のリズムを受け入れ、うまく適応した。
太陽のシステムと、人の生物学的リズムに対するその支配を、少しだけにしろ一時的に克服できるということが、科学的に証明されたのだ。未来の人類は追加された1時間をどう使うだろう？　たぶん働くのだ。サイズラーたちの論文では、「明るい照明が灯る宇宙温室モジュールの中で、作物の世話をする」という生産的な活動が挙げられている。それが終わったら、人類は一杯やって、窓のない室内をじっと見て、それから懐かしい地球の写真を次々とモニターに映して眺めるのだろう。

1999年11月30日、初めてスカラソンの洞窟に入ってから37年後、ミシェル・シフレは3度目の（おそらく最後の）隔離実験を開始した。今や60歳になったシフレは、自分の概日リズムが加齢によってどのような影響を受けたかを研究しようとしていた。今回も天然の洞窟を選んだ。フランスのラングドック地域の南部にあるクラマス洞窟という鍾乳洞《しょうにゅうどう》だ。とくに大きな洞ほら穴を選んで、今回も木製の大きな土台を作り、その上にナイロン製のテントを張った。洞窟の入り口で研究者や支援者、それに報道陣の激励を受けるシフレは、炭鉱労働者用のライト付きヘルメットをかぶっていた。腕時計をはずして最後に振り返り、お別れの手を振って、暗がりの方に歩き出した。

シフレの居住スペースはハロゲンランプの光に照らされていた。シフレ自身が撮影したビデオの映像には、木製の作業台で缶詰のサーモンを食べながら、コンピューターに食事時間を打ち込む様子が映っている。彼の入力、行動、健康状態は、洞窟外の研究室から見守られていた。シフレはステップマシンで運動するときも、緑色のゴム長靴を履いて、赤いフリースのベストを身につけている。尿はガラス瓶に蓄える。寝るときに使う寝袋は、リクライニングチェアに結びつけてある。気が向けば、背もたれをちょうどいい角度にして、そばにある本棚から好きな本を読むこともできる。シフレは独り言は決して言わないが、時々歌を歌う。

２０００年2月14日月曜日、シフレは胎内のような大地の下から出てきた。喝采、賞賛、カメラのフラッシュ。シフレは今回も、日光から隔離された人の生物時計が、地球の自転より遅い速度でフリーランすることを示した。地下に潜ってから76日が過ぎていたが、シフレ自身の感覚ではまだ67日しかたっておらず、今日は2月5日だと感じている。1月1日の早朝、シフレ以外の全世界の人々が新しいミレニアムを祝っていた頃（そしてコンピューターがクラッシュして止まってしまわなかったことに安堵のため息をついていた頃）、シフレはとくに何もしていなかった。彼の計算ではまだ12月27日だったからだ。シフレに新年が訪れたのは、世界が1月4日になった日だった。

何年かのち、シフレはインタビューの中で、地下で長期間隔離されて過ごすのは永遠の今を生きているような感じだと語っている。「長い1日のようなものです。変化があるのは、目覚めるときと寝るときだけです。その上、そこは完全な暗闇なのですから」。クラマス洞窟から出てきたとき、彼はあるレポーターに打ち明けた。「記憶がおかしくなったような感じがします。昨日あそこで何をしたか、その前の日はどうだったかが思い出せません」

シフレは洞窟を出て日光を浴びる。その場にいることに安堵を感じている。開けた世界に出たことに、そして始まりと終わりがある今を感じていることに――。シフレはこう言った。

「また青空を見ることができて最高です」

第3章　The Present
「今」を捕まえに行く

「ハシッシュによる酩酊状態では、見かけの時間的展望が奇妙にも増大する。文を読み上げていると、文末に達しないうちに、文頭はもはや漠然と遠い昔のことのように感じられる。短い小道に足を踏み入れたのに、出口には決してたどり着けないかのようだ」

——ウィリアム・ジェイムズ、『The Principles of Psychology（心理学原理）』

古代ローマの賢人が説いた「今」

別の町に住む友人を訪ねた帰路に、列車の食堂車でこれを書いている。私は車両の一番前のテーブルを独り占めして、背中を壁にあずけ、進行方向の反対を向いて座っている。車両全体が私の前に舞台のように広がる。近くのテーブルでは大学生の二人組が、コーヒーを飲んだり教科書を見たりしながら話している。別のテーブルでは休憩中のカフェの店員と車掌がおしゃべりしている。車両の一番遠い端には数名の乗客がいて、一人の若者のラップトップを囲み、フットボールの試合のラスト数分間をくいいるように見つめている。私は車両の端から端まで連なる窓に目をやる。暗闇が迫る中、まだ家々のシルエットは見分けがつく。時折り街灯も目に入る。そのどれもが、私のすぐ右側の窓の端に不意に現れては、車両の向こうの端まで流れていき、私の視界からも心からも姿を消す。そしてまた街灯やシルエットが次々に現れ、暗さを増しながら流れ去っていく。私はふと、流れゆく街灯や家々は私の右肩の後ろのどこか一点から現れて、今この一瞬だけ存在しているのだと考えてみる。まるで未来へと後ろ向きに突進していく私から放たれているようでもある。そして私は「現在」が記憶の中に流れ去るのを見つめている。

夜明け前の暗い時間に自宅のベッドに横たわっているときは、その逆を経験する。ベッドサイドの時計が時を刻む、1秒ごとのその音が、まるで夜中の道路に浮かぶ距離表示板のように、暗闇の中で私の目の前に形となって現れる。それが次々と、私にひゅんと近づいては通り過ぎ、枕の後方のどこかに消えるのだ。あれはどこから来るのだろう、何と正確に一つまた一つと続くのか、と私は目をみはる思いでいる。《夜の時間全部の中から眠らずにいる時刻を選べるとすれば、これからの一時間ということになろうか》[*17]とナサニエル・ホーソーンは書いた。《憂き世の由無し事が侵入することのない中間地帯を発見したわけだ。そこは、過ぎゆく時がたゆたい、やがて本物の現在になるところ》[*18]。あの道路の行き先は私にはわからないが、そうしている間、その間だけは、そんなことをずっと考えていられる気がするのだ。

2000年以上も前から、世界の偉大な賢人たちが時間の本質について論じてきた。時間は有限なのか無限なのか？　連続するものか断続的か？　時間は川のように流れるのか、それとも砂時計の砂のような小さな粒の連続なのか？　そして何よりも、「現在」とは何なのか？「今」は分割不可能なほど短い瞬間か、それとも過去と未来をつなぐ、ほんのひとすじの蒸気のようなものなのか？　あるいは、「今」は一瞬とはいえ計測可能なのか？　もしそうなら、「今」はどのくらい続くのか？　その一瞬と一瞬の間に何があるのか？　一瞬が次の一瞬にどうやって変わるのか？　そして「今」はどのようにして「次」や「あと」や「今以外」になるのか？　紀元前４世紀にプラトンは、《この〈たちまち〉というのは、本来的に何か奇妙な〈所在なき〉あり方をするものであって、動と静（止）の中間に座を占めて、しかもいかなる時間の〔経過の〕うちにもない（時間が少しもかからないような）ものなのである》[*19]と言った。《そして動いているものが静止に変化し、静止しているものが動に変化するのには、まずこの〈たちまち〉に入り、またこの〈たちまち〉から出なければならないのだ》[*20]と書いた。

プラトンの1世紀前には、エレアのゼノンがこのような問題を膨大なパラドックス集にまとめた。飛んでいる矢を考えてみよう。矢は飛ぶ間のどの瞬間にも、どこかの一点にある。そのあとには、また別の一点にある。ならば矢はどうやって――いつ、どういう時間のうちに――ある点から次の点へと動くのだろう？　ゼノンの考えでは、一瞬という時間はそれ以上短くできない束の間である。そんな一瞬のうちに矢は動くことはできない。なぜなら、もし矢が動けるとしたら、つまりその一瞬のうちにわずかにせよ、いくらかの距離を占めるとしたら、一瞬に何らかの持続（始まりと終わり）があることになる。もし一瞬に持続があるなら、それは分割できる。すると、その一瞬の半分の時間で、矢は半分の距離を移動する。その分割を繰り返していけば、どこかで分割不可能になるはずだ。哀れ駿足のアキレスは、いつまでたってもゴールにたどり着けないというのだ。プラトンの弟子のアリストテレスは、このパラドックスについて論じている。アリストテレスはまず、ゼノンのロジックを要約し、《場所移動するものが目的地点に到達するには、それに先立ってまずその半分の地点に到達しなければならないがゆえに、運動変化はありえない》[*21]ということだが、その議論は誤っていると断じた（ゼノンの議論でいけば、運動変化があり得ないなら、時間もあり得ないということになり、時間はスタートを切れないわけだから、飛び去ることもない）。

アリストテレスはこの難問を言葉の解釈の上から解こうとし、時間と運動変化を同義のものとして論じている。時間とは、その上で事象が展開する場のようなものではない。弧を描く太陽の動きや、矢が飛ぶといった運動による変化が時間である、と主張した。さらに、瞬間には現実に計測可能な持続があり、その中で運動が展開されるのだと論じ、時間は分割不可能な「今」が集まって成っているのではないとした。しかし、そうなるとまた新たな難題が生じた。「今」は単なる過去と未来の区切りではないのか？「今」は常に同じなのか、それとも変化するのか？もし変化するなら、その変化はいつ起きるのか？この「今」のうちに変わるのではない、とアリストテレスは書いている。《「今」はそのときにはあるのだから、「今」それ自らにおいて消滅したということは不可能》[*22]である。

そうして無限につきつめていくと、実存にまつわる空洞に迷い込んでいく。時間が刻一刻とどうやって進んでいくかが説明できないなら、変化や新たな経験、創造などは、どう説明できるのか？無からどうやって何かが生まれるのか？天地創造は、あるいは時間そのものは、どのように始まるのか？　さらには自己というもの自体が疑わしくなってくる。私は一瞬前の私、先週の私、昨年の私、あるいは子供の頃の私と、どうして同じ人物であるのだろう？　変化しながら連続する私であり続けるとは、どういうことなのか？　ゼノンより古い時代の、あるギリシャ喜劇では、一人の男が、金を貸している別の男に近づいて、金を回収しようとする。借りている男がこんなことを言う。「おやおや、でもあなたは私に金を貸したりはしていません！　私はもうあの時の私と同じではないのですから。石ころの山に石を足したり引いたりしていったら、もとの石の山ではなくなりますよね」。これを聞いて、貸した男は借りている男の顔を殴る。「どうしてそんなことをするんですか？」と殴られた男が尋ねる。殴った男はそれに答えて「誰が？　私？」。

時間の専門家たちが、時間そのものと同じくらいよく話題にする事柄があるとすれば、それは「人がいかに語るか」だ。言語と時間には密接なつながりがあるからだ。たとえば英語には、時制という形で時間が組み込まれている。時制には過去、現在、未来の三つと、いくつかの下位カテゴリーがある。私たちはこれらを幼い頃から直観的に身につけ、たいていの子供は2歳になるまでに過去形の正しい使い方を習得する（ただし、「明日」と「昨日」、「前」と「あと」などの区別には、まだ一貫性がないかもしれない）。一方、ブラジルにはピダハン族の人々が話すピダハン語という言語がある。言語学者でも数名しか話せないこの少数言語には、時間に関する言葉がほとんどない。また、時間について論じる現代の哲学者たちは、「過去」と「未来」が現実の性質であると主張する時制論者と、それに同意しない時制否定論者に分かれている。

アウグスティヌスは、このことをもっとシンプルに捉えていた。アウグスティヌスは、時間生物学や時間知覚について科学者が書いたものの中に、必ずと言っていいほど登場する。それはアウグスティヌスこそ、時間のことを内的経験として語った初めての人だからだ。彼は、時間の中に身を置いていることがどう感じられるかを探求しながら、時間とは何であるかを問うた。時間はつかみどころがなく悩ましい抽象観念のように思えるかもしれないが、非常に親密なものでもある。アウグスティヌスは、人のあらゆる行為、あらゆる言葉の中に時間があると提唱した。私たちが彼のメッセージの重要な意味を理解するためには、立ち止まって自分自身の話す言葉を聞きさえすればよい。そうすることで、ほんの一行の言葉から、時間の本質が、時間のあらゆる特性やパラドックスが、浮き彫りになるのだ。たとえば、

Deus, creator omnium.《デェ・ウス・クレ・アア・トル・オム・ニィ・ウム》[*23]

「すべての創り主なる神よ」という意味のこの言葉を、声に出して言うか、心の中で唱えてみよう。このラテン語の一節には、合計八つの短音節と長音節が交互に登場する。アウグスティヌスは書いている。《長音節の一つ一つは、かの短音節の一つ一つにたいし、二倍の時の長さをもっています。私は発音してみてそう判断します》[*24]。しかしこの時、人はどうやってその長さを測っているのだろう？　この1行は音節の連なりとして、一つ一つの音節の連続として人の心に届く。それを聞く人は、どうやって一度に二つの音節の長さを比べているのだろう。《短音節を保っておいて長音節にあてはめて測り、それが短音節の二倍の長さをもっているということを知るのは、どのようにしてでしょうか。長音節は、短音節がなりやんだあとでなければ、ひびきはじめることができないのに》[*25]。さらに言えば、人はどうやってその長音節を心の中に保っていられるのだろう？　その長さは、音節が終わるまではわからず、終わったときには、もうどちらの音節も消え去っているというのに。アウグスティヌスは《ではいったい、私は何を測るのでしょうか》[*26]と問い、《両者ともに、なりひびいて飛びさり、いまはもうありません》[*27]と書いた。

ここでアウグスティヌスは、その「今」、つまり現在とはどういうもので、人はその現在に対してどういう位置にあるのかを問題にしている。それは今世紀とか今年といった意味での現在ではない。今日でもない。たった今、私たちの目の前で絶えず消えていく現在のことだ。もしあなたが夜中に目覚めて横になったまま、あれこれ考えをめぐらせたり、わき出る声に耳をすませたり、意識に浮かんだり消えたりする自分の思考――ウィリアム・ジェイムズが「意識の流れ」と読んだ小川のようなもの――をただつなぎ留めようとしたことがあるなら、アウグスティヌスの言うことはわかるはずだ。アウグスティヌスはアリストテレスの言葉を借りながら、現在がすべてだと論じた。未来や過去は存在しない。明日の日の出、《それはまだない》[*28]。彼の少年時代は「もうない」。あるのは現在だけだ。その現在は、いかなる「時の間」も持たない。《過去に移りさらないならば、もはや時ではない》[*29]。それでも、私たちが時間の長さを計っていることは間違いない。私たちは一つの音節が別の音節の2倍続くということを明言できるし、誰かの演説の長さを評価することができる。その時間を、私たちはいつ計っているのだろう？　明らかに過去でも未来でもない。存在しないものは計れないのだから。アウグスティヌスは言う。《われわれが測るのは、「過ぎさりつつある時である」[*30]》と――つまりそれが現在だ。

このパラドックスから、アウグスティヌスはある洞察にたどり着いた。非常に根本的なことなので、現代の時間認知に関する科学では当たり前のことと思われているその洞察とは、時間は心の特性であるということだ。一つの過ぎゆく音節が別の音節より長いか短いかを問うとき、人は音節そのものの長さを測っているわけではない。それはもうすでに存在しないのだから。測っているのは、《自分の記憶の中に深くきざみつけられてとどまっているもの》[*31]だ。音節は過ぎ去っても、ある印象を残し、それが今も存在する。そして実は、私たちが三つの時制と呼ぶものは一つでしかない。過去、現在、未来の三つは《魂のうちにある》[*32]とアウグスティヌスは書いている。これは、《過去についての現在、現在についての現在、未来についての現在》[*33]。つまり、過去の出来事についての現在の「記憶」、現在についての現在の「直観」、そしてやがて来る未来についての現在の「期待」という意味だ。

アウグスティヌスは時間を自然界から切り離し、現代の私たちが心理学と呼ぶ世界にあざやかに持ち込んだ。《私の精神よ。私はおまえにおいて時間を測るのだ》[*34]と彼は書いている。私たちが時間を経験するということは、真実で絶対的な何かの影を間接的に見ることではない。時間は私たちの知覚そのものだ。言葉や音や、さまざまな事象が起きては消えていくが、それらが通り過ぎたことで人の心に印象が残る。時間はほかでもない、そこにある。《私はその現存する印象を測るのであって、その印象を生ぜしめて過ぎさったものを測るのではない》[*35]。今日では科学者たちが、コンピューターモデルで計算したり、ネズミや学生たちを見つめたり、何百万ドルもする磁気共鳴画像（Magnetic Resonance Imaging：ＭＲＩ）装置を使ったりしながら探求していることを、アウグスティヌスは、話すとか聞くといった、ありふれた行為の中に見出していったのだ。

「アウグスティヌスは時間の哲学や論理体系を示そうとしているわけじゃない」と、ある日の午後、ランチを食べながら友人のトムが言った。「彼は精神について説明しようとしてるんだ。時間の中に存在するということがどう感じられるかを」

トムは近所に住む友人だ。彼にも我が家と同じくらいの年齢の子供がいる。子供たちは時々会って、一緒に遊んだり、互いに張り合ったりしている。トムは日中は有名大学で神学を教える学者だが、夜には騒々しいバンドでベースを弾いている。私たちは地元の小さな地区にあるレストランにいる。客は私たちだけだ。戦没将兵追悼記念日（訳注：5月の最終月曜日）の前の金曜日、外は春真っ盛りの快晴だ。

トムは神学の導入クラスの中で、アウグスティヌスのことを教えている。彼の学生たちはアウグスティヌスの親密なものの見方に共鳴するのだという。「僕たちは時間を自分の外にあるものとして捉えるように教えられてきた。時間は時を刻むもの、チカチカ表示されているのを見るものだ」とトムは言う。「だが、時間は僕たちの頭の中にある。僕たちの魂の中に、精神の中に、僕たちの現在がある」。時間はただ見られるだけのものではない。時間の中に人が身を置いている、あるいは時間が人の中に内在しているのだ。

アウグスティヌスはあるとき、時間を巻き物になぞらえている。その入れ物が人間だ。時間は抽象的に論じられるべきものではない。その中身を見て、自分で一音節ずつ、一語ずつ読み上げながら、その言葉を聞くことだ。内側にあるものを通して、その入れ物のことがわかるようになる。現代人は、新しい時間管理や時間の経験の仕方、時間との新たな関係の持ち方を学ぼうとして、週末のセミナーに出席《アテンド》したりするが、アウグスティヌスは、言葉そのものに傾注《アテンド》せよと言っている。

アウグスティヌスは読む者の心に変化をもたらし、自己と魂の変容を促そうとする。ただ、それは現在に没頭することでしか成し得ないことだ。「人はあの特別な、束の間の、一瞬に過ぎゆくものとの関係においてだけ、美を味わえる」とトムは言う。「問題は、人がその経験を、いかにして精神的な運動にするか、いかにして時間の中で正しいことをおこなうかだ」。私たちは時間のことを、費やした量で考えたり、自己啓発の効果を確認するためのツールのようにみなしたりしがちだ。しかしアウグスティヌスにとっての時間は、深く考え、その考えを反映させる対象だ。精神の成すべきことは、時間を効率よく使うことではなく、時間の中でより良く振る舞うこと、音節の中に生きることだ。トムはこんなことも言った。「僕が学生たちから受ける印象は、たいてい彼らが親から受けてきたものだが、学生たちは自分の持ち時間の中で最大限のことをしなければならないと感じている。彼らが問題にするのは、どれだけ時間がかかるかとか、生産性が上がるかどうかといったことだ。人が時間を経験するやり方には二通りある。一つは、はしごを一段一段登るように、時間の経過を感じること。もう一つは、時間という山そのものに分け入って登っていくことだ」

レストランは3時に閉まる。私たちが最後の客なので、店員がそれとなく注意を促すようにそわそわしている。トムはこれから家に帰り、午後は子供の世話をする。私たちは二人とも、なりたての親として大切なことを学んでいる最中だ。子供たちは手に負えない時間管理人だ。物事が（彼らの時計に従って）今すぐに思い通りにならないと、大惨事を招く。私がやるべきことの一つは、「あとで」と「待って」という言葉を教え込むことだ。それを私自身が学びつつある。というより、育児の大部分は、つまるところ時間の教育だということがわかってきた。時間を見極め、守り、尊重し、関係を深め、整理し、管理するやり方を子供たちに身につけさせること。しかし時には、こうした決まりごとを全部忘れてしまってもいいのだと教えてやることだ。

「見かけの現在」という「今」

ウィリアム・ジェイムズは眠れない。

時は1876年。若かりしジェイムズは、当時できたての心理学という学問分野で認められ、ハーバード大学の助教授に任命されたばかりだ。彼は今、恋愛に夢中になっている。アリス・ギベンスという未来の花嫁のことを思いながら、いつまでも目がさえていた。「7週間、夜も眠れず、ようやくためらいを捨てました」と、彼はついに手紙を書き、彼女に思いを打ち明ける。10年後、今度は長年取り組み続けている2巻1200ページの書物のことで、夜中まで気を揉んでいる。1890年に出版され、たちまち古典とも言うべき位置づけになった『The Principles of Psychology（心理学原理）』のことだ（ロバート・リチャードソンが書いたジェイムズの伝記『In the Maelstrom of American Modernism（仮訳：アメリカにおけるモダニズムの激動）』によると、ジェイムズの不眠は執筆がうまくいっているときほど悪化した。1880年代の終わり頃には、眠りに落ちるために、しばしばクロロホルムを使うようになっていた）。

おそらくジェイムズは寝返りを打ちながら、アネッタ・ドレッサーという女性から処方された「マインド・キュア」の効果を怪しんでいる。ドレッサーは、元時計工の故フィニアス・クインビーが始めた新しい治療法の信奉者だ。創始者の名にちなんで、彼女はその治療法を「クインビー・システムによる疾患の心理療法」と呼んだ。クインビーは、肉体の病気の根源は精神にあり、催眠術と会話、それに正しい思考法を組み合わせることで治癒できると信じていた。ジェイムズは、「あの女性の隣に腰をおろし、心の中の混乱をときほぐしてもらっているうちに、私は心地よい眠りに落ちた」と妹に語っている。しかし今、おそらくジェイムズは暗闇の中で目が冴えたまま、かかりつけ医の助言に従って大きな枕を試してみたらよかった、と思っているだろう。

それとも彼は、今現在に同化しているのかもしれない。彼の『心理学原理』には、こんなことが書いてある。《現在の時の瞬間を捉えよと言わないまでも、これに注目し注意せよと言えば、最も困惑する経験が起こるであろう。この現在とは一体どこにあるのだろうか。それは捉えると同時に融け、触れる前に逃げ、生じた瞬間に去っている》[*36]。ジェイムズはこの著書で、記憶、注意、感情、本能、想像、習慣、自己意識、それに「オートマトン理論」などの幅広いテーマを論じている。最後に挙げた「オートマトン理論」とは、人の神経機構の中に、ある種のこびとのような人型機械が入っているという、古くからある概念のことだ。ジェイムズ自身は懐疑的だったが、「その主体たる人の心のあらゆる移り変わりに対して、それがどんなに繊細なものであろうとも、生きたカウンターパートとしての人型機械が一つずつあるということだ」と説明している。

『心理学原理』の中でもとくに大きな影響力があったのが、時間知覚に関する章だ。そこには、この主題についての他の研究者たちによる最新研究と、ジェイムズ自身の考えが手際よくまとめられている。当時のヨーロッパでは、純粋な生理学（身体の仕組みに関する学問）から、その背景にある神経学的機構（シグナル伝達）の領域へ、そして厳密な哲学から、心や認知についての精緻な学問へと、科学の関心事が移行しつつあった。１８７９年にはドイツのライプチヒで、実験心理学の研究室が初めて開設された。その主導者は、感覚と内的経験を数値として示すことに取り組んだヴィルヘルム・ヴントだ。「意識を正確に記述することこそ、実験心理学の唯一の目的である」とヴントは書いた。その研究の中心に時間知覚があった。一方、ジェイムズは、意識というもの自体を信じていなかった。正確に言えば、意識を生体分子（肉体）とはまた別の「心の物質」として扱うことに反対していた。ただ、意識が厳密にはどういうものであれ、人の時間知覚のあり方を研究することが意識を正しく見ることにつながると感じていた。ジェイムズは、よく時間のことを一人称の経験を通して説明した。それは彼が、主体に正しく注意を向けるための最良の視座が時間だと考えていたからだ。

静かに座りなさい、とジェイムズは語りかける。目を閉じて、まったく外界を断って座り、《もっぱら時間の経過のみに注意し、詩人の言うように「夜半に時の流れ行くのを聞き、万物が審判の日に向かって動くのを聞いて」いるとしよう》[*37]（ジェイムズはイギリスの詩人、アルフレッド・テニスンを引用している）。そうすると、そこに何かがあるだろうか？　ほとんど何もない。あるのは空っぽの心、変化のない思考だ。もし何か気づくことがあるとしたら、それは一つ、また一つと瞬間が花開くかのような感覚だ、と彼は言う。《内に向けられた注意の下で発芽し生長する持続時間の純粋な系列のようである》[*38]。この経験は現実のものだろうか、それとも錯覚だろうか？　ジェイムズにとってこの疑問は、心理学的時間の真の性質を問うものだ。もしその経験を額面通りに受け取るなら（つまり、人が本当に、空っぽの瞬間が生まれ出るときをつかめるなら）、人は《純粋な時間に対する一種の特別の感[*39]》を持っているということになる。この論理によると、純粋な時間は空虚なので、人の感覚を刺激するには空虚な時間で十分だということになる。一方、瞬間の芽生えをつかむという経験は錯覚なのだとしてみよう。するとその場合、時間が過ぎていくという印象は、その時間を満たしている何かに対する反応として起きてくる。「われわれは、以前にその時間を満たしていた中身についての記憶を、今回の中身と比べて」反応している。そうなると問題は、時間の中に何もないのかどうかだ。時間は入れ物なのか、それとも何かの中身だろうか？

ジェイムズにとって、時間は中身だ。もし、中に何もない長さや距離というものがあったとしても、人はそれを直感できない。同様に、人は空っぽの時間を知覚することはできない。晴れ渡る青空を見上げて、30メートルはどのくらいの高さか、1キロメートルはどうか、と問われても、参照できるものが何もなければわからない。時間もそれと同じだ。人が時間の流れを知覚できるとしたら、それは変化を知覚できるからだ。そして変化を知覚するためには、時間が何かによって満たされていなければならない。空っぽの時間が続くだけでは、人の意識は刺激されないからだ。それでは、何が時間を満たしているのだろう？

それは単純に、私たち自身だ。「その変化は、いくらか具体的な種類のものでなければならない。外面的または内面的に感じられる一連のもの、あるいは注意または意志をはたらかせるプロセスだ」とジェイムズは『心理学原理』に書いている。空っぽにみえる瞬間は、決して空っぽではない。なぜなら、立ち止まってそのことを考えるとき、人は思考の流れで時間を満たしているからだ。目を閉じて外界を遮断しても、まぶたの内側には薄い光が見え、《きわめて薄暗い光が凝集してゆらいでいる》[*40]。それを感じる心が時間を埋めている。

何世紀も前にアウグスティヌスが、そしてその前にはアリストテレスが、「時間は心の特性そのものである」という概念を提起したが、ジェイムズも同じ考えをたどっている。ジェイムズは、時間は人の知覚の外側には存在しない、とまでは言っていない。しかし、脳が提供するものは時間の「知覚」であって、時間そのものではないということ、そして時間そのものは人が感じるものと非常に近いということ（つまり、人が主観的に知覚するもののほかに、時間という経験は存在しないということ）を強調しているように思える。
これはほとんどトートロジーのように聞こえるかもしれないが、現代の心理学者や神経科学者の多くがたどり着いた考え方とさほど違わない。たとえば、平均的な人は、状況によって時間が速くなったり遅くなったり感じられることに気づいている。そうした印象が生まれる原因を安易に想像すれば、きまった長さを持つはずの時間が実際にはどのくらいの長さになるかを、脳のどこかが、何がしかの方法で計っているからだと考えられる。しかしそんな時計は存在しない。脳は、現実世界の時間をコンピューターがするように計っているわけではない。自分自身が世界を処理する時間だけを計るのだ。
いずれにしても、人は自分自身から完全に逃れることはできない。ジェイムズは、あの「まぶたの内側に見える薄暗い光」のことを「ヴントがどこかで言った、われわれの一般的意識の曙光《しょこう》の中に包まれている」と表現している。《われわれの心臓の鼓動、呼吸、注意の脈動、想像の中に浮かぶ語や文の断片が、このほの暗いところを満たしている……要するに、われわれの心をどれほど空虚にしてみたところで、何らかの形の変化しつつある過程が依然として感じられ、これを駆逐《くちく》することはできない[*41]》
時間が空虚などということはあり得ない。人は絶えず時間を占領しているのだから。それでも、そんな表現ではまだ時間のすべてがわかったわけではない。私は静かに座って目を閉じたり、夜明け前に目覚めてベッドに横たわったりするとき、空っぽの時間が流れるのを眺めている。ジェイムズはそのことを、《われわれはそれを脈拍的に数えて分けている。すなわちそれが生ずるごとに「いま！　いま！　いま！」と言い、あるいは「また！　また！　また！」と数える》[*42]と書いている。時間は離散的に一つずつ、それぞれが独立して流れていくように感じられるが、それは私たちが空っぽの時間の離散的な単位を知覚するからではない。連続してみえる私たちの知覚という動作が実は離散的だからだ。「今」が繰り返し起きるのは、単に私たちが「今！」と繰り返し言うからだ。今現在の瞬間は「統合的な所与」であって、経験されるというよりは、こしらえられるものである。「現在」は人がたまたま遭遇して通り抜けていくものではない。人が何度も繰り返し、一瞬また一瞬と自分で作り出すものなのだ。

詩や詩篇を声に出して言うところを想像してみよう。言葉が進むにつれ、心は研ぎ澄まされていき、言い終えた内容を心にとどめ、これから言われることを先回りしてつかもうとする。記憶は期待に仕えている。《私の精神活動の生きた力は、二つの方向に分散します》[*43]とアウグスティヌスは言った。生きた力――これがアウグスティヌスの本質であり、あなたの本質でもある。たった今、これらの言葉を吸収し、覚えていようと努め、次に何がくるかと思いを巡らせているあなただ。《時間とは延長だ。それ以外の何ものでもない》[*44]とアウグスティヌスは書いた。《だが、もし精神そのものの延長でないとしたら不思議です[*45]》。それから何世紀にもなるが、科学者たちはいまだに、意識、自己、時間を定義しあぐねている。アウグスティヌスはこの三つを言葉によって結びつける。あなたは詩句の展開によって時間の流れを計ろうとするやり方でしか、時間にアプローチできない。そのとき、あなたの心はぴんと張りつめた現在にある。そしてあなたは現在においてのみ、注意するという行為においてのみ、自分が何者であるかをおぼろげに知る。アウグスティヌスにとっての「今」は精神の経験だ。

ジェイムズは、これをさらにひとひねりした。未来、過去、現在という三つの時制はどれも存在しないと断定し、「見かけの現在」と呼ぶ第4の時制を持ち出したのだ（この用語はジェイムズがE・R・クレイから引用したものだ。クレイとは、引退したタバコ王でアマチュア哲学者だったE・ロバート・ケリーの偽名である）。真の現在は長さをもたない小さな点だが、見かけの現在は、「その短い持続時間を、われわれは即座に間断なく感知できる」という。見かけの現在は、飛ぶ鳥や流れ星に気づいたり、歌の一小節中の複数の音符や音読される文章中の単語を、すべて理解できるくらいの長さがある。ゼノンのパラドックスも、カントの言葉（「人はどういうわけか時間というアプリオリな性質を直観する」）も気にしなくていい。過去、現在、未来のことは忘れよう。現在について論じるのは、それに対する私たちの知覚のことだけで十分だ。その知覚が事実上、「見かけの現在」を決める、という主旨だ。

飛ぶ鳥を見ているとき、詩の1行を読んでいるとき、あるいは夜中にベッドサイドの時計の音を聞いているときのこの「見かけの現在」については、どういうことが言えるだろう？　ジェイムズは、それは常に変化している（というより、常に変化しながら意識の中に現れる）と書いた。「時間の知覚について説明するのであれば、われわれの経験のこうした側面が説明できなければならない」。そしてジェイムズは、変化に気づくためには記憶を呼び覚まさなければならないと書いた（アウグスティヌスと同じだ）。時計が「時を刻んでいる」とか、鳥が「飛んでいる」と確信を持って言うためには、その活動が始まってから、ほんの一瞬前まで進行中で、それが今も続いているという認識を心に留めておかなければならない。現在の認識が、直前の過去の何がしかの様相を呼び覚ますのだ。したがって、この認識はいくらかの短い時間にわたって展開しているはずだ。「つまり、実際に認識される現在は、ナイフの刃のようなものではなく、鞍の背のようなものだ。その一定の幅の上にわれわれは座っている。そしてその場所から時間の二つの方向を眺めている」とジェイムズは書いた。「われわれの時間知覚の構成単位には持続がある。いわば船首と船尾のように、前方と後方の端がある……われわれは二つの端を含むひとかたまりのものとして時間の経過を感じるようだ」

そこで、この「見かけの現在」は意識を測る代用尺度になる。重要なのは、その背後にある思考の流れ、意識の流れだ。人の意識は常に、複数の概念を含んでいたり、複数の印象を一度に感知したりする。事象Cに続いて別の事象D、そのあとに事象Eといった形で経験するのではなく、事象CDEFGHをまとめて経験しながら、最初の事象が徐々に現在から消えていく一方で、新たな事象が加わるのだ。複数の事象が重なり合う中に、絶えず別の何かの知覚が流れ込んでいる。もしそうではなく、意識が単に、複数のイメージや感覚がビーズ玉のように連なっているものだとしたら、私たちは知識や経験を得ることはできず、知り得ることはただ現在の瞬間だけになるだろう。ジェイムズはジョン・スチュアート・ミルを引用して、そういう状態を説明する。「われわれの意識の連続状態が途切れた瞬間に、その一つ一つの要素は永遠に消え去るだろう。束の間の状態の一つ一つが、われわれの全存在になる」。そういう人の意識は「ツチボタルのきらめきのようなものだ。たった今、そこにいる場所を照らしているが、飛び立てばすべては暗闇のかなた」なのだから。

ジェイムズは、そういう切れ切れの意識の状況のもとで人が生きていくことも「想像できる」とは言いながら、現実にはないだろうと考えていた。ところが現実は想像を超えていた。1985年のこと。優れた指揮者で音楽家のクリーブ・ウェアリングという人物が、ウイルス性脳炎の発作に見舞われ、複数カ所の脳葉に障害を受けた。障害部位には、記憶の呼び出しと新たな記憶の定着に不可欠な海馬全体も含まれていた。ウェアリングはやがて、歩行ができ、会話も明晰で、ひげ剃りや着替えを一人でしたりピアノが弾けるまでに回復したが、ほとんど何も記憶できなくなった。そして30年たってもそのままでいる。自分の名前、周囲の人々の名前、どの食べ物がどんな味なのか、口にしかけた言葉の前に何を考えていたか、といったことを何も覚えていられない。何かの答えを言いかけた頃には、もう何を聞かれたかを忘れていた。「ウイルスがクリーブの脳に穴を開けたのです」と彼の妻、デボラがのちにテレグラフ紙に手記を寄せている。「彼の記憶は失われてしまいました」。ウェアリングは自分の名前も思い出せないが、妻に対してだけは、ほかの誰にもしないような長い抱擁とともに熱烈な歓迎の意を示す。彼女がほんの少しの間、隣の部屋に行って戻ってきただけだとしても、そんなふうだ。ウェアリングは自宅でほんの数時間前まで妻と一緒にいたことも忘れて、彼女に不安げに電話をかける。「明け方に来てくれ」と妻をせかす。《光速で来ておくれ[46]》

ウェアリングにとっては、見かけの現在しかない。ウェアリングについては数多くのドキュメンタリー番組や記事があるが、その一つ、BBCの番組で、「彼は、言ってみれば、ほんの小さな時間の切れ端の上で立ち往生しているようなものです」とデボラは語っている。またデボラは夫についての本も出版した。その中で、ある日、夫がチョコレートを見つめていたときの様子を書いている。片方のてのひらにチョコレートを乗せ、もう一方の手でそれを隠したり開いたりを数秒ごとに繰り返しながら、じっと見ている。

《「ほら!」と彼は言った。「新しいチョコが出てきた!」彼の目はそこに釘づけになっていた。

「同じチョコレートよ」とわたしは優しく言った。

「いや……ほら！　変わってる。まえはこんなんじゃなかった……」彼は数秒ごとにチョコレートを隠しては手を挙げ、じっと見つめた。

「見てごらん！　また変わった！　いったいどんな手を使ったんだろう？」[*47]

何もかも、自分自身も含む誰も彼もが、永遠に新しい。彼はまるで世界に向かって初めて目を覚ますかのようだ。彼はまた別のときに、《きみが見える!!!》[*48]とデボラに向かって叫んだ。《ありとあらゆるものがちゃんと見える！》[*49]と言ったかと思えば、《ぼくには何も聞こえなかった。何も見えなかった。何も触れなかったし、なんのにおいもしなかった。まるでいつまでも終わらない長い夜みたいだ》[*50]とも言った。彼はこれを何度も何度も、ほんの少しだけ違う言い方で何年も言い続けている。《ぼくには何も聞こえなかった。何も見えなかった。何も触れなかったし、なんのにおいもしなかった。まるで死人だ》[*51]。何か別のことに気持ちが向いていない限り、彼の人生の経験とはこういうものだ。

それでも、目覚めて現在の中に足を踏み入れたと気づくのはとても大事なことなので、ウェアリングはそれを繰り返しノートに書き留めている。まず時刻を書く——午前10時50分——そして自分の認識を記録する。「初めて目が覚めた！」　1行上に数分前の同じ記録があることに気づく。彼は時計を見て、それから一つ前の書き込みはペテン師が書いたものでもあるかのように、そこにバツ印をつけ、今書いた方にアンダーラインを引く。何ページもそんな記録で埋め尽くされ、最新のもの以外はすべて取り消されている。彼の日誌は（日誌という言葉が正しければだが）、今や数十冊、数千ページにのぼる。目覚めた瞬間ごとに、少し前のどの目覚めより今回のが本当なのだという宣言で埋め尽くされている。

午後2時10分：今、本当に目覚めた……
午後2時14分：今度こそ目覚めた……
午後2時35分：今度は完璧に目覚めた……
午後2時40分：初めて目覚めた。前に書いているのは違う。

《そして、八時四十七分、すっかり目覚める。
そして、八時四十八分、完全に目覚める。
そして、自分を理解するという問題を意識した。[*52]》

「今」の感じ方を決めているもの

1860年の夏の終わりのある晩、ロシア昆虫学会のメンバーたちが、当時のサンクトペテルブルクで第一回の会合を開いた。基調講演をしたのは、ドイツの権威ある動物学者、カール・エルンスト・フォン・ベーアだ。ベーアといえば、たいていは気難しい人物として知られている。「あらゆる生物は共通祖先から進化した」というダーウィンの説に反対したからだ。しかしダーウィン自身はベーアのことを、非常に知的かつ革新的な生物学者で観察者であるとして、大いに称賛していた。ベーアは、人間を含むすべての哺乳類が卵細胞から発生すると論じた初めての人物だ。それは彼が、ニワトリなどの小さな不定形の胚細胞の塊を顕微鏡で観察するという単調な仕事を続け、きわめて多様な生物が同じような形態から始まることを驚嘆しながら見出して、たどり着いた結論だった。

基調講演の主題は、「Welche Auffassung der lebenden Natur ist die richtige? Und wie ist diese Auffassung auf die Entomologie anzuwenden（生物の概念はどれが正しいか？そしてその概念は昆虫学にいかに適用されるか？）」だった。普通の聴衆なら、わけのわからないテーマだと思ったかもしれないが、昆虫好きの聴衆たちは大いに楽しんだ。ところがベーアはこの講演の途中で、ある話題を持ち出した。哲学者の間では17世紀頃から広まっていたが、自然科学者たちはこの頃にようやく話題にしはじめた問題だ。それは、「『今』はどのくらいの長さなのか？」ということだ。

何ものも永続しない、とベーアは聴衆に語りかけた。たとえば、私たちには山や海が永久不変のもののように見えるが、こんなふうに何かが永続するように感じるのは、私たちの思い違いだ。私たちの寿命が短いがゆえの錯覚である。ここで少し想像してみよう。「人の生涯の歩みが今よりずっと速いか、ずっと遅いとしたらどうだろう。その人にはきっと、自然界のあらゆる関係がまったく違って見えるだろう」。たとえば、人が誕生してから亡くなるまでの一生が29日しかないと仮定してみよう。普通の寿命の1000分の1の長さだ。この *Monaten-Mensch*（1カ月人間）は、夜空の月の姿を一巡り分しか見ることができない。季節とか、雪や氷といった概念は、私たちにとっての「氷河時代」と同じくらい具体性のないものだろう。昆虫やキノコのように、ほんの数日しか生きない多くの生物と同じような経験しかできない。そしてまた、その人の寿命がさらに1000分の1の長さで、たった42分しか続かないとしよう。この *Minuten-Mensch*（数分人間）は、夜と昼のことは直接には何も知らない。花や木は不変のものに見えるだろう。

さらにベーアは続ける――逆の状況を考えてみよう。今度は人の心臓の動きが、速くなるのではなく遅くなって、いまより1000倍ゆっくり拍動すると想像してみる。その人の1回の心拍には、私たちの1000倍の時間がかかる。普通の人の寿命を80年とすると、「その人の人生は、およそ8万歳という超々高齢になるまで続くことになる。その人には1年（8760時間）が8・76時間くらいにしか感じられない。そうなると、氷が解けるところを観察したり、地震を感じたり、木々が芽吹いてゆっくりと実をつけ、それから葉が散るところを眺めたりすることはできなくなる」。逆にその人には、山々が隆起したり陥没したりする様子が見えるだろう。しかし、てんとう虫の命などは見過ごしてしまうし、花々は目にとまらない。木々なら何かの印象くらいは残す。太陽は、彗星か砲弾が通った跡のような軌跡を空に残すかもしれない。その人生をさらに1000倍長くしてみよう。8000万年生きる人は、この地球の1年の間に心臓がたった31・5回しか拍動しない。そうなると太陽は1個の丸いものには見えなくなり、空に太陽光の通り道だけが見え、冬にはそれが薄暗くなるだろう。1年のうち、心臓10拍分くらいの間は地球が緑色で、その次の10拍は白っぽくなる。雪は心臓が1・5拍くらいする間に解けてしまうだろう。

17世紀から18世紀にかけて望遠鏡と顕微鏡の使用が広まったことで、物事のスケールの相対性という概念が人々の考えにのぼるようになった。宇宙は想像していたよりも大きかった――しかも両方向に。私たちの外側と内側のどちらにも豊かな世界が広がっているのだ。人間は特別な存在だという感覚はなくなり、人間から見た眺めは、あまたの中の一つにすぎないのかもしれないと考えられるようになった。

哲学者のニコラ・マルブランシュは1678年に、神はこの世を非常に広大にお創りになったので、ある王国の1本の木が私たちにとっては巨木に見えても、その王国の居住者たちにとっては普通に見える――また逆に、私たちにちっぽけに見える世界は、そこにいる小さな住民たちには大きく広がって見えるものと考えよ、と言った。マルブランシュは、「*Car rien n'est grand ni petit en soi*（何ものもそれだけである限りは、それ自体、大きくも小さくもない）」と書いた。ジョナサン・スウィフトは、すぐにこのアイデアを『ガリバー旅行記』に取り入れた。小人国（リリパット王国）の国民が見ている世界と、巨人国（ブロブディンナグ王国）の国民が見ている世界は、細かいところも大きいところも同じなのだ。

それは時間も同じことだ。「われわれと同じ多くの部品でできているが、その大きさがヘーゼルナッツほどしかない世界を想像してみよ」とフランスの哲学者、エティエンヌ・ボノ・ド・コンディヤックは1754年に書いた。「そこでは間違いなく、われわれの世界での数時間のうちに、何千回も星々が昇ったり沈んだりしている」。あるいは、私たちが小さく見えるような莫大な大きさの世界を想像してみよう。私たちの世界での一生涯は、その大きな世界にいる者たちにとっては、ほんの一瞬のちらつきにしか見えないだろう。一方、「ヘーゼルナッツ惑星」の住民たちから見れば、私たちの人生は数十億年も続いて見えるのかもしれない。持続の知覚は相対的なものなので、ある者にとっては一瞬でも、別の者にとっては数倍の長さになる。

これはある意味で、言葉遊びとも言える。地球が地軸の周りを1回転することを1日と定義するなら、1日は人にとっても、ダニにとっても、ヘーゼルナッツにとっても変わらず、まったく同じ長さの1日だ。しかしコンディヤックは、ヘーゼルナッツ惑星のダニにとって、その1日はあまりに長すぎて、知覚すらできないものかもしれないということを言っている。この考え方には、現代にも非常によく通じる時間の概念が含まれている。それは、人が一瞬の長さをどのくらいに見積もるかは、その一瞬の広がりの中で心を通り過ぎていく行動や思考の数によって決まる、ということだ。「われわれは、われわれの知性の中に入れ代わり立ち代わり現れる観念の連なりを考えること以外に、持続を知覚することはできない」とジョン・ロックは1690年に論じた。あなたが短い時間の間に多くの感覚を経験するなら、密な中身を持つその持続時間は、それを過ごしているあなたにとって長く感じられる。瞬間は無次元のように思えるかもしれないが、その瞬間を知覚する能力のある別の精神があるかもしれない、とロックは書いた。そして私たちは、「人と同じ感覚や知性を持ちながら、タンスの引き出しに閉じ込められている虫1匹」なら気づくであろう、その時間に気づかない。私たちの精神は、ただせわしく動きながら、一度にその程度の観念しか抱くことはできない。だから人が知覚できる時間の長さには限りがあるのだ。「もしわれわれの感覚が変化して、もっと迅速で俊敏なものになれば、物事の姿や外観は、われわれにとってまったく違うものになるだろう」とロックは論じている。

ウィリアム・ジェイムズはこの考え方を採用した。１８８６年にはこんなことを書いている――あなたの感覚が大麻によって変化したところを想像してみよう。すると、あなたの時間の経験は、「ベーアやハーバート・スペンサーが述べたような短命な生物の状態に似たものになるだろう……その状態を簡単に言えば、空間を顕微鏡で拡大するのとちょうど同じだ。一つの視野の中で直接目にするものの数は少なくなる。しかし、その一つ一つが通常の場合より大きな空間を占めている。そしてその視野からはみ出したものたちは、不自然なほど遠くにある」。

１９０１年にH・G・ウェルズは、『The New Accelerator（新加速剤）』という短篇を書いた。身体とその知覚を１０００倍加速させる霊薬を発明する物語だ。コップを落としてみると、空中で止まっているように見える。通りを歩く人々は、《蝋《ろう》人形のようにぎこちない不動の姿勢をしている》[*53]。そして、《ぼくらは加速剤を作り、売り出すだけ。その結果については……まあ成り行きにまかせよう》[*54]。

私たちがその事実に気づくことはめったにないが、人間はさまざまな時間スケールの中で、それらを同時に参照しながら日々を送っている。平均的な人では心臓が1秒に1回拍動する。稲妻が走る速さは100分の1秒だ。家庭用コンピューターは一つのソフトウェアの指示をナノ秒（10億分の1秒）単位で実行する。集積回路のスイッチングはピコ秒（1兆分の1秒）単位で起きる。数年前には物理学者たちが、持続時間わずか5フェムト秒（1秒の1000兆分の5、5×10^{-15}秒）のパルス波レーザー光（フェムト秒レーザー）の開発に成功した。普通のカメラでもフラッシュによって、1秒のおよそ1000分の1くらいの間だけ「時間を停止」させることができる――これは野球の豪速球は無理かもしれないが、打者のスイングを停止して見せるには十分な速さだ。それと同じように、科学者たちはこのフェムト秒レベルの「フラッシュ電球」のような仕組みを使って、以前なら決して静止画として見ることができなかった現象を観測できるようになった。たとえば、振動する分子や、化学反応の際の原子同士の結合など、超微細で超短命な出来事だ。

しかし、この程度の短さではまだ十分でない。あらゆる種類の重要な出来事が1秒の1000兆分の1～2の間にも起きている。そういう現象は、フラッシュ電球にそのスピードがなければ見ることができないのだ。そこで科学者たちは、さらに微細な時間枠を生み出して物質世界を研究しようと、熾烈な競争を繰り広げてきた。そして数年前、オタワ大学の物理学者、ポール・コーカムを含む国際的な物理学者のチームが、「フェムト秒の壁」と呼ばれる限界の突破についに成功した。彼らは複雑な高エネルギーレーザーを使って、１フェムト秒の半分よりわずかだけ長い時間（正確には６５０アト秒）のパルス光を発生させたのだ。アト秒（10^{-18}秒、１秒の１００京《けい》分の１）は以前から理論的には存在することが知られていたが、この時初めて、人類が実際に遭遇した「最も短い時間」となった。この新発見は極微の時間だが、とてつもない可能性を秘めている。「現実に重要な意味のある時間スケールです」とコーカムは言った。「私たちは原子や分子からなるミクロの世界を、思いのままに見るすべを手に入れました」

アト秒パルスの発見から間もなく、物理学者たちはそれを使って何が見えるかを明らかにした。このパルスと、少し長い赤色光パルスをクリプトン原子の気体に照射すると、アト秒パルスがクリプトン原子の励起を引き起こし、いくつかの電子を放出させる。そこに赤色光パルスが衝突することで、それらのエネルギー状態が読み取れた。そしてこの二つのパルス光の位相差を調節することで、電子が崩壊するまでにかかる時間をきわめて正確に——数アト秒の範囲で——測定することができたのだ。電子の動態がここまで短い時間枠内で調べられたのは、まったく初めてのことだった。このアト秒パルスの実験は物理学の世界に興奮を巻き起こした。「アト秒によって、電子を研究する新たな方法が手に入るのです」とブルックヘブン国立研究所のルイス・ディマウロは私に言った。「それは物質を探る新しいツールになって、やがてさまざまな科学に応用されるでしょう。アト秒物理学の時代の到来です」

もちろんそう遠くない将来に、アト秒でも満足できなくなる日が訪れるだろう。原子核の本来の時間スケールはそれより数段階短いので、その活動を調べるためにはゼプト秒（10^{-21}秒、1秒の10垓《がい》分の1）の世界に突入しなければならない。それまでの間、物理学者たちは、すでに手に入れた短い時間を頼りになんとかやっていくことになる。そして今はアト秒の世界に熱中している物理学者たちも、やがてはさらなる最短時間の発見を待ちわびることになるのかもしれない。

「今」の正確な長さ

今より若く、もっと時間があった頃、私は夏になるとよく草の上に横たわって目を閉じ、いくつの音を同時に聞けるかを試してみた。あっちの方からセミの声。頭上からは高高度を飛ぶジェット機の轟音。後ろの方では木の葉がそよ風に吹かれてサラサラいう音。いくつかの音は常にそこにあるが、アオカケスの鳴き声のように、聞こえたり聞こえなかったりする音もある。私は四つか五つの音を心にとどめていられるが、やがてはどれか一つが抜け落ちることに気がついた。そうなると私は、また別の音を探した。まるでボールを一つ落としてしまったジャグラーが、代わりのボールを片手で手探りしているみたいだ。少しすると、私は絶えず音が増えたり減ったりすることに慣れてきて、いくつの音を聞いていられるかはだんだんどうでもよくなった。その代わりに、それらの音が占めている内的空間のこと、そして複数の音を苦もなく聞き続けているその状態に心が向いていった。

そんなとき、私はくつろいでいると同時に、私なりの方法で何かを測っていた。ただそれが何を……と考えると、はっきりしない。自分の注意の持続だろうか？　それとも意識の及ぶ範囲？　振り返ってみれば、私は初歩的なやり方とはいえ、明らかに、「今」という瞬間の長さを数値化しようとしていたのだ。同じような試みは古くからおこなわれている。ウィリアム・

ジェイムズが（E・R・クレイのやり方で）「見かけの現在」という概念にたどり着く前にも、多くの科学者が「現実に、心理的現在には多少の長さがある」という概念を受け入れ、それを数値化しようと悪戦苦闘していた。「現在」は、正確にはどのくらい長い（あるいは短い）のだろう？

現在を計る一つの方法は、その時間の中に頭の中で把握できる事柄がいくつ入るかを数えることだ。リズムはよい物差しとされた。たとえば、一定のリズムを刻む連続的なビート音を考えてみよう。チッカ・チッ・チッ、チッカ・チッ・チッ・チッ……のように鳴り続けている音があるとする。この一つ一つの音の鳴り方があまりに遅かったり、あまりに速すぎたりすると、まとまりとしてのリズムは認識できない。中間程度の速さ（1秒から1分くらいの間に多くのビート音がする状態）の場合に限って、ビートは聞く人の心の中で融合して、ひとまとまりになる。別の言い方をすれば、注意が働くわずかに変動可能な短い時間内に、十分な（だが多すぎない）数のビート音が届いたときにだけ、リズムを認識できる。ドイツの生理学者、ヴィルヘルム・ヴントは、その短い時間のことを「意識の範囲」、あるいは「意識野」と呼んだ。それは異質な印象が融合して、「今」という感じがする短い時間のことだ。ヴントは1870年代に、そのパラメーターを計測しようとする研究に乗り出した。意識野の長さの実験では、連続して鳴る16拍のビート音（2拍ずつの8ペア）を1秒あたり1拍〜1・5拍の速度で聞かせると被験者はリズムを聞き分けられたことから、ヴントは意識野を10・6〜16秒の範囲の長さだと定義した。この実験では一連の音を1回聞かせ、短い休止を挟んだあとで、もう一度繰り返した。すると被験者たちは、1秒あたり1拍〜1・5拍の速度であれば、たちまちリズムに気づき、2回ともリズムが同じであることも認識できた。もし2回目のときに1拍を付け足したり落としたりしたら、被験者は拍数を一つ一つ数えなくても、その変化にすぐに気づいただろう。被験者はまとまったパターンに気づき、それぞれのリズムが「全体として意識の中にある」とヴントは述べている。またヴントは速度を上げ、2分の1秒から3分の1秒の間に12拍が鳴るようにしたが、それでも被験者はリズムの「まとまり」を聞き取り、それを別のリズムと比べることができた。この測定によると、認識可能な「今」は4〜6秒の範囲のどこかの長さにある。1秒あたり4拍の速さで、8拍の固まりを5回鳴らした限りでは、40拍ものビートが一度に認識可能だった（その場合は意識の範囲が10秒になる）。最短の知覚可能な長さは12拍（1秒あたり3拍の速度で、4拍を3回）を4秒で鳴らす場合だった。

別の測定によると、「今」はもっと短いかもしれない。1873年にオーストリアの生理学者、ジークムント・エクスナーは、1秒の500分の1というごくわずかな時間のうちに電気火花が二つ続けてパチッと鳴った場合は、それを聞き分けられることを報告した。ヴントの被験者たちは、瞬間を満たしている「中身」を知覚したのに対して、エクスナーは「空虚な時間（中身のない時間間隔）」の限界の範囲を突き止めたのだ。そしてエクスナーは、この「今」の長さは、用いる感覚の種類によってかなり変わることを発見した。知覚可能な最短の間隔（0・002秒）を達成したのは聴覚だ。視覚はそれより遅かった。わずかだけずれて光る二つの連続火花を見た場合、エクスナーは、そこに0・045秒以上（1秒の20分の1よりわずかに短い）の間隔があるなら、どちらの火花が先だったかを正確に見分けられた。そしてこの課題を、音を聞いてから光を見るという形にすると、さらに長い間隔（0・06秒）がなければ順番を見分けられなかった。逆の課題（見てから聞く）での最短の知覚可能な間隔はさらに長く、0・16秒だった。

それより少し前の1868年に、ドイツの医師、カール・フォン・フィアオルトは、メトロノームを使い、また別の「今」の測定値を示していた。そのメトロノーム実験では、被験者はまず空虚な時間間隔を聞く（たいていは始まりと終わりにメトロノームが「カチッ」と鳴ることで区切られていた）。そしてそのあとで、キーを押し、回転する円筒に巻かれた紙に印をつけるやり方で、先ほどの時間の長さを再現するように求められる。時たまその間隔は、メトロノームの音2回ではなく8回で区切られていたり、小さな鉄製のとがったもので被験者の手のひらを軽く2回叩くことで示されたりすることもあった。それらのデータを調べているうちに、フィアオルトは不思議なことに気がついた。1秒より短い間隔は、たいてい実際より少しだけ長かったように判断されていたが、1秒より長い間隔は短めに評価されていたのだ。その中間のどこかに、被験者が正確に判断できる短い間隔がある。フィアオルトは懸命に実験を繰り返し、ようやくその短い間隔を突き止めた。それは人の時間の感覚が、物理的な時間とぴったり合うポイントだ。フィアオルトはそれを無記点（indifference point）と呼んだ。人によって異なるが、平均すると約0・75秒という長さで驚くほど一致していることを、後世の研究者たちが述べている。

ただし、この発見には実験方法として欠陥があったことが今ではわかっている。フィアオルトの実験データは、ほぼすべてがたった二人のボランティア被験者（フィアオルトと彼の博士課程の学生）で得たものだった。それでも、無記点は重要なこととして広く受け入れられた。ヴントを始めとする研究者たちは、さらにその数値をはっきりさせるために、独自の無記点実験をおこなった。するとその値は、やはり1秒の4分の3（0・75秒）前後になることが多かったが、1秒の3分の1という短い時間になることもあった。無記点についてのエビデンスは、後年の精査によって大部分が無効とされたが、少なくともしばらくの間、科学者たちは心理学的な時間の単位を特定したように感じていた。

「今」の正確な長さについては、20世紀になっても細かな分析が続いた。近年の科学者は、二つの概念の線引きをする傾向にある。一つは知覚的瞬間。これは連続する二つの事象（たとえば、二つの火花）が同時に起きたと知覚される最大の事象間隔として定義され、ごく短いが定量可能な時間間隔だ。そしてもう一つは心理的現在。これは、もう少し長い時間で、ドラムの連打のような事象が展開するときに単一の事象として感じられる時間範囲だ。知覚的瞬間は90ミリ秒、4・5ミリ秒、または1秒の5分の1から20分の1の間のどこか、などの数字が特定されていて、誰に尋ねるかと、どのような方法で計るかによって変わる。心理的現在は2〜3秒、4〜7秒、あるいは5秒未満などと報告されている。少なくとも認知科学者のあるグループは、「時間的解像度の限界値」とも言うべき最短時間の存在を提唱して、およそ4・5ミリ秒としている。

1890年に『心理学原理』を出版する頃までに、ジェイムズは、「今」の長さは基本的に落ち着いたと見ていた。「われわれは絶えず特定の時間間隔、つまり『見かけの現在』を意識している。その長さは多様で、数秒から、おそらく1分未満だろう」と彼は書いた。それ以後の研究については、「感覚を責め上げ、苦しみをもたらす」ようなもので品位に欠けるとし、「新しいプリズム、振り子、それにクロノグラフを使う今日の哲学者たちには、立派な研究様式というものがほとんどない。やつらのすることは商売であって、作法がない」と述べた。

このような実験が人の時間感覚の何を明らかにしたかはともかくとして、機械式時計がますます正確化している証拠になったことは間違いない。科学者たちは長らく、「動物の精神」や「神経活動」が、筋肉を活動させ、運動や認知、時間の知覚などを可能にすることに興味をそそられていた。しかし、今日「神経インパルス」と呼ばれているそうした現象は、1秒に120メートル、1時間に400キロメートル以上もの高速で伝播する。18世紀のテクノロジーではとても検出できるものではなかった。その当時、科学の範疇における限り、何らかの行動は思考によって刺激された瞬間に起きるものとされていた。しかし19世紀になると、振り子時計、クロノスコープ、クロノグラフ、キモグラフその他、たいていは天文学から借りてきたさまざまな装置によって時間の計測が進歩し、1秒の10分の1、100分の1、さらには1000分の1という新たな時間スケールが用いられるようになった。宇宙を探るために設計された機器が生理学の研究に応用され、無意識の事象を明らかにするのに十分すぎるほどの時間の窓が開いていった。

比較的最近になって、原子時間や国際標準時（あまりに進歩したせいで、ニュースレターとして配布されるしかなくなった）が登場するまで、人々の掛け時計や腕時計に表示される時刻は、天文台の天体観測によって確定され、届けられるものだった。ここで真北と真南を結ぶ1本の線を頭上に思い描いてみよう。あなたがどこにいようとも、太陽は毎日きっかり正午にその線――天の子午線という――を横切っていく（それが起きるときが、太陽時間による正午と定められているからだ）。夜には太陽以外の恒星も子午線を通過する。天文学者たちは、そうした恒星の子午線通過時刻を注意深く追跡するようになり、それをもとにして正確な時刻を手に入れた。そして、人々もその時刻を使って時計合わせができるようになり、時計職人や時計の所有者たちが実際にそうしていた――最初のうちは地域の天文台に直接押しかけ、その後は天文台が認めた何らかの形の「時刻配信サービス」に申し込むという方法で――。
１８５８年にスイスのヌーシャテルに建設された天文台は、時計産業に正確な時刻を提供することを目的にしていた。天文台の創設者で天文台長を務めたアドルフ・ヒルシュは、「水やガスと同じように、時刻が家庭に届けられるようになるだろう」と得意げに語った。地元の時計製造者たちは、自作の掛け時計や腕時計を天文台に預け、検査と調整をしてもらい、公式の証明書を受け取っていた。遠くの時計製造者はテレグラフを使って、1日1回の時刻シグナルの配信を受けた。１８６０年には、スイスのあらゆるテレグラフ事務所がヌーシャテルからの時刻の配信を受けるようになる。そうして出来上がった体制を、バウハウス大学（ワイマール）のメディア論教授で歴史家のヘニング・シュミッケンは、「標準時刻が織りなす広大なる景観」と呼んだ。

言うまでもないが、地球上のあらゆる場所が同時に正午になったり、同時に同じ時刻になったりするわけではない。地球は自転しているので、太陽は全人類の上にいっぺんには降り注がない。ニューヨークの真昼は香港の真夜中だ。人が東に向かって移動していけば、出発地点より少しずつ早く夜明けと日没が（正午も）訪れるようになる。西に移動すれば、その訪れは少しずつ遅くなる。経度（地球1周３６０度を等分割している）が東か西に15度ずれるごとに、正午は1時間ずつ早くなるか遅くなる。このことを応用すれば、望遠鏡と時計を使って、位置や時間を割り出すことができる。たとえば、あなたがグリニッジ天文台の天文台長だとしよう。そこは経度ゼロの場所だ。もしその場所で特定の恒星が子午線を横切る時刻がわかれば、別の経度の場所においてその星が子午線を横切る正確な時刻を予測することができる。逆に、あなたが大西洋上の船の上で望遠鏡と時計を手にしているとしよう。その場で、ある星が子午線を横切る正確な時刻を観測する。そして、それと同じ星がグリニッジで子午線を通過する時刻がわかれば、二つの時刻の差から、あなたが今いる場所の経度を計算することができる。この計算法は16世紀から17世紀にかけて、イギリス人の探検にとってなくてはならないものだった。これを用いることで航海に適した正確な時計の発明が進み、１６７５年のグリニッジ天文台の建設にもつながった。遠洋航海の船が海上で自らの位置を知るための揺るぎない土台となった、初めての天文台だ。

恒星の子午線通過に基づいて各地の時刻を決めるのは、大変な作業だった。決められた時間が近づくと天文学者は時計に目をやり、1秒前まで時間を追っておいて、その瞬間に望遠鏡をのぞき込む。望遠鏡の視野には等間隔に何本かの縦の線が記されていた（望遠鏡に蜘蛛の糸を貼ったものが多かった）。すぐに目的の星が視野に滑り込んでくる。にじんだ光の輪の中心にある銀色の明るい点だ。天文学者は声に出して秒を数えるか、時計の音を聞くか、場合によっては1秒を刻むメトロノームの音を聞きながら、その星がいつ1本1本の線を横切るかを追っていく。とくに重要なのは、子午線にあたる中央の線を通過するときだ。

一連の作業の中で、子午線を通過する直前と直後の音に合わせて、星の位置を目で特定し、その両方を覚えておかなければならなかった。あとで両者を比べ、その差から、子午線を通過した正確な瞬間を割り出すのだ。すべては10分の1秒のうちの出来事だ。子午線通過時刻は日ごと、あるいは週ごとに比較された。恒星が時刻を守らないことはないので、もし予測したスケジュールからの逸脱があれば、それは時計のせいと言って間違いない。星の動きに合うように時計が調整された。

この技術は10分の2秒以内の正確さがあると想定されていたが、実際には誤差が入っていた。望遠鏡は天文台ごとに明るさが違っていたし、すべての天文台の時計が毎秒変わらず正確に進むとは限らず、外部の騒音や振動から守られていたわけでもなかった。星がいつもより明るかったり暗かったりすることもある。気流の影響で揺らいで見えたり、肝心なときに雲に隠れてしまうこともあった。さらに油断のならないことは、天文学の世界で「個人方程式」として知られることになる一種のヒューマンエラーだ。１７９６年、グリニッジの王立天文台長が、助手を解雇したことを記録した。その助手が観測した恒星の子午線通過時刻が、いつも天文台長自身が記録した数字より1秒遅いから、という理由だった。「助手は自分勝手に、非正規のあいまいな観測をするようになったのだ」と天文台長は書いている。しかしその後の研究から、観測者が二人いればどんな場合でも、記録される子午線通過時刻がぴったり同じにはならないことが明らかになった。人それぞれの「個人方程式」による修正が必要なのだ。ヨーロッパではその後50年ほど、天文学者たちがこの要因を除外しようと、誤差（個人差）を測定したり比較したりと、むなしい努力を重ねた。

この誤差は、ヒルシュが１８６２年に、「天文学者たちの神経系の不幸な特性によるもの」と結論づけた通り、人の生理機能に原因がある。ヒルシュの10年前には、ドイツの医師で生理学者のヘルマン・フォン・ヘルムホルツが、知覚と思考と行動はどうしても同時には起こらないということ、つまり、人の思考の速さに限界があるということを実験によって明らかにしていた。ヘルムホルツの実験は、志願した被験者の体のさまざまな部位に電気ショックを加え、被験者が反応するまでにどのくらいの時間がかかるかを測定するものだった。刺激への反応としては、被験者に頭を動かす行動をさせた。反応時間にはかなりの幅があったが、ヘルムホルツが大まかに計算したところでは、人の神経におけるシグナル伝達速度は1秒におよそ36メートルだった。これは何人かの研究者が主張していた1時間に1400万キロメートル（1秒間に約3900キロメートル）という数字よりはるかに遅かった。
ヘルムホルツは人の神経を、「ある国の一番遠い国境地帯から、中央施設まで報告を送る」テレグラフのケーブルになぞらえた。「そのような伝達には時間がかかる――刺激に気づくまでの時間、反応を実行するための時間、それにその間に脳が知覚して、意志を働かせるプロセスに要する時間がある」と書いた。知覚して意志を働かせるまでの段階には10分の1秒かかるとヘルムホルツは推定した。

天文学者のヒルシュは、この時間間隔を「生理的時間」と呼び、これが個人方程式の原因ではないかと考えた。ヒルシュはこの問題を解明するために、次々と実験をおこなった。ある実験では、鋼鉄の球を板の上に落として大きな音をたて、被験者に、音が聞こえたらテレグラフのキーを押すように指示した。この音から打鍵までの時間をクロノスコープを使って測定することで、神経伝達速度はヘルムホルツが計算した値の約半分の速さだということを発見した。この時使ったクロノスコープは1000分の1秒以下の時間まで計ることができる装置で、数年前に時計技師のマテウス・ヒップが発明したものだった。

ヒップはのちにヒルシュの研究にボランティアの一人として参加し、散弾銃の弾丸や落下する物体の速度の測定に協力した。ヒップはスイスのテレグラフ局で所長を務めていたが、1860年に退職すると、自分のテレグラフ会社をヌーシャテルで開業し、事業の一部として、ヒルシュの新しい時間伝達研究に設備を提供した。ヒルシュはさらに、人工的な星が子午線望遠鏡の線を横切る新装置を使って実験を重ね、個人方程式は単に個人間で異なるだけではないことを明らかにした。そこには観察者ごとの違いのほかに、1日の時間や1年間の季節の違い、星の明るさ、それに星が動いていく方向による違いもあった。星が実際に子午線を横切るのをただ待つのではなく、いつ子午線を横切るかを予想しながら通過時間を記録する方法を用いれば、個人方程式もまた変化するのだった。

やがて天文学者たちは天体観測のプロセスを機械化し、個人方程式の要因を取り除くことを急激に学んでいった。「耳目法」に代わって登場したのが、回転する記録紙を時計に直接つないだ電気式クロノグラフだ。天文学者は星の横断を認識したら、キーを押して紙に印をつけるだけでよくなった。時計を見たり気にかけたりする必要がなくなったので、その人特有の遅延時間が排除された。この方式なら二人の天文学者が同じ時計に基づいて、それぞれの誤差を客観的に比べることも可能だ。別々の観測者が何キロも離れたところから、一つの時計が示す時間をテレグラフ経由で共有しながら（テレグラフの伝達時間に関する要因は取り除いたあとに）、同時に同じ星の子午線通過を記録して、その差を計算することができた。

それでも個人方程式は、また別の意味でも大きな影響を残した。時間研究が、天文学から生理学や心理学へと広がる契機を作ったのだ。ヒルシュが１８６２年に「生理的時間」に言及した論文は、ドイツ語から翻訳され、広く科学者の間で読まれていった。彼が天文学者たちを調べるために考案した実験デザインは、その後、時間にまつわる意識の範囲についてのヴィルヘルム・ヴントの実験モデルになった。反応時間研究への関心は高まる一方だった。

１９２６年と１９２７年には、スタンフォード大学で心理学の修士課程にあったアメリカンフットボールコーチのバーニス・グレイヴスが、心理学者のウォルター・マイルスとチームコーチのグレン〝ポップ〟ワーナーの指導のもとに、スタンフォードのフットボール選手たちの反応時間を調べた。この実験では、マイルスが発明した計時装置（ヒルシュが見たら懐かしく思ったに違いない）が活躍した。マイルスはそれを「マルチ・クロノグラフ」と呼んだ。この装置には7人のラインマンを配線でつないでおくことができる。クォーターバックがボールをスナップする合図を出したときの、彼らの走り出しを同時に測定できるのだ。その当時、試合中にどういう方法で合図を出すのが一番良いかが、よく議論されていた。

音声による合図は、クォーターバックがいくつかの数字（プレイの詳細をチームメイトに知らせる暗号《コード》）を言って、最後に「ハイク！」と叫ぶ。この「ハイク」で動き出す決まりだ。この方法は目で合図するやり方より明らかに優れていた。オフェンスのラインマンは、向かい側に並ぶディフェンダーを目で追い続けていられるからだ。しかし、ラインマンたちは突然の「ハイク」の声にうまく対応できないかもしれない。「ハイク」まで含めた暗号を決めておくべきだろうか。合図のリズムは平坦な方がいいのか、それとも変化をつけるべきか——グレイヴスはマイルスの計時装置を使って、こうしたさまざまな未確定要素を検証した。ラインマンはスリーポイントスタンスの姿勢をとって、装置のレバーに頭をもたせかけておく。そして合図が出たら動き出す。それによってレバーがはずれてゴルフボールが落ち、回転する記録紙のロールに印がつく仕組みだ。反応時間は1秒の数千分の1の範囲まで測定できた。

その結果、選手たちは予想のつかない不規則なリズムで合図が出された場合でも、統一のとれた動き出しができた。しかし、前もって知らせた通りの合図がリズミカルに発せられたときは、飛び出しが10分の1秒も速くなった。多少の差はあるが、これは人が何かを考えるために必要な時間だ。「きびきびと統制のとれた寸分たがわぬ動き、それを強化目標として、コーチは研究し、選手たちは訓練している」とマイルスは記した。「11人それぞれの神経系を一つに束ねて、強力なマシーンにするために頑張っている」

地球上の「今」を定める

ある日、私はランチをすませ、オフィスまで歩いて戻りながら、銀行の表にそびえ立つ柱に目をやった。上の方に時計がある。それは巨大な船の羅針盤のようにも見えた。そのとき、不意に、その時計が私が今いる位置を示しているように感じた。

それはこの時計だけでなく、私の携帯電話に表示される時計も、ベッドサイドにある時計も、私が時々身につける腕時計も同じことだ。時計は時間にまつわるあれこれのことを人に告げている。時計は究極のタイマーのようなものなので、それを見れば、自分が少し前の時間と、少しあとの時間の間のどこにいるかがわかる。哲学者のマルティン・ハイデガーは、「腕時計を手に取って最初に口にすることは、『今は9時か。さっきのことが起きてから30分たった。あと3時間で12時になる』などということだ」と書いた。時計によって、過去と未来との関係からみた位置づけがわかるということだ。ハイデガーが言う通り、時計のねらいは、「今の位置を明確にすること」にある。「今」は動き続ける標的のようなものだからだ。

しかし、その情報だけではあまり役には立たない。それを確かな基準で確認しない限り、私の「今」は定まらない。基準の一つは太陽である。時計は、太陽によって決まる1日のどのあたりにいるかを私に告げている。ベッドサイドの時計が午後2時00分と表示しているのに、今は真夜中だと確信できるなら、時計に重大な間違いがあるということ、つまり地球の自転と合っていないということになる。また時計は、その場にない数多くの時計とのつながりを背景に持ちながら、私がどこにいるか（というより、何時にいるか）を告げている。私が2時15分の列車に乗りに行く途中で、銀行の時計が午後2時ちょうどを指していたのを見て、それから5分で駅に着いたのに、駅の時計は別の時刻（たとえば2時30分）を指していて、列車に乗れなかった、などということが起きるとは考えにくい。私たちはすべての時計が互いに同期していながら、全体が地球の1日とも歩調が合っていることを当然のように期待している。私の「今」は、あなたの「今」と同じであるべきだ。それはたとえあなたが地球の反対側にいても変わらない。

こうした期待は現代のデジタル生活には深く浸透しているが、昔からずっとそうだったわけではない。19世紀の世界は、歴史家のピーター・ガリソンが「ばらばらの時間による無秩序」と呼んだ状態にあって、ヨーロッパもアメリカも、その他の国々も、そこから抜け出そうともがいていた。やがて天文学のおかげで、正確な時計を持ちたいと願う都市ならどこでも、それが可能になった。しかし地域の時計だけで満足できるのは、外に出かけて行く人がいない間だけだった。鉄道網が広がり、より速く、より遠くまでの移動が可能になるにつれ、旅行者は、一つの都市の時刻が別の都市の時刻とぴったり同じであることなどめったにないと知った。

1866年に、ワシントンD.C.の正午に各地の公式時刻はどうなっていたかというと、サバンナ（ジョージア州）では11時43分、バッファロー（ニューヨーク州北西部）では11時52分、ロチェスター（同じくニューヨーク州北西部）では11時58分、フィラデルフィア（ペンシルベニア州）では12時7分、ニューヨークでは12時12分、そしてボストン（マサチューセッツ州）では12時24分だった。イリノイ州だけでも公式時刻が24通り以上あった。1882年にウィリアム・ジェイムズは、一流の心理学者たちに会って本の執筆に進展をみることを期待して、船でヨーロッパへ向かったが、この時、彼があとにした国には地方の公式時刻が60〜100通りもあったのだ。

便利さのため、鉄道の時刻表をわかりやすくするため、そして列車を衝突させないために、テレグラフで時刻信号を交換し合って、各地の都市内外の時計を同期させる試みが始まった。「時刻が合っている」という状況が、配送される商品のようになった。時間は1分ごとの細切れの世界であったのが、広く統制のとれた「今」の連続に姿を変えた。ジェイムズは1883年春にアメリカに戻ったが、その年の11月18日日曜日の正午ちょうどに、アメリカ政府が正式に、十数種類あった国内のタイムゾーンを四つだけにした。この出来事は「正午が2回あった日」として知られるようになった。新しいタイムゾーンに変わる地域の半分では、住民が時計の針を少しだけ戻して、正午をもう一度経験することになったからだ。「このゾーンの東側半分に住む人は、『その日の暮らしを少しだけやり直した』ようなものだった。一方、西側半分の住民はいきなり未来にほうり込まれた（中には30分も先に飛んだ人もいた）」とニューヨーク・ヘラルド紙は書いた。

20世紀に変わる頃には、多大な政治的努力のもとに、世界の時間管理システムを互いに同期させることが進められた。見えない線が地球に引かれ、24時間を均等に分割したタイムゾーンが決められた。地球上のすべての人にとっての「今」が定まったのだ。フランスの数学者、アンリ・ポアンカレは、この運動の先頭に立った人物だが、時間とは、「申し合わせ（convention）」以外の何ものでもないと書いた。フランス語の「convention」には二つの意味がある、とガリソンが書いている。協定、つまり意見を一致させることと、便利なもの、という意味だ。「今」は、それがいつかにかかわらず、人々が共有する暮らしを、より便利にするために合意している時間ということだ。

これは新しい概念だった。17世紀以来、物理学者たちは、時間と空間は「永遠で、均一かつ連続的な存在であり、人がそれらをはかろうとして、どのような知覚可能な物体や運動を持ち出そうとも、そこから完全に独立している」というアイザック・ニュートンの見解にほぼ追随していた。ニュートンはさらに、《絶対的な、真の、数学的な時間は、それ自身で、そのものの本性から、外界のなにものとも関係なく、均一に流れ[*55]》ると付け加えている。時間はその舞台である宇宙の基本構造に内在するものなのだ。しかし20世紀になると、時間はまったくありふれたものになった。それは測定値としてだけの存在だ。アインシュタインは単刀直入に言った。時間は「われわれが時計で計るもの」以下でも以上でもないと。

あらためて考えると、私が夜中に目を覚ましたときに、ベッドサイドの時計を見ないようにしたら、それは一種の拒絶になるのだろう。時間の世界はそもそも社会的なものとして、人と国家がさまざまな困難や必要性を切り抜けていくための共通の決まりごととして、定義されている。私の時計は、私に「今」を見せようとして進み出てくる。具体的な数字で時間を確定しましょうと――。だがそれは、万国共通の申し合わせに私も署名している場合に限る。でも、真夜中であろうと、いつであろうと、私は自分の時間は自分だけのものであってほしい。

自分が思い違いをしていることはわかっている。あらゆる生物の体は――私自身も、薄暗い深海のクラゲも、私が寝ている間に私の歯で増殖する微生物のプラークも例外なく――いくつもの部品からなる組織体だ。遺伝情報を担う小さな遺伝子のかけらから、細胞、繊毛、細胞骨格、細胞小器官、そして臓器に至るまで、多様な部品を組織化するためには、情報を伝え合い、どの部品で、何を、いつ、どういう順番でするかを取り決めることが必要だ。時間とは、その対話だ。部品から、大きな全体が創造されていくときに交わされる対話なのだ。真夜中のほんの少しの間なら、私はそんなおしゃべりを無視して、ひとり漂っていられるが、私が

「私」というものの定義を深く考えたなら、それはあり得ないということがわかる。

社会が工業化した19世紀後半は、よく人間性喪失の時代として捉えられる。労働はどんどん単調で機械的なものになり、労働者は機械の中の歯車と化した。しかし20世紀が近づくにつれ、都市は全体として逆向きに変化して、生身の体のような特徴を帯びるようになった。都市の境界が拡大し、その大きさは住民とともに膨れ上がった。需要を満たすために、網目のような配管と配線が増殖していった。「大都市は完璧な生き物のような様相を帯びている。そこには神経系があり……血管がある。動脈と静脈が、ガスと、生命維持に不可欠な水とを都市のすみずみに供給し続けている」。これは1873年のベルリンを表した文章だ。「補修のために道路に穴が開けられたときくらいしか人の目には触れないが、これらは隠れたところにある生命の息吹のようなものだ。その神秘の力を地下深くで伸び広げている」

その頃、生物に関する研究は技巧的になる一方だった。ドイツの生理学者、エミール・デュ・ボア＝レーモンが「動物機械」と呼んだもの――呼吸、筋肉の動き、神経シグナル、血液とリンパの流れ、心臓の拍動――の働きを理解するためには、滑車や回転するエンジン、ガス発電などの機械装置が必要だった。ある研究室では、地下にある二つのモーターを駆動させながら、「回転の結果として動物の体に発生する障害」を、主にカエルとイヌで研究していた。

各臓器がどのように機能しているかを探るために、ネコやウサギが生きたまま解剖された。動物の呼吸を維持させるのに、ふいごが用いられた。しかし、ふいごに空気を送り続けるのは、人間の助手にとって大変な仕事だった。そこで1870年代には、その仕事は機械式のポンプがするようになった。機械を使って動物にむらなく正確に、時計仕掛けのような呼吸をさせることが可能になった。歴史家のスヴェン・ディーリッヒは、その様子を生理学工場と表現し、そこでは「半分が機械で、半分が動物という新しい生き物が作り出され、科学の目的で使われるようになった」と書いている。精密な時間調節がそれを可能にした。

当時はオートマタ（機械人形）の黄金時代だった。機械人形とは、内部の複雑なぜんまい仕掛けによって動くからくり人形のことで、馬車を引いたり、アルファベットを読み上げたり、絵を描いたり、名前を書いたりすることができた。カール・マルクスにとっては、工場そのものが機械人形だった。《ここでは、個々の機械の代わりに一つの機械仕掛けの怪物が現われるが、そのからだは工場建物全体に広がり、またその悪魔的な力は、最初はその巨大な分肢のきわめて荘厳で悠然とした運動によって隠されているが、無数のそれ自身の労働器官の熱狂的な旋回舞踊となって爆発するのである》[*56]。隠喩が重なり合って謎が深まるばかりだ。それにしても実際のところ、人間と時計仕掛けとを区別するもの、心と動く体を区別するものは何だろう？　生物の仕組みからどうやって意識が生まれるのだろう？　1861年には、ポール・ブローカというフランスの解剖学者が、人の大脳皮質の左前頭葉の一部に、言語と記憶にとって不可欠な部位があることを発見していた。トーマス・エジソンはこの発見に興味をかきたてられた。「82回もの驚くべき脳手術によって、ブローカ野と呼ばれる脳の一部分に、われわれの個性の核心が位置していることがはっきり証明された」と1922年に語っている。「われわれが記憶と呼ぶものはすべて、1インチの4分の1くらいしかない小さな一片の中に入っている。そこが、われわれのために記録をとっておいてくれる小さな人々が住んでいる場所だ」

時間の「製造」と研究の現場も工業的な様相を呈するようになっていた。グリニッジ天文台は、1811年の時点では王立天文台長一人しか雇用者がいなかった。しかし1900年には53人の職員がいて、半分は計算の実行だけに従事していた。この人々は「計算手（コンピューター）」と呼ばれた。新しい心理学の研究所では、テレグラフやクロノグラフ、クロノスコープ、その他のきわめて正確な計時装置を使って、反応時間や時間知覚の測定がおこなわれた。そして天文学者と心理学者は同じように不平を言った――機械の響き、カタカタいう通信音、外から入り込んでブルブル、ガタガタ音をたて、気を散らせたり妨害したりする騒音と振動についてだ。

一番の騒音発生源は、その研究室自体であることが多かった。その頃までには、被験者による持続時間の推定（チャイム音がどのくらい続いたと思うかなど）は注意の程度によって変わるということを、心理学者は知っていた。集中が大事なのだ。なのに、研究に使う計時装置からカチカチ、ピーピー音がして、外からの騒音と同じくらい被験者の気を散らすことがあった。「クロノスコープの音が聞こえます」と、ある研究の被験者が訴えた。「無視できません」。科学者たちは被験者に聞こえないようにするために悪戦苦闘した。そして、もっと静かなツール、もっと静かな環境を整えた。被験者を実験装置とは別の部屋に入れ、テレグラフや電話線を使って研究者とつないだ。時間の研究室にはケーブルや配線が張り巡らされ、その様相は、解読しようとしている脳のネットワークに似てくる一方だった。現代の私たちは、脳が「シグナル」を送り、それを神経が「伝達する」などと何気なく口にする。こうした比喩は19世紀に生理学に入ってきたが、もともとはテレグラフ産業から直接借用したものだ。

ついには、(おそらくそれしか手がなかったのだが)隔離ブースが考案された。イェール大学の心理学者、エドワード・ホイーラー・スクリプチャーは作製者向けの手引きを公表した。「建物の中央部分にある部屋の中で、ゴム製の土台の上に気密性のあるレンガの壁を立てて小部屋を作る。壁のすきまにはおがくずを詰めておく」。分厚いドアから中に入る。「部屋の家具と照明は、夕暮れ時の心地いい部屋の感じになるように配置すること。配線や装置類はすべて隠す。その部屋に通した人には、そこはただの待合室だと思わせておく。ただ訪問してきただけだと信じさせておくこと」

窓のない電話ボックスの中にいるところを想像してみよう。照明は消えている。暗がりに音もなく、一人の観測者が座っている。あるいは、ほぼ音もなく、と言うべきか。そこには、スクリプチャーがどうしても消すことのできない騒音がある。「あーもう！　どうしても邪魔な音を出すものがある。彼自身だ」と嘆く。スクリプチャーは自分自身が経験したときのことを次のように書いている。「息をするたびに服がきしんだり、こすれ合ったりして、衣擦れの音をたてる。頬とまぶたの筋肉から続けて音がする。たまたま歯を動かしたりすると、ひどい騒音に思える。頭の中でうなるような、ひどい音がするのが聞こえる。もちろん、それは耳の動脈を血が流れる音にすぎないとわかっている……だが、つい想像してしまう。自分の中に時代遅れの時計仕掛けの機械が入っていて、何かを考えると、その歯車が回って音をたてるのだと」

脳が私たちに見せている「今」

デイヴィッド・イーグルマンは8歳のときに屋根から落ちた。「その記憶はとても鮮明です」とイーグルマンは言った。「防水用のタール紙が屋根のへりから張り出していて――この『タール紙』という言葉すら当時は知らなかったのですが――そこが屋根の端だと思ったんです。それで一歩踏み出した。すると私は落ちていた」

イーグルマンは落ちながら、時間がゆっくりになっていった感覚をはっきり覚えている。「止まったままクリアな思考が次々わいてくるようでした。『あのタール紙をつかむ時間はあるだろうか』などと考えたり。でもまあ破れるだろうとは思いました。それから、どっちみち手を出しても間に合わないだろうと悟って、そのあとはレンガ敷きの地面めがけて落ちながら、地面が近づいてくるのを見ていました」

イーグルマンは幸運だった。しばらく気を失ったが、鼻を骨折しただけで、歩いてその場を離れられたのだ。しかしイーグルマンは今も、時間がゆっくりになったその経験に興味をそそられている。「10代と20代の頃はずっと、時間や時間短縮についての物理学のポピュラーサイエンス本を読んでいました。『The Universe and Dr. Einstein（宇宙とアインシュタイン）』などです。面白くて、時間は一定不変のものではないと知りました」

イーグルマンはスタンフォード大学の神経科学者として、さまざまな仕事をしているが、とくに時間知覚を研究の中心に据えている。スタンフォードに来たのは最近のことで、その前はヒューストンのベイラー医科大学に長く在籍していた。時間の研究者たちには、さまざまな専門分野がある。人の1日を支配する概日時計や24時間の生物学的リズムに注目しているグループもあれば、「インターバル計時」といって、脳がおおむね1秒から数分という時間間隔のうちに何かを計画したり、推定したり、判断を下したりする能力のことを研究する人たちもいる。そしてイーグルマンは、もっと少数の科学者たちのグループに属している。ミリ秒、つまり1秒の1000分の1レベルの短い時間に関する神経的な基盤を探求する研究者だ。ミリ秒と言えば、ほんのささいな時間枠のように思えるが、実は人の基本的な活動の多く（たとえば、人が発話したり、話を理解したりする能力など）はミリ秒単位の現象に支配されている。人が直観的に抱く因果関係の感覚の背後にもミリ秒の世界がある。そうした瞬間を理解することと、そして人の脳がいかにしてそれを知覚し処理するかを解明することは、人の経験の基本単位を知ることだ。

ところが、概日時計の研究がここ20年ほどの間に緻密な成果を上げてきたのとは対照的に、脳のインターバル計時については、その仕組みがどのように機能しているかや、脳内のどの部位に関連するか、それに人間に共通する単一の時計モデルがあるのかどうかすら、まだ議論が始まったばかりだ。さらに、ミリ秒の長さを計る時計となると、そういうものがあるかどうかを含めて、一層大きな謎として残されている。それほど微小な計時活動の探求に使える高精度の研究ツールが登場したのはごく最近なので、無理もないことなのだ。

イーグルマンはエネルギッシュな人物で、普通の学問の枠組みにおさまりきれないほどの豊富なアイデアを持っている。私が初めて会ったとき、イーグルマンはちょうど『Sum（脳神経学者の語る40の死後のものがたり）』という小説集を出版したところだった。そして、一見するとささやかだが、かなり刺激的な一連の実験を始めていた。その中には、ゼログラビティ・スリル・アミューズメントパークの「ナッシンバット・ネット」というアトラクションを舞台にしたものも含まれていた。時間がどのようにしてゆっくりになるのか、そしてそれはなぜなのかを探ろうとする実験だ。イーグルマンはその後5冊の本を書き、脳についての連続番組でアンカー役を務め、ニューヨーカー誌などの雑誌で注目の人として取り上げられ、TEDトークで人気を博した。それからベイエリアの高級住宅街に引っ越した。それは、起業家としての二つのアイデアを展開するためでもあった。アイデアの一つは、人の感覚を変換するウェアラブルデバイスを開発すること。これは、点字が視覚障害者に読むことを可能にしたのと同じように、人が装着すると音の振動を触感に変換して伝えることで、聴覚の可能性を開く技術だ。もう一つは、一連の認知ゲームを通して、ユーザーが脳振とうを起こしていないかを判定するアプリだ。

こうしたさまざまな活動で注目を集めると学者仲間からは何かとやっかまれることもある。イーグルマンに対しては、とくに神経生物学の研究者たちがそうだ。神経生物学は脳の組織そのものを、より直接的に研究する領域で、認知科学の研究者がブームを巻き起こしたりするような、わかりやすさがあまりないのだ。

ある一流の研究者は私に、こう言った。「デイヴィッドの仕事には感銘を受けたり、楽しませてもらったりしています」。だがイーグルマンの同僚たちは、彼の研究がこの領域に特筆すべき貢献をしていることも強調する。ある時、私がベイラー医科大学に彼を訪ねると、そこには彼が学部の講演会に演者として招待したウォーレン・メックがいた。メックはデューク大学の神経生物学者で、インターバル計時の第一人者だ。メックは静かに人を圧倒するような雰囲気をたたえながら、講演の導入で、こんなことを言った。「私は過去の人間、時の翁みたいなものです。デイヴィッドはこれからの人だ」

イーグルマンは精神科医の父と、生物の教師だった母の次男として、ニューメキシコ州アルバカーキで育った。家の中では、脳についての話が「当たり前だった」。最初に進学したライス大学では、文学と宇宙物理学の2分野を専攻した。成績は優秀だったが、2年で飽きてやる気をなくし、休学した。それから1学期だけオックスフォードで学んだのちに、ロサンゼルスの制作会社で放送原稿を読んだり、豪華なパーティー（彼自身は法的な年齢制限のため参加できなかった）の企画立案の仕事をしたりしながら、1年間暮らした。そして文学の学士課程を修了するためにライス大学に復学したが、すぐに暇さえあれば図書館にこもるようになり、脳についての本を手当たり次第に読みふけった。

大学4年になると、ＵＣＬＡのフィルムスクール（映画学部）に出願した。ある友人から神経科学者になったらどうだ、と言われ、ベイラー医科大学の神経科学の大学院課程にも出願した。だめだったときは航空会社のアテンダントになったらどうだろう、とも思っていた。そうすれば「飛行機でいろいろな国に行って、小説が書ける」と考えたのだ。

ＵＣＬＡは最終選考の一歩手前までいったが、イーグルマンは結局、ベイラー医科大学に進学した。大学院での最初の1週間には、不安な夢を何度か見た。指導教官の一人が彼に、「入学許可の手紙は間違いだった」と告げる夢だ。それでも彼は大学院で優秀な成績を収め、博士課程修了後はサンディエゴのソーク研究所に入所して研究を続けた。そのうちに、小規模ながら研究室の運営予算付きでベイラー医科大学に採用された。大学の迷路のように入り組んだ長い廊下には、いくつもの研究室が並んでいる。その一つがイーグルマンの知覚行動研究室だ。

イーグルマンは博士研究員として、人の脳の神経細胞がどのように相互作用するかをコンピユーター・シミュレーションで研究した。当初、時間知覚には関心がなかったが、フラッシュ・ラグ効果と呼ばれる現象に出会ってから興味がわいた。フラッシュ・ラグ効果は錯覚の一種で、心理学者と認知神経学者が長年にわたって取り組んでいるものの、まだ十分に解明されていない。イーグルマンは大学内にある知覚行動研究室のオフィスで、アル・セッケルの『The Great Book of Optical Illusions（仮訳：錯視大全）』という本を見せてくれた。そこには何百枚もの錯視画が掲載されていて、古くからある「運動残効」という錯視（滝の錯視と呼ばれることもある）も入っていた。滝を1分間ほど見つめてから目をそらすと、視界に入るあらゆるものが上に這い上がっていくように見える現象だ。「物理学では、運動は時間に伴う位置の変化と定義されています。でもそれは脳で起きていることとは違う。脳内では、位置が変わらないまま運動が起きることがあるんです」とイーグルマンは言った。

イーグルマンは錯視がお気に入りだ。その1枚1枚を見ていると、あたかも感覚についての劇作品でも鑑賞している最中に、舞台装置を回す裏方の姿を垣間見てしまったかのようだ。私たちの意識にのぼる経験は作り事にすぎないということ、そして脳の驚くほど確かな働きによって、ショーが夜ごとスムーズに運ばれているのだということを、それとなく教えてくれる。フラッシュ・ラグ効果は「時間的錯視」という比較的小さなカテゴリーに属している。それを示すには、さまざまな方法がある。

たとえば、あなたが見ているコンピューター画面に黒いリングが一つ現れ、画面を横切っていくとする。その途中で（ランダムでも、規則的でもかまわない）リングの内側がピカッと光る（フラッシュ）ように設定する。

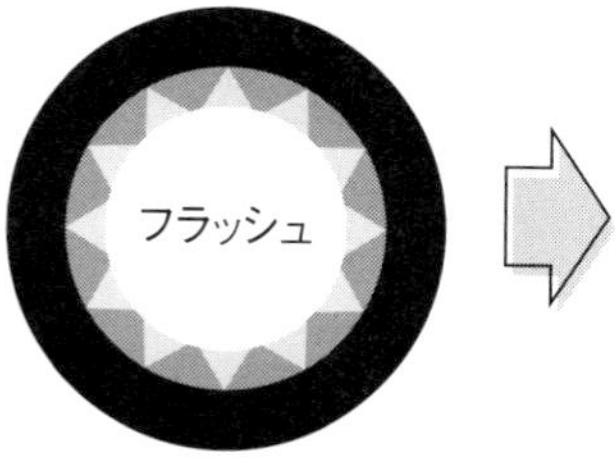

リングの中で光るフラッシュ

ただ、あなたにはこのようには見えない。フラッシュとリングは、絶対に、同じ位置には見えないのだ。あなたには、リングが先に動いてフラッシュを置き去りにしたように見える。

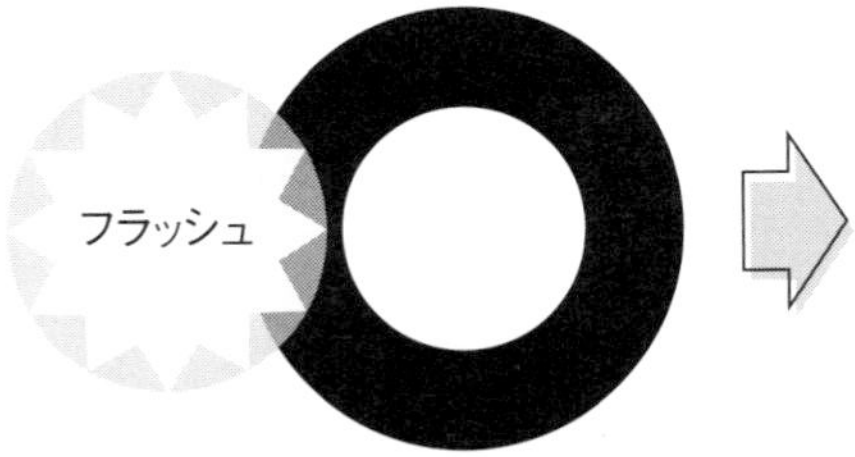

実際の見え方

このフラッシュ・ラグ効果の実験はあまりにはっきり見え、あまりに簡単に再現されるので、あなたはコンピューターのモニターがおかしいのではないかと思うかもしれない。だが、これは正真正銘、脳による一風変わった情報処理のやり方の表れなのだ。とにかく不可解としか言いようがない。フラッシュが光る瞬間、あなたはリングを見ているとしよう。そのフラッシュが「たった今」を表すのなら、リングはなぜ、どうして、「たった今」より進んだ位置にあるのだろう？

よくある説明は、「人の視覚系はリングがどこに動くかを予想しているから」という、１９９０年代に提唱された説だ。進化の観点からすると、これはある意味正しい。脳の最重要タスクの一つは、近い将来にあなたの周囲で何が起きるかを予想することだ。あそこにいるトラは、正確にはいつ、どこで飛びかかってくるだろう、あのフライの球を捕るには、どこでグローブを構えていればいいだろう、というように。（哲学者のダニエル・デネットは、脳は《予想マシーン》[57]だと表現した）。それと同じで、あなたの視覚系は動くリングの道筋と速度を予想して示しているので、フラッシュの瞬間──「たった今」──には、脳が「ずる」をしているところを取り押さえてしまったみたいになる。脳は「今」よりほんの少しあと（正確には約80ミリ秒先）を予想して、リングが来そうな場所の画像をあなたに見せている、という説明だ。

この考え方は簡単に検証できそうに思えたので、イーグルマンは実際にやってみた。「予想についてのその説は正しいと思っていました。ただの好奇心からやってみたのです。ところが、実際は予想通りにならなかった」と彼は言った。普通のフラッシュ・ラグ効果の実験では、リングがあらかじめわかっている経路を動く。観察者はフラッシュが光る前のリングの道筋から、その後の位置を正確に予想できるのだから、あの予想仮説は有効そうに思える。だが、もしその予想通りの動きをしなかったらどうなるだろう、とイーグルマンは考えた。もしフラッシュの直後にリングがコースを変えたらどうだろうか。

イーグルマンは、リングが上・下・逆戻りにコースを変える新バージョンのフラッシュ・ラグ効果の実験をデザインした。説の通りなら、これらの実験でも、これまで通りリングはフラッシュを置き去りにするはずだ。なぜならフラッシュ前の動きから、そこに行くことが予想されるのだから。標準の実験からすると、重要なのは、フラッシュの前に何が起きるかだ。フラッシュのあとにどこに行くかは関係ないはずだ——そんなふうにイーグルマンは思っていた。

しかし実際に実験してみると、そうではないことが起きた。イーグルマン自身がやっても、別の人を被験者にして何度やらせても、観察者が目にしたリングは、新しい道筋——上、下、あるいは逆戻り——に沿って、フラッシュとはわずかに離れた位置にあった。ランダムに方向転換をさせても同じことだった。まるで観察者が、明らかに予測不可能な未来を、１００％の精度で予測しているかのようだ。いったいどうすればそんなことが？

実験の一つのバリエーションとして、リングをフラッシュと同時に動かしはじめることにした。フラッシュが光る前には動きがなく、それがどこに行くかを脳が予想する手掛かりはまったくない。それでも観察者が見たとき、やはりリングは、その実際の道筋の上で、フラッシュとは少し離れたところにあった。また別バージョンでは、リングは左から右に動き、途中でフラッシュが光っても同じ方向に動き続けるが、フラッシュの数ミリ秒後に動きを反転させることにした。すると、この反転がフラッシュから80ミリ秒後までの範囲内であれば、観察者はリングが——そしてフラッシュ・ラグ効果が——新たな逆向きの道筋に沿って起きるのを見る。

リングの動きを反転させたときの見え方

方向をどう変えても、それがフラッシュから最大80ミリ秒後までであれば、観察者がフラッシュの時点で目にすると予想していた姿とは違うのだ。フラッシュの直後に方向転換した場合が最大の効果を生み、フラッシュから方向転換までの時間が長くなるほど効果は小さくなった。脳は、フラッシュのような出来事が起きてから80ミリ秒後までは、その出来事に関する情報を集め続けているようだ。そしてそのデータは、出来事がいつ、どこで起きたかについての、脳による「後ろ向き」の分析に取り込まれる。イーグルマンは、「実際、混乱しましたが、やがてそれは簡単に説明がつくことがわかりました。それは予測（プレディクション）ではあり得ない。後測《こうそく》（ポストディクション）と呼ぶべき現象です」と言った。

予測と違って後測は、過去を振り返ることだ。フラッシュ・ラグの錯覚は、基本的には観察者が「時間の中のどこにいるか」を問うものだ。フラッシュは「たった今」起きるのだから、フラッシュこそが「今」現在のその瞬間を表す目印のはずだ――予想仮説では、これが前提になっている。それは十分に合理的だ。そうなると、わずかにずれているリングは、予想される「今」より「ほんの少しあと」の未来の姿ということになる。それを見ている観察者は、フラッシュの地点に、未来を見つめながら座っているようなものだ。一方、イーグルマンの説はその逆で、後ろを向いている。確かにフラッシュは「たった今」起きたように感じられる。しかし観察者が「今よりあと」のリングを間違いなく見ることができるのは、観察者がすでにその「今よりあと」の時点にいる場合だけだ。

そうなると、本当はそのリングの方が「たった今」を表しているのであって、フラッシュは「今の直前」のことだと考えられないだろうか。フラッシュは直前の過去が残した残像（ゴースト）なのだ――この考えは魅力的だ。しかし、実際はそれよりさらに奇妙なのだとイーグルマンは話す。実は、リングもフラッシュも「今」を示しているわけではない。どちらも直前の過去のゴーストなのだ。意識にのぼる思考——たとえば、「たった今」という時間の判断——は、その人の物理的な経験より、ほんのわずかだけ遅れて起きている。私たちが現実と呼ぶものは、たとえて言えば、何かの授賞式の生中継をテレビで見るようなものだ。そこには誰かが悪態をついたりする可能性に備えて、わずかな遅れが組み込まれている。「脳はほんの少しだけ過去を生きています」とイーグルマンは言った。「脳はたくさんの情報が集まるのを待ってから物語をつむぎます。脳が見せる『今』は、実は少し前に起きたことなのです」

私たちは「リアルタイム」という言葉をよく口にするが、その正体はあまりわかっていない。(真偽のほどは不明だが)テレビの生番組には遅れが挿入されているらしい。通信信号は、たとえ光の速さだとしても、長距離を伝わる際には短いタイムラグを発生させるが、電話の会話ではそれがわからない。世界で一番正確な時計は、次の月のどこかの合意済みの日に配布されることでしか、「今」についての合意を得られない。

人の脳はこれと同じ問題を抱えている。脳にはいついかなる時も、どのミリ秒においても、視覚や聴覚や触覚などのあらゆるタイプの情報が、さまざまな速度で到達し、正しい時間的順序で処理することを要求してくる。手の指で机をコツンと叩いてみよう。厳密に言えば光は音より速いので、机を叩く光景はその音より数ミリ秒だけ先に伝わるはずだ。それでも、あなたの脳がその二つの情報を同期処理するおかげで、二つは同時に感じられる。部屋の向こうの端から誰かがあなたに話しかけるところを目にしたら、そのずれは一層大きいはずだが、幸いにもそうは感じない。でなければ私たちの日常は、音と映像が合っていない映画みたいなことになるだろう。しかし、たとえば誰かがバスケットボールをついているところや薪割りをしているところを、30メートル以上離れた場所から注意して見たら、その音と動きはわずかに乖離していることがわかる。その距離になると、見えるものと聞こえるものの差が約80ミリ秒という大きさになるので、脳はもはや二つの入力を同時に発生したものとして処理できないのだ。

この現象は時間的バインディング問題と呼ばれている。脳はどのようにして、さまざまなデータのかけらの到着時刻をたどっているのだろう？　そして、どうやってそれらを再統合し、私たちに一つの経験として感じさせるのだろう？　脳は、どの属性やどの出来事が時間的に一度に起きたものだと、どうやって知るのだろう？　こうしたバインディングの謎は、認知科学の世界で古くから問われてきた。デカルトは、感覚情報は脳の松果体に集まると論じ、松果体は意識にとっての舞台や劇場のようなものだと考えた。刺激が松果体に届いたときに、人はそれらに気づき、体に「反応せよ」と指令を発する、というのだ。このように脳に「中央舞台」があるという概念は、今ではおおむねすたれてしまったが、そのなごりは続いていて、デネットのような哲学者たちをいらだたせている。《たしかに脳は、究極の観察者がひかえる本部ではあるが、脳そのもののなかにも、そこに達することが意識体験の必要条件であったり十分条件であったりするような、何かさらに密かな本部やさらに内なる聖域があるのだと信じなければいけない理由は、どこにもない》[*58]とデネットは書いている。

イーグルマンは、人の脳は多くの区画に分かれていて、それぞれが独自の構造をとり、場合によっては独自の歴史を持っているということを指摘した。脳は時間をかけてできた進化のパッチワークのようなものなのだ。何か一つの刺激(たとえば、トラの背中の黄色と黒の縞模様がちらっと見えたこと)の情報は、脳内のさまざまな経路をたどるうちに、途中で時間差を発生させていく。刺激が起きてからニューロンがそれに反応するまでの時間を、神経活動の潜時という。そこには脳の領域や環境条件の違い、それに情報の種類が影響を及ぼしている(一例を挙げれば、視覚情報を処理する最上位部門と言うべき視覚野から出ているニューロンは、暗いフラッシュより明るいフラッシュに、より速く、より強く反応することがわかっている)。馬に乗った伝令たちの一群が、ある都市を一斉に出発して、ほうぼうの町にいる別の伝令にメッセージを届けに行くところを想像してみよう。中には駆けるのが素早い者もいれば、遅い者もいて、メッセージの伝わり方はさまざまだ。そのようにして、一つの刺激として始まったことが、脳のあちこちに時間差を伴いながら広がるのだ。「脳は、目の前でたった今起きたことをつなぎ合わせて、一つのストーリーにしようとしています」とイーグルマンは言った。「問題は、それがばらばらの時間に届くようになっていることです」

簡単に考えれば、最初に視覚野に届いた情報が最初に知覚されるように思えるだろう。その考え方を支持するように、フラッシュ・ラグ効果の説明として、神経活動の潜時が持ち出されることがある。おそらく脳では、フラッシュの情報と動く物体の情報は別々の速さで処理される。そしてフラッシュの情報が目から視床を経て視覚野へと伝わるまでに、リングはすでに新たな位置まで動いている。だからこの二つが別々の位置に見えてしまう、という説だ。この理論によると、脳内での事象の順序の認識は、現実の情報処理に伴う時間差をそのまま反映するということだ。しかし、もし本当にそうなら、次のような奇妙な観察事例はどういうことになるだろう。イーグルマンは、色の明度だけが異なるボックスの積み重ね（スタック）の映像を見せた。一番下のボックスが一番暗く、上にいくほど明るくなっている。

ここで、このスタックが画面の左右方向に、素早く行ったり来たりしはじめる。もしあなたの脳が「時間直結型」なら、このスタックの画像は、脳がそれぞれのボックスの情報を処理す

る順番通りに知覚されるはずだ。つまり、明るいボックスは暗いボックスよりわずかに速くあなたに知覚されるだろう（なぜなら、明るい刺激は暗い刺激より先に視覚野に届くから）。明るいボックスの方が物理的空間を少しだけ先に進むことになる。あなたにはボックスの重なりにずれが生じているように見えるはずだ。暗いボックスが遅れをとっているみたいに。

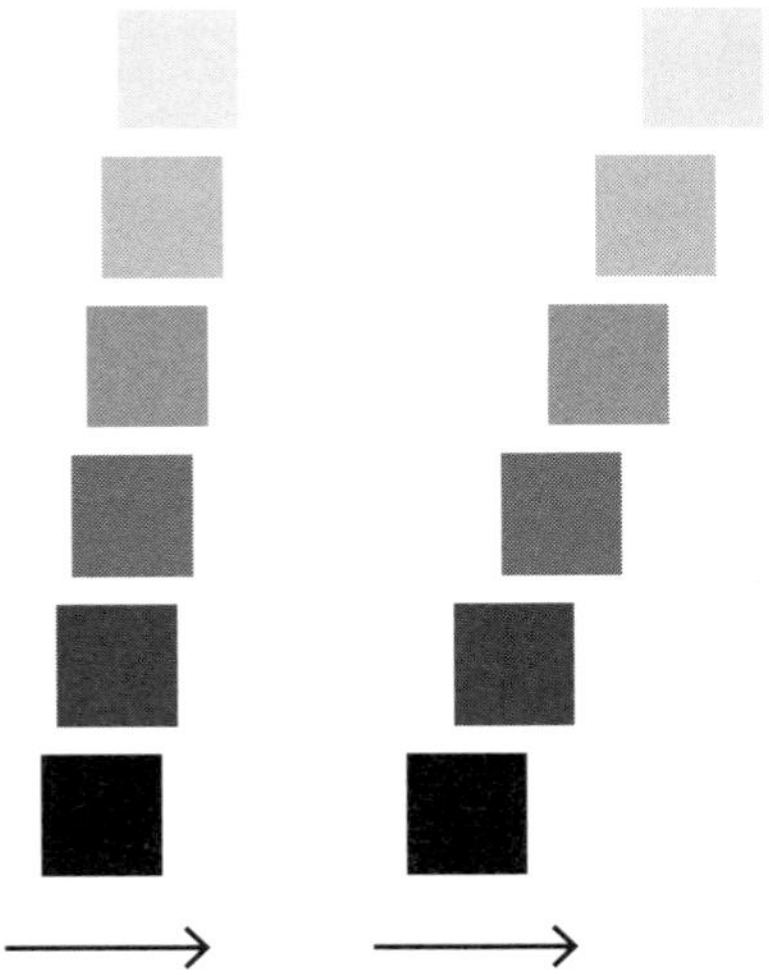

ところが、実際にあなたが見るのは垂直のまま動くスタックだ（イーグルマンはその様子を明示する実験を公表済みだ）。さらに言えば、もしあなたの脳が時間直結型なら、あなたは初めての景色や画像を見たり、照明をつけたり、単にまばたきをするだけでも、その都度、右に

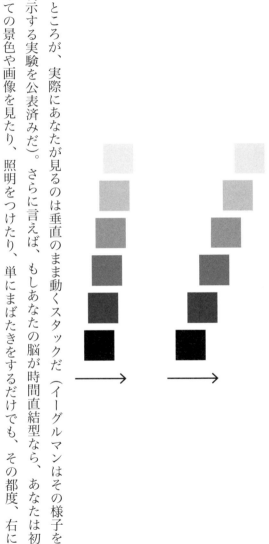

示したような動く錯覚を見ることになるはずだ。しかし実際はそうではない。ということは、私たちが知覚する現実世界の出来事のタイミングは、ニューロンの伝達によって決まる時間的順序をそのまま反映しているわけではない。脳は時間直結ではなく独自の判断によってその処理をおこなっている。

こうした時間的バインディング問題についての研究は、たいていその「手段」に焦点を当てている。脳はどのようにして、いくつもの出来事を時間的に一つにまとめる作業をするのか？出来事がエントリーされる時点で何かのタグづけをしているのだろうか？　脳の内部には映画の編集で使うようなタイムラインの一覧や、時間を刻むミリ秒スケールの時計があって、それを使って出来事の正しい時間合わせ（同期）をしているのだろうか？　しかし、イーグルマンはもっと率直な問題から取り組んでいる。「その仕事は『いつ』なされるか？」ということだ。もしそれが現在進行形で、シグナルが届く順番に厳密に従うだけなら、同期は起こり得ない。どこかに遅延時間があるに違いない。ある一瞬に由来するすべての情報（時間がたつうちに脳内に広がっている）を脳が集め、一つにまとめて意識にのぼらせるまで保留しておく時間があるはずだ、とイーグルマンは考えている。外部世界の時計や標準時刻と同じように、脳でも、時間をつくるには時間がかかるのだ。

人の視覚系における時間的広がりの範囲は、約80ミリ秒、つまり1秒の10分の1よりやや短い長さだ。明るい蛍光灯と暗い電球がもし同時に光ったら、明るいシグナルの方が暗いシグナルより約80ミリ秒速く視覚野に届く。この時間差を脳が考慮に入れているようにみえるのだ。二つの同時フラッシュや、動くリングの中でのフラッシュなどの出来事が、いつ、どこで起きたかを評価するとき、脳は80ミリ秒だけ判断を保留して、最も遅い情報が届くのを待っている。後測のプロセスは、脳が何かの枠組みかネットのようなものを張っているように思える。脳は、ある事象の周りに、時間的に後ろ向きにそうしたものを設置して、その特定の瞬間に同時に起きた可能性のあるすべての感覚データを集めている。つまり脳は先送りをしているのだ。私たちが意識と呼ぶもの、あるいは「たった今」起きていることについての私たちの意識にのぼる解釈（これは、ほかのどんな定義に勝るとも劣らないほど、意識のよい定義になりそうだ）は、この先送り屋の脳が、80ミリ秒後に私たちに語るストーリーだ。

脳は待っている

私が後測を理解するまでにはずいぶん時間がかかった。何度も納得したと思っては、また立ち止まり、はっきりとは特定できない理由で頭を悩ませた。私はイーグルマンに電話した。すると彼はまた、ゆっくり楽しげに、最初から説明してくれた。そしてついに私の疑問点がはっきりした。もし脳が一番遅い情報の到着を待っているのなら――つまり脳が出来事の順番を理解する方法が後測であるなら――なぜ脳はフラッシュ・ラグ効果のときは間違うのだろう？脳は「たった今」、フラッシュの瞬間に起きたことを判断しようと待っているなら、フラッシュが完璧にリングの中にあるはずなのに。

まさにそれが不思議なところなのだ、とイーグルマンは言った。フラッシュ・ラグ効果の実験は観察者の脳に、日常生活ではめったに出合わないような問いを提示する。「たった今」この動く物体はどこにある？　このリングはフラッシュの瞬間はどこにある？

脳はたまたま、静止している物体の位置を判断するためのシステムと、動いている物体を追跡するためのシステムを別々に持っている。あなたが空港で人混みを縫うようにして歩くとき、あるいは雨粒が落ちてくるのを眺めるとき、脳は特定の人や雨粒が特定の時間にどこにあるかを絶えず問い続けている。外野手が高く上がったフライを追いかけるときも、コウモリが虫を捕まえるときも、イヌがフリスビーをキャッチするときも同じだ。

「あなたは常に過去に生きている」とイーグルマンは言った。「でも、さらに深い問題があります。人が見ていること、つまり人の意識にのぼる知覚は、ほとんどが『必要最小限の原則』にのっとって計算されているということです。人はすべてを見ているわけではなく、自分にとって意味のあるものだけを見ています。車の運転中なら、脳は、『あの赤い車は今どこに？』『青い車は今どこ？』などとずっと問い続けているわけではない。その代わりに、『ここで車線を変更できるか？』『ほかの車が横切るより先に、交差点を通過できるだろうか？』などと考えています。動いている物体の位置を時々刻々と気にかけることなど、めったにありません。そして、脳が問題にしなければ、人がそれを知ることもない。だから、いざそのことを問われたときには、よく間違うのです」

フラッシュ・ラグ効果は、脳の二段階アプローチで発生するギャップの表れだ。フラッシュの前、観察者はリングの運動ベクトルを追いかけている。その間、「『たった今』リングはどこにある？」などと気にかけてはいない。しかしフラッシュが光ることで、その問いが発生する。フラッシュが運動ベクトルをリセットし、脳はフラッシュの時点を「タイムゼロ」として、そこからあらためてリングの動きが始まったようにみなす。フラッシュによって『たった今』、タイムゼロの時点で、リングはどこにある？」とあらためて問われた脳は、それに答

える までに80ミリ秒ほど待って、その瞬間に発生したと思われるあらゆる視覚データを集める。しかし、その間にもリングは動き続けるので、そのわずかな追加情報が、リングの動きが始まった地点についての脳の解釈を変えてしまう。その結果として、「『たった今』、リングはどこにある?」に対する答えが、リングの動きの方向にわずかな偏り(移動)をもって示されるのだ。
イーグルマンはそのことを証明するための実験を考案した。標準的なフラッシュ・ラグ効果の実験では、観察者は、1個のリングまたは点(ドット)が移動しながら、動かないフラッシュを通り過ぎていくところを見ている。イーグルマンの改案は、フラッシュが光ったあとでドットが2個になり、それぞれ45度の角度で進路を変えてフラッシュから遠ざかる。もしフラッシュ・ラグ効果の原因が神経活動の潜時であるなら、観察者はドットのシグナルが視覚野に到達した時点で、実際にある位置に——つまり、進路を変えた二つの道筋のどちらか一方、またはおそらく両方に——ドットがあるのを知覚するだろう。ところが現実にはそうはならない。イーグルマンの実験に参加した被験者は例外なく、ドットが二つの道筋の中間点(実際には絶対にあるはずのない位置)に1個だけあるように知覚した。まるで二つの運動ベクトルを足し合わせて平均したかのようだ。そして、まさにそういうことが起きているのだと、イーグルマンは考えている。

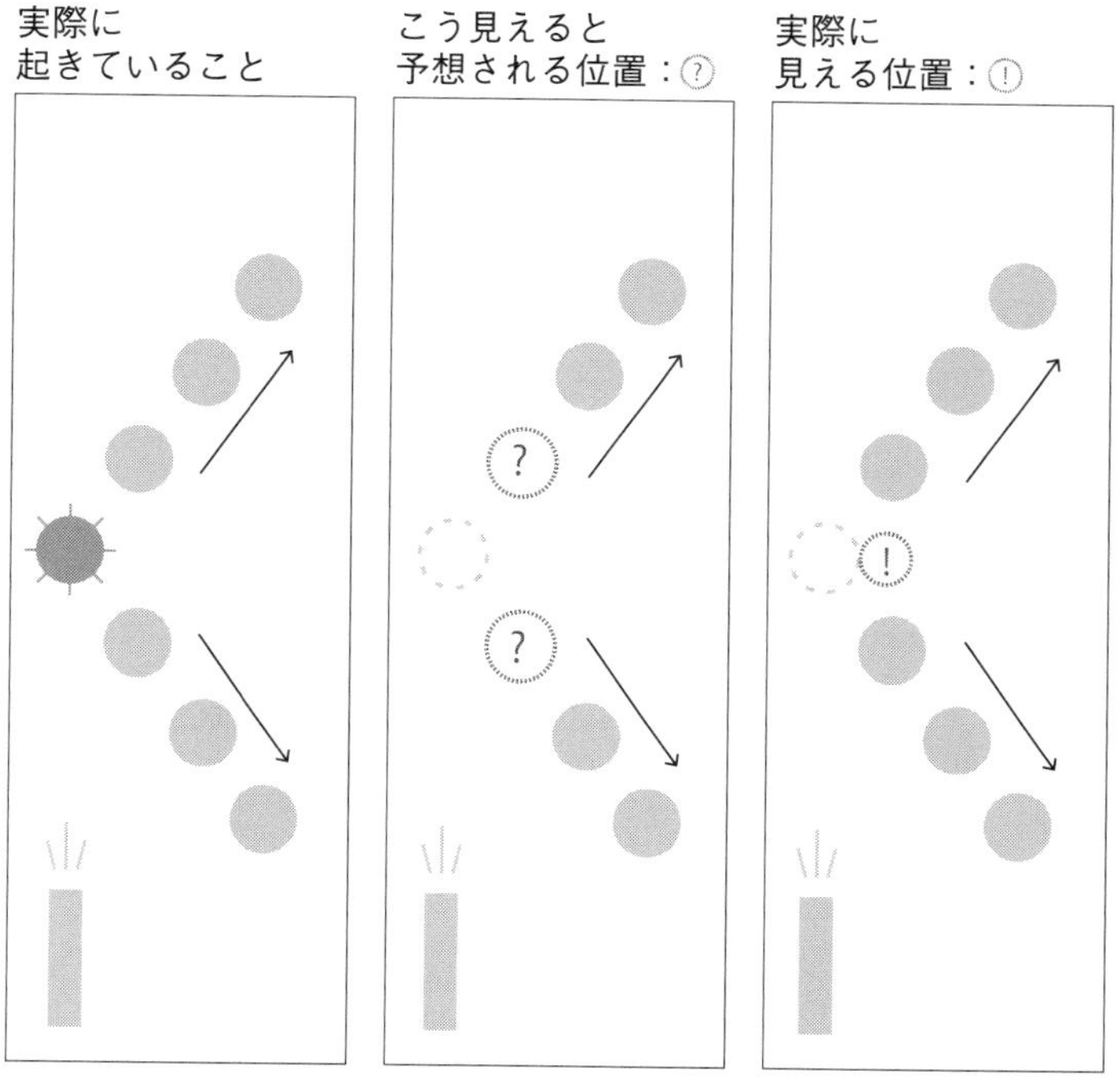

この現象は運動バイアス効果と呼ばれている。これが後測の重要な手掛かりになる。「意識は後ろ向きに知覚する」ということを前提としよう。その場合、「たった今」が起きたあと、短い時間にわたって、脳はデータ（たとえば、フラッシュ後のドットの動き）の処理を続けながら、その瞬間に何が起きたかについての判断をまとめている。「さっきのフラッシュの瞬間にドットはどこにあったか？」を決めようとしているのだ。そこにドットの動きによる追加情報が加わることで、最終

的な分析を偏らせ、その結果として錯視が起きる。動いているドットは、フラッシュの瞬間に、決してあり得ない位置で知覚される。奇妙なことに、イーグルマンのモデルは予想仮説で得られるのとほぼ同じ結果を示している。つまり二つのモデルのどちらでも、幻のドットは、脳が「たぶんドットはここにある」と判断した最良の予想位置に現れる。ただ、その判断を未来に対してではなく、後ろ向きにおこなっているというところが違う――それが予測ではなく後測ということだ。

ここでまた現在のことを考えてみよう。あなたも、「『たった今』何が起きている?」と自問してみてほしい。現在という瞬間を短く定義するほど、きっとあなたの答えは、(a)真実より後ろにずれ、なおかつ、(b)間違っている。もう一つ重要なことがある。その問いの答えは、あなたがそれを問う瞬間まで知り得ない――もっと言えば、存在しない――ということだ。後測では、脳がある出来事をめぐって、80ミリ秒という時間の窓を後ろ向きに開き、その瞬間に起きたことのあらゆる情報を集める。しかし、この窓は開きっぱなしというわけではない。フィルム式カメラのオープンシャッターのようなものではないのだ。頭の中に80ミリ秒という時間枠が常にあって、連続的に流れながら、調べられるのを待っているわけではない。そうではなく、あの問いが80ミリ秒という枠を発生させている。そういう問いは日常生活の中ではめったに起こらない。「あなたに必要とされるまで、その枠は存在しません。必要になったら一つだけ手に入ります」とイーグルマンは言った。

哲学者たちは、何千年も前から時間の性質を論じてきた。時間とは、切れ目のない川のようなものなのか、それとも瞬間瞬間が真珠の粒のように連なっているのか？「現在」は、流れに乗って静かに動き続ける一定の枠のようなものなのか、それとも「今」が映画フィルムのコマ割りのように無数に連なっていて、その中の一コマが「現在」ということだろうか？「動き続ける瞬間」説と「ばらばらの瞬間」説のどちらが正しいのだろう？　イーグルマンの答えは、「どちらでもない」だ。出来事や瞬間は、脳にアプリオリにあるものではない。あらかじめそこにあって、気づかれるのを待っているわけではないのだ。そうではなく、脳が注意を向けて、その組み立てを終えて初めて「ある」ことになる。「今」はあとでしか存在しない。あなたが立ち止まってそれを宣言することでしか現れないものなのだ。

ある朝、私はイーグルマンの研究室に行き、彼がまだ微調整を続けているある実験を試してみた。彼はそれを「ナインスクエア実験」と呼んでいた。イーグルマンは誰も使っていないコンピューターの電源を入れ、その前に私を座らせた。画面に大きな四角が9個、三目並べのような3×3の配置で現れた。1個だけ、ほかとは色が違う四角があった。私はイーグルマンに指示されて、マウスでカーソルを動かし、色の違う四角をクリックした。その瞬間、色が別の四角に移った。私はまたカーソルを動かして、その四角をクリックした。するとまた色が移動した。またクリックすると、さらに別の四角に色が移る。こんなふうにして、私はしばらく画面上で色を追いかけた。しかし、これはまだウォーミングアップの段階だった。どんな実験でも、まず被験者に実験の段取りに慣れてもらうための導入部分があるのだとイーグルマンが説明した。でもあと少ししたら、とイーグルマンが言った、ほとんどその瞬間に、私はまぎれもなく時間が後ろ向きに進む感覚に襲われた。

人が時間の知覚について話すとき、通常は持続時間の知覚のことを言っている。「この車内灯はどのくらいたったら自動で消える？　今日は普段より長くない？」とか、「沸騰した湯にパスタを投入したのはどのくらい前だっただろう？　私はディナーを台無しにしようとしてないか？」のような言い方がそれだ。しかし、時間の知覚にはまた別の側面がいくつかある。その一つは共時性または同時性と言って、二つの出来事がぴったり同時に起きたという感覚のこと。そしてもう一つ重要なのが（しばしば見過ごされるが）時間順序だ。時間順序は事実上、同時性の反対にあたる。二つの出来事（たとえば、フラッシュと音）が同時でないなら、それは続けて起きたということだ。ではそのとき、あなたはどちらが先に起きたかを、どうやって知覚しているだろう？　それが時間順序の知覚だ。私たちの日常生活では、時間順序の判断が無数に起きている。その大多数は数ミリ秒間のことなので、人の意識的な思考にはのぼらない。一方、物事の因果関係をどう把握するかは、私たち自身が出来事の順序を正しく判断できるかどうかにかかっている。あなたがエレベーターのボタンを押して、その少しあとにドアが開いたのか、それとも、本当はドアが開くのが先だったのか？　こうした因果関係の知覚が発達するまでには、おそらく自然選択が重要な役割を果たしただろう。あなたが森を歩いているときに小枝の折れる音が聞こえたら、その音が自分の歩みと同時に起きたかどうかがわかった方が有利になる。同時であれば、たぶん自分がその音をたてたのだ。しかし、あなたが足を置く少し前かあとに音がしたのなら、それはトラの足音という可能性もあるのだ。

このような判断は非常に基本的なことなので、「判断」という言葉が大げさすぎるように思えるほどだ。もちろん脳は、いつでもどちらが先でどちらがあとかがわかっている……いや、でも考えてみれば、ドットとフラッシュを使ったイーグルマンの実験では、まぎれもなく同時に起きた出来事を脳が誤判断していた。ということは、脳は物事の順序を間違うことだってあるかもしれない。「時間の感覚には驚くほどの順応性があるんです。それがいかに柔軟であるかがわかってきたところです」とイーグルマンは言った。

たとえばこんな実験がある。あなたはコンピューター画面のそばで待機して、ビーッという音（ビープ音）が鳴るので耳を澄ましているように言われている。ビープ音の直前または直後のどちらかには、画面上で小さなフラッシュが光る。あなたはそのフラッシュとビープ音のどちらが先だったかを尋ねられ、二つの出来事の間にどのくらい時間があったかを推定するように言われる。その正しい順序を判断したり、遅延時間を推定したりすることは、あなたにはいとも簡単にできる。たとえその遅延が20ミリ秒（1秒の50分の1）という短さだったとしても大丈夫だ。さてここで、その課題をもう一度やることになる。ただし今回はビープ音は鳴らない。その代わりに、あなたがキーパッドのキーを押す。今度はただ受け身でいるのではなく能動的に参加するのだ。あなたがキーを押す前か、押した直後に画面でフラッシュが光る。もしフラッシュの方が先なら、あなたはフラッシュからキーを押すまでの間にどのくらい時間がかかったかを、さっきと同じように難なく評価できるだろう。ところが、フラッシュの方があとだったら、あなたの判断は怪しくなる。あなたがキーを押してから１００ミリ秒（1秒の10分の1）もたってからフラッシュが光ったとしても、遅延時間がなかったかのように思える。つまり、あなたはキーを押すのとフラッシュが同時だったように感じてしまうのだ。

イーグルマンはこの実験を、かつての所属学生で、今はカリフォルニア工科大学で神経科学を研究しているチェス・ステットソンとともに計画した。そして発見したことは、被験者が行動（キーを押す）をしたら、その直後に約１００ミリ秒にわたって、出来事の連続性を感知できなくなる時間があるということだ。だから、その間に起きたあらゆる出来事は同時に起きたように感じられる。最も重要な要素は、被験者が出来事に関与することだ。脳は自分の功績を貪欲に求めるタイプのようで、自らの行為に影響力があると思いたがる。あなたが行動すると、それが単にボタンを押すだけであっても、あなたは、その直後に起きたことを自分が引き起こしたと思ってしまうのだ。出来事の本当の流れ――時間順序――が消え去って、1秒の10分の1という時間がまったくなかったことのように再定義される。

脳は時間を無視することで、満足感の得られるような結果を出し、私たちの行為主体感を高めている。そうすることで私たちに、自分の影響力が実際より少しだけ大きいように感じさせるのだ。2002年に神経科学者のパトリック・ハガードたちの研究グループも、同様の結論に達している。脳のトリックを示す実験だ。ここでは、ボランティアの被験者に、次のような要領で素早く動く時計の針を観察させた。

①適当なときに自分の意志でキーパッドのキーを押し、その時点で時計が指していた時刻を書き留める。
②クリック音が聞こえたら、時刻を書き留める。
①②を、それぞれ何回か繰り返す。
③被験者がキーを押すと250ミリ秒後にビープ音が鳴るので、被験者はキーを押した時刻

か音を聞いた時刻のいずれかを書き留める（両方を書き留めることは不可能だった）。

このように、①能動的な行為、②受動的な知覚、③因果関係のある行為と知覚、の3通りの手順において、それぞれ被験者自身が記録した時刻と、観察していた実験者のみが知る実際の時刻との間に、どのくらいの差があったかを調べた。その結果、ハガードは、実際に被験者の行為によってビープ音が起きた③の場合は、キーを押してから音がするまでの時間が現実より短く感じられていることを見出した。そのとき、キーを押す動作は少しだけ遅く（平均で約15ミリ秒）、ビープ音が鳴ったのはかなり早く（約40ミリ秒）感じられていた。何かの出来事を引き起こすと、その原因と結果が現実より時間的に近いものに感じられる。この現象をハガードは「インテンショナル（意図的）バインディング」と呼んだ。

脳はどうやって、こんなトリックをやってのけるのだろう？　一番可能性が高いのは、「キーがいつ押されるか」と「ビープ音がいつ鳴るか」の予想を、脳が別々にたてているからだ、とイーグルマンは推測している。つまり脳は二つの時系列を別々に保っていて、それを互いの関係において再調整している。時間調整は、私たちの脳が日常業務の中で常に気にかけていることだ。脳には、別々の神経経路を経て別々の速さで処理された感覚入力が絶えず押し寄せている。脳はそれらを使って、行為と出来事、原因と結果について、筋道の通る全体像を組み立てなければならない。脳は複数のシグナルを受けて後ろ向きに作業をしながら、どの刺激が最初だったか、どれとどれが同時に起きたのか、どれとどれは関係があって、どれは関係ないのかを決めなければならない。あなたがボールをキャッチするとき、ボールが手に当たる眺めは、手のひらの感触よりも先に脳に届くが、あなたはその二つの連続データをどういうわけか同時のこととして経験する。あなたの脳にしてみれば、その二つのデータパケット（一つは触覚、一つは視覚）は数ミリ秒の遅延をはさんで別々に届く。なのにどうして、脳にはその二つが同じ出来事に属するものとわかるのだろう？

それだけではない。感覚シグナルの速さは状況によって変わる場合がある。そうなると脳には、出来事がいつ起きたかの推測を差し替える能力も不可欠だ。たとえば、あなたは屋外でボールを投げ上げる運動をしたあとで、暗い部屋に入るとする。あなたのニューロンが暗い光を処理するには、明るい光を処理するときより時間がかかる。つまり、屋内でのあなたの行動に伴う視覚入力は、屋外にいる時よりゆっくり届く。あなたが活動するには、その時間のずれを考慮に入れなければならない。そうでないと、あなたは子供のようなぎこちない動きで、ボールを投げたりつかんだりすることになるからだ。幸いにも、あなたの脳は再調整が可能だ。脳は新しいタイミングを「標準」とみなし、ほかの感覚についての予想をそれに合わせて差し替える。脳はあなたの日常生活全般にわたって常に再調整をおこないながら、あなたがいろいろな行動をしたり、違う環境の間を動き回ったり、急いだりゆっくりしたりするたびに、現実世界がなめらかに解釈されるように働いているのだ。

何かの行為（ボタンを押す）とその結果（フラッシュ）の起きた時間が近く感じられたり、その間の遅延時間がなくなってしまうとき、人は脳の再調整を経験しているのだとイーグルマンは考えている。脳は一般に、その人の行動がただちに、遅延なく、意図した結果を引き起こすことを予想している。だから、ある出来事が、あなたの行動によって引き起こされたものと脳が認識したら——つまり、あなたの行動から10分の1秒以内に何かの出来事が起きたら——脳は再調整をして、その出来事にあなたの行動と同時刻（タイムゼロ）のスタンプを押すのだ。これで原因と結果が同時に起きたことになる。ただ、10分の1秒はわずかな時間とはいえ無視できるものではない。状況が違えば、確実に人の意識にのぼってもおかしくない長さだ。つまり、脳が——あるいは私たちが——意識を最優先にしない瞬間があるということだ。

この錯覚からは、さらに奇妙なことが予想される。もし、脳が再調整によって、原因と結果を同時に起きたものとみなすことがあるなら、場合によっては脳がだまされて、時間順序をさらに変化させ、結果が原因より先に起きたとみなすこともあるかもしれない。イーグルマンは、ステットソンを含む3名の共同研究者とともに、この考えを検証する因果関係逆転の実験を計画した。この場合もやはり、ボランティアの被験者がボタンを押すとフラッシュが光る設定だが、イーグルマンはそこに（キーを押してからフラッシュまでに）２００ミリ秒（1秒の5分の1）の遅延を加えた。すると被験者は、ほぼ瞬間的にこの遅延に適応して、時間差が２５０ミリ秒を超えない限りはそれに気づかなかった。つまり被験者からすると、キーを押すのとフラッシュが同時に起きたことになった。人の脳は日常生活では常に、因果関係についての巧妙なごまかしをやっている。たとえば、コンピューターで文字を打つときは必ず、画面上に文字が現れるまでにおよそ35ミリ秒かかっているが、人はこの遅延に気づかない（イーグルマンは因果関係逆転の実験を計画しているときに、このタイムラグを考慮するために、実際に計測していた）。

イーグルマンは次に、被験者たちが遅延時間の調節済みになったところで遅延をなくし、キーが押された瞬間にフラッシュを光らせた。すると今度は奇妙なことが起きた。被験者は、キーを押すより前にフラッシュが光ったと言い出したのだ。被験者たちの脳は、前段階の実験でフラッシュの遅延を調整して、キーを押すのと同時（タイムゼロ）に起きたと捉えるようになっていた。その状態でフラッシュが（脳が予想していた）遅延時間より早く光ると、タイムゼロより前に起きたものと知覚され、キーを押すより先に光ったと感じられたのだ。原因と結果の時間が、あるいは少なくともその時間順序が、逆転したようだった。

イーグルマンは因果関係逆転の実験にさらに修正を加え、より迅速な形式にした。それが私が試しているナインスクエア・バージョンだ。私はまた色が変わった四角をクリックし、色が別の四角に移ったのを見て、その四角をクリックした。実は私は、マウスでクリックしてから四角の色が移動するまでに100ミリ秒の遅延があると前もって知っていたが、その遅延は感じられなかった。私がクリックしたという事実によって、私の脳は、次に起きることを引き起こしたのは自分だと宣言する。それでその後の遅延がないものになったのだ。そうして私は、クリックしては次の四角に飛び移るという操作を十数回も続けた。だが次の瞬間、驚いたことに、私がマウスをクリックする直前に、まさに私がクリックしようとしていたその四角から、別の四角に色が飛び移ったのだ。

動揺したとしか言いようがない。まるでコンピューターが私の次の動きを察知して、先回りしてやっているみたいだった。私は実験を続け、さらに何回か、今起きたことが本当かどうかを確かめてみたが、その度にやはりそうなった。私がクリックしようとすると、まさにその四角の色が別の四角に飛び移るのだ。そうなるとわかってからも、同じことが繰り返し起きた。

色つき四角の位置替えは、私自身がしようとしているマウスのクリックからは、はっきり分離していた。その経験はあまりに鮮明なので、その動きに気づいてすぐに、私はマウスのボタンを押す指の動きを思わず止めようとしたほどだ。それはもちろん因果関係としてはあり得ない。色つき四角はすでに動いていた。ということは、私がすでに動かしたということになる。すると私は、私がすでにしてしまったことを止めようとしていることになる。そしてもちろん、私はそれを止められない。私はすでにそれをしてしまっているのだから。そして結局、私はボタンを押した。そのときまで、私は遊園地のいろいろな乗り物に乗って楽しむみたいに、イーグルマンの研究を楽しんでいた。それがこの実験では突然、異次元の世界に突き落とされたようだった。

イーグルマンはかつて、ある大学でこの現象について講演をしたことがある。講演が終わると、二人の聴講生が別々に近寄ってきて、どちらも奇妙な経験を話したという。その大学ではちょうど新しい電話システムを導入したばかりだったが、その電話が不思議な挙動をした。誰かが電話をかけようとすると、最後の番号を押すより先に、電話の向こうで呼び出し音が鳴りはじめるのだ。どうしてそんなことが？　イーグルマンは、その人がしばらくコンピューターのキーボードを使ってから電話をかけようとしたので、錯覚が起きているのではないかと考えている。コンピューターのキーボードには35ミリ秒の遅延時間があるが、電話のプッシュボタンは、押してから反応が起きるまでの遅延がもう少し短いのだ。脳がコンピューターの遅延時間に対して調整済みだったので、その同時性の感覚を電話にも適用したときに、反応の速さに驚いてしまったのだろう。

錯覚による「因果関係の逆転」は人を混乱させるが、それは私たちの知覚経験に、ごく正常な側面として、高度な適応能力があることに由来する。感覚データがさまざまな速度で、さまざまな神経経路から流入してくる中で、時間順序を正しく修正し、原因と結果を間違いなく見分けるための唯一の方法は、絶えず再調整をすることだ。そして、到着するシグナルの時系列を最も迅速に調整する方法は、外部世界との情報交換だ。人は何か大事なことをするとき、その成り行きが自分の予測の範囲内にとどまるようにする。だから行動の結果は、なるべく行動の直後に起きてほしい。そこで人は、自分の感覚に基づく経験に同時性の定義を――タイムゼロという基準を――押し付ける。それと対比することで、その他の関連データの時間順序が推定できるようになるのだ。「あなたが何かを蹴ったり叩いたりするたびに、脳は、その次に起きることは何でも同時に起きたと考えます」とイーグルマンは言った。「世界に同時性を押しつけているんです」。行動することは予測することであり、予測することは時間を合わせることなのだ。

この観点が、イーグルマンのさらに型破りな理論の一つにつながったということを、彼は認めている。思い出してほしい。脳にはさまざまな時間差や潜時が課せられている。出所は同じでも、明るいフラッシュは暗いフラッシュより素早くニューロンを伝わる。赤い光は緑の光より速く、そしてこの二つは青い光より速く伝達される。もしあなたが、赤、緑、青の波長を含む画像か風景――アメリカの国旗が芝生の上に広げられているところなど――をちらっと見たら、その像は、わずかな時間のうちに脳内をばらばらになって広がっていくが、その広がり方はあなたが日陰に立っているか、日向に立っているかによっても変わるだろう。それでも、あなたの脳はどうにか調整して、続々と届くそのデータを一つの同じ起源を持つものと理解する。下流のニューロンは、どの入力が最初にくるかを、あるいはその3色が一つのものに属するということを、どのようにして知るのだろう？　「赤の次に緑で、その次に青」のシグナルの到着が、単独の出来事から同時に発生した入力であることを、このシステムはどのようにして学ぶのだろう？　それを学べなければ、その旗は、まず赤い線が、次に背後の芝生の緑が、そしてさらに青い星の集まりが、というふうに、色別に湧き上がってくるように見えるだろう。その視覚経験はサイケデリックな大きな渦巻きのように感じられるはずだ。
この経験を統合するために、脳は断続的に視覚情報の流れを再調整して、時間をゼロにセットし直す必要がある。イーグルマンの考えとは、人がこれを、まばたきによって達成している可能性があるということだ。まばたきには、目の保湿という明らかな利点がある。しかしそれだけでなく、脳の「明かり」を一瞬オフにして、またオンに入れ直すという効果もあるという考えだ。明かりが最初に戻るとき、あなたの感覚は「赤‐緑‐青」の色のずれを経験するかもしれない。しかし何度も――毎日何千回も――繰り返した末に、脳は赤‐緑‐青のずれが数十ミリ秒の範囲の中にある場合は同時に起きているに等しいということを学ぶ。まばたきは受動的な行為のように思われているが、能動的な行為として機能する可能性もあるのだ。それはボタンを押すのと同じくらい意図的な行為であって、視覚世界に対して人が意志を働かせる一つの方法だ。感覚のトレーニングの仕組みとも、強制的な再起動とも言える。同時性は、あなたが複数の出来事を同時に受け取ったから発生するわけではない。あなたが目を使って、同時という位置づけにしている。まばたきにより、「この瞬間が『今』です」と宣言される。するとその宣言の少しあとのあなたの行動と知覚が、自らの再編成にとりかかる。「これは『今』」「これは『今』」「これも『今』」だと――。

聞いている、話している、読んでいる、書いているの「今」

私は以前、あるパネルディスカッションに参加するために、イタリアに招かれたことがある。私の出番は最後だったので、その日の午後はほかのパネリストたちの講演を聞いて過ごした。全員がイタリア人で、私にはまったくわからないイタリア語を話していた。自分の周りでなじみのない言葉が飛びかった。時折り何か面白いことや洞察に満ちたことを言ったのだと思われるときは、私もあたかも理解しているかのようにうなずいた。私は太陽系の端っこの暗がりにいる冥王星のような気分になった。はるか遠くに輝く太陽を見ながら、自分ももっと内側の惑星たちの間で暮らせたらどんなに楽しいだろうと感じている。

4人か5人の演者が話し終えたところで、私は目の前の机の上にヘッドホンがあるのに気づいた。この会合にはイタリア語と英語の同時通訳が入っていた。ふと気づくと、部屋の後ろの片隅にガラスで仕切られたブースがあった。その中にいる誰かが訳してくれているのだ。通訳は役に立った。少しだけだが。ヘッドホンをつけると、そのときの演者（大学の哲学者だった）はどうにかしてチャールズ・ダーウィンをニュートン物理学に結びつけようとしていた。話がとりとめもないからか、私には難しすぎたのか、あるいはその両方で、通訳の言葉は要領を得ない感じがした。長い沈黙があったときは、通訳の若い女性が話の筋を通そうと四苦八苦する声だけが聞こえてきた。ブースの方に目を凝らすと、中に二人の人影が見えた。そうしているうちに、ヘッドホンから聞こえていた女性の声は消え、若い男性の声になった。その声は、さっきまでより素早く明瞭に、イタリア語を英語に変えていった。

ようやく私が話す順番になったとき、2〜3人の聴衆がヘッドホンをつけるのが見えた。残りの人はヘッドホンを使わない……私はやや意気消沈した。私はイタリア語が話せないことをわびてから本題に入った。ともあれ、話す速度はゆっくりにした。その方が通訳が助かるだろうとぼんやり思ったのだ。しかし、すぐに考えが足りなかったことを悟った。私は普段より2倍遅く話したので、40分で話すべき内容を事実上、半分の時間でカバーしなければならなくなった。私は臨機応変に編集しようとした――例示は飛ばし、つなぎの部分はことごとく省略し、枝葉の考察はすべて刈り込んだ。その結果、自分で聞いても意味がわからなくなる一方の講演になってしまった。ヘッドホンをつけた人たちの顔は、つけていなかった人たちと同じようにうつろだった。

1957年、フランスの心理学者、ポール・フレスは、『The Psychology of Time（時間の心理学）』を出版した。これは過去1世紀ほどの時間研究に関する総説であり、この分野を包括的に捉えた初めての書物だった。時間順序から主観的現在の見かけの長さまで、時間知覚のあらゆる側面に検討を加えている。主観的現在については、多数の研究を考慮した上で、

《二〇乃至二五音の句を発音するに必要な時間》[*59]、つまり約5秒の持続に限定される、と定義した。また《最も普通には、われわれの現在は二秒乃至三秒を越えない》[*60]とも書いている。フレスは付け加えて、時間の感じ方が変わることについて、《これの起源は時間がわれわれに押しつける欲求阻止の意識化にあることが確認できる。それはあるいは現在の欲求満足に対する延滞の押しつけであり、あるいは今の幸福の終る時の予見の押しつけである。持続の感じは、あることとあるであろうこと》[*61]との対比から生まれてくると書いている。とりわけ退屈感については、《のろのろした無味乾燥な仕事の持続と、他のことを求めているわれわれの精神の持続との、両持続の不一致に生ずる》[*62]としている。これはアウグスティヌスの「魂の延長」のもう一つの言い方だ。私はあの時、退屈した聴衆の「精神の持続」を意識しすぎたのだ。私は知識の光を聴衆に降りまく太陽のような気分でいればよかった。なのに私は、やはり冥王星だった。内惑星たちはそろって望遠鏡をこちらに向け、遠くにある、この見知らぬ氷の天体をどう捉えたらいいものかといぶかっていた。

その夜、パネリストのためのディナーの席で、私の担当の通訳者に会った。彼の名はアルフォンソという。言語学の大学院生で、英語だけでなくフランス語とポルトガル語にも堪能だった。ほっそりして背が高く、黒髪に丸メガネという風貌は、イタリア版ハリーポッターを思わせた。

二人で話すうちに、「同時通訳」という呼称には明らかに矛盾があるということで意見が一致した。ある言語から別の言語に通訳する行為は、単語を一語ずつ置き換えていけばよいというものではない。構文と語順の規則は言語ごとに異なるからだ。通訳者は聴衆に対して、常に何かを少しだけ保留にしている。なぜなら、話し手がキーワードや重要なフレーズと思われるものを口にしたときも、通訳者はそれをしばらく心にとどめたままにして、その後の話の流れから真意がわかったときに初めて、声に出して通訳することが可能になるからだ。そして、その時点ではすでに話が先に進み、新たな言葉や洞察が提示されている。だから、あまり長く待ちすぎないことも重要だ。もとのフレーズを忘れてしまったり、話が流れるように進む感覚を失っては元も子もないのだから。「同時」という言葉は、純粋に「現在」に位置づけられる行動を指すように思えるが、本当は記憶の絶えざる表出だ。それがわかりやすく示されているだけなのだ。

さらに、異なる語族に属する言語間で通訳する際は一層難しい、とアルフォンソは言った。たとえば、ドイツ語からフランス語への通訳は、イタリア語からフランス語や、ドイツ語からラテン語への通訳より難しい。ドイツ語とラテン語は動詞が文の終わりの方にくることが多いので、通訳者は文の結語を聞くまで待たないと、冒頭部分の意味を十分にくみとって訳すことができない。一方、フランス語は文のはじめの方に動詞がくることが多いので、フランス語を訳すときは、通訳者は少し待つという選択肢のほかに、文意の方向性を推測して話すこともできる。
私はアルフォンソに、自分が純粋に英語を使っているときも、よく同じような問題に直面するという話をした。私は長いこと、インタビューをするときはテープレコーダーを使って、すべての言葉を録っておくようにしていた。しかし、それは正確さと時間を引き換えにするようなものだった。1時間のインタビューを書き起こすのに4時間もかかり、それでいて有用な洞察や語句はほんの数カ所しかないということもあったのだ。しかし手書きでメモをとるのは、なおさら現実的ではない。私は字が汚く、急いで書くととくにひどいのだ。時折り電話でインタビューをすることがあると、相手が話している間にコンピューターで文字を打つことができるので、少なくとも読みやすくはなる。しかし、私は文字を打つのも、たいていの人が話す速度より遅い。記録を何回見直しても、意味のわからない言葉の切れ端に遭遇する。たとえば、こんなふうに。

"If something surprising to it, have a faster."
(もし何かそれにとって驚くようなことがあれば、さらに速く)

このときは幸運だった。これを打ってからすぐに清書をしたので、話し手が実際に言ったことを思い出せたのだ。それは「*If something surprising happens, you have a faster reaction to it.*（もし何か驚くようなことが起きたら、それに対するあなたの反応は一層速くなる）」だった。書き留めた言葉の切れ端をよく見ると、何がまずかったかがわかる。私はなんとか最初の3語（"If something surprising"）は正しく聞き取って、出だしの足場はしっかり固めた。しかし先方は早口だったので、私は話の筋がわからなくなった。そこで、その瞬間に彼が口にしていた重要な局面をなんとか思い出そうとし（"happen"という動詞）、彼がひと息ついたところで心に留めておいた。私はジャグラーのように、話し手の言葉を近未来（短期記憶）に向けて放り上げ、少ししてからそれをキャッチするつもりだった。その間に、私は聞こえてきた次の言葉を書き留め（"to it"）、それからは話が——残念ながら休止なしで——続いたので、少し前に聞いた言葉からまだ思い出せる数語（"have a faster"）をタイプしたのだ。短いセンテンスが口にされる間に、このような無意識の思考が働いている。そして、同様のことが1時間の会話を通して無数に繰り返された。自分が何とか少しでも情報を覚えていられたことが驚きだ（私がもし、重要なフレーズを思い出そうとするのではなくメモしておくというアルフォンソのやり方をしていたら、もう少しうまくいっていたかもしれない）。

アルフォンソの話を聞いていると、アウグスティヌスなら通訳者の人となりを明確に理解しただろうと思われた――通訳者とは、過去と未来の間、記憶と予測の間で、ぴんと張りつめている人なのだ。アルフォンソの見積もりによれば、平均的な通訳者は、耳で何かを聞いてから、それを自分で「同時」通訳するまでに、15秒～1分くらいの時間差に耐えられるという。熟練した通訳者ほど、その時間は長くなる。熟練するほど、実際に通訳するまで頭の中に保持しておける情報量が多くなるのだ。通訳者は話の中で使われる可能性のある専門用語の意味を調べるために、事前に3～4日かけて準備をすることもある。そして実際に通訳がうまくいっているときは、ちょっとサーフィンの感覚に似ている、とアルフォンソは言った。
「単語について考える時間をできるだけ少なくしなければなりません。流れに身をまかせるようにしながら、リズムに耳を澄ませます。止まらないように気をつけないと、取り残されてしまい、時間を無駄にして途方に暮れることになります」

短い回文を作ってみよう。そんな文を組み立てるのに私は数分かかった。しかし、あなたがそれを読むのはたぶん2秒で終わる。とても短い時間なので、それを読んだことや読むのにかかった時間のことは、ほとんど印象に残らないだろう。見方によっては、そういう時間が「現在」だ。
しかし、もちろん厳密に言えばそうではない。認知活動の大部分はその程度の時間内に展開するが、それを脳あるいは心が（どちらかは必ずしも明らかではない）、大変な労力を払って、意識を持つ自己に気づかせないようにしている。あなたが本を読むとき、あなたはまったく気づいていないが、あなたの目はページの上を飛び回り、これから出てくる単語を前もって見たり、すでに読んだ単語を見直したりしている。研究によると、読んでいる時間のうち、すでに読んだ言葉に逆戻りするのに費やす時間は30％にものぼるという。読み終わった行を紙か何かで覆うなどして、そうした「あと戻り」をしないようにしたら、読む速度がかなり速くなるだろう――と、ある種の速読術の講座ではよく言われている。

ドイツの心理学者で神経科学者のエルンスト・ペッペルは、著書『Mindworks : Time and Conscious Experience（意識のなかの時間）』の中で、自分を被験者にしておこなった黙読の実験のことを書いている。文字を読むという経験が、実はいかに不連続なものかを明らかにするための実験だ。ペッペルは、ジークムント・フロイトの無意識の心に関するエッセイから、読みやすい一節を取り上げた。

ペッペルが読んでいるときに、ある装置を使ってページ上での視線の動きを追い、彼が見ている場所と見ている時間とを記録した。そしてそのデータから、目の動きを大まかな折れ線グラフにした。テキストの1行目を左から右に読んでいくにつれ、グラフは上に向かい、行の終わりにくると最初の高さまで戻って、そこから2行目が始まる。読むという行為はなめらかに経験されるが、目の動きは明らかになめらかではない。ペッペルの視覚は階段のような道筋をたどっている。意味を理解するために目が０・２から０・３秒ほどとどまって、それから次に理解すべき位置までスキップしている（P２３４のグラフA参照）。

次にペッペルは、もう少し難しいものを読んだ。エマヌエル・カントの『Critique of Pure Reason（純粋理性批判）』から、ほぼ同じ長さだけ抜き出した一節だ。その記録を見ると、文章の難しさが増したことがよくわかる。フロイトの場合と比べて、カントの文章では、ペッペルが１行読むのにかかる時間が約２倍になり、情報を理解するために目の動きが止まる回数も約２倍になった（P２３４のグラフB参照）。

最後に、ペッペルは中国語を読む努力をグラフにした。中国語は、ペッペルにはわからない言語だ。１文字か２文字を読むのに数秒かかっていることがわかる。しかし、１行目の３分の２で彼はあきらめて、最後まで飛ばしている（P２３４のグラフC参照）。

ペッペルの論点は、私たちが「今」として経験することは、実はたくさんの認知活動――単語を追い、目がサッカード（跳躍性眼球運動）をし、意味を吸収する――の集まりであって、その全容を内省によって知ることはできないということだ。その上、瞬間ごとのせわしない活動は綿密に統合されている。連続する音節を発音したり、書かれている単語から単語へ目を動

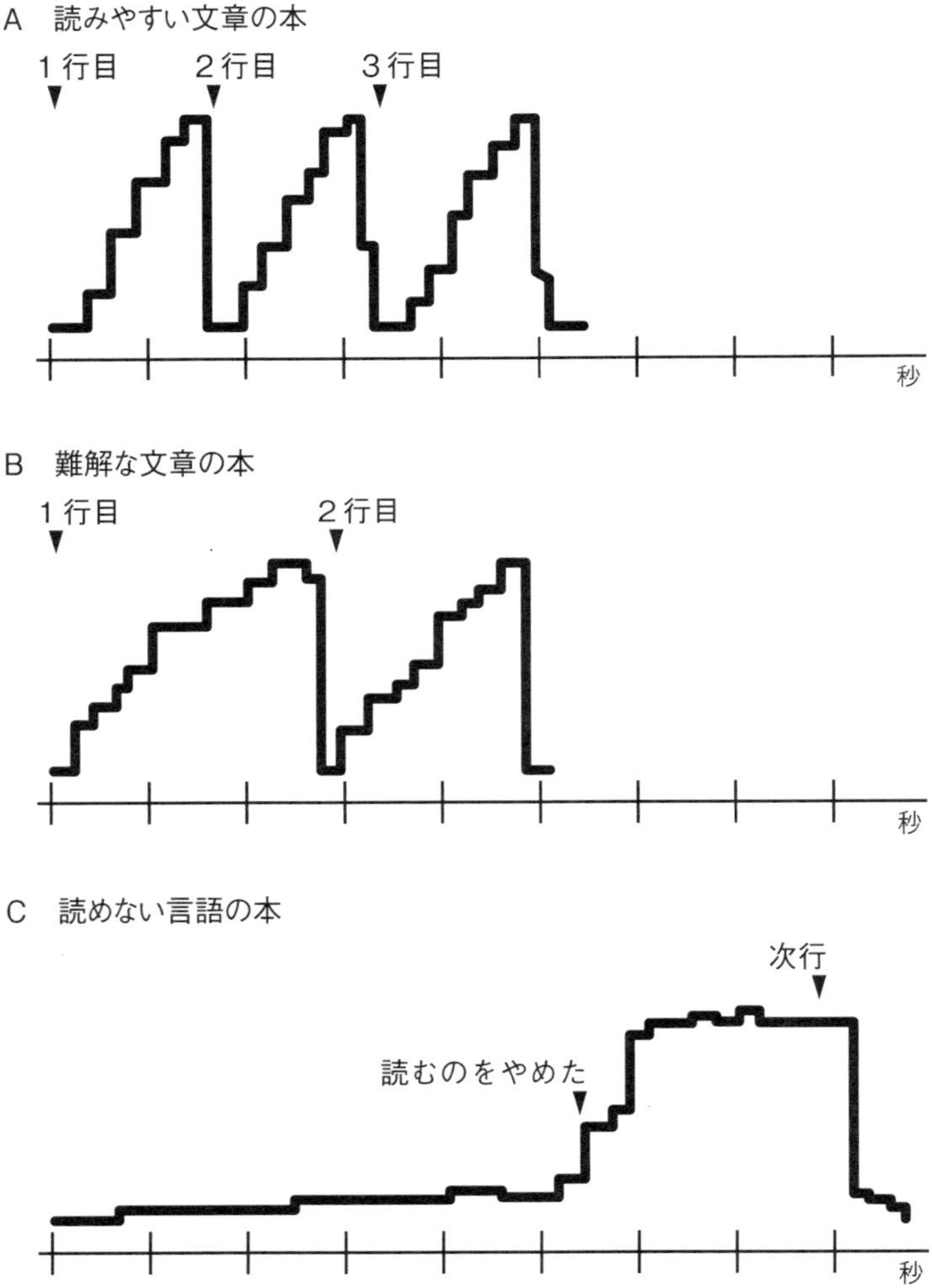

本を読んでいるときの視線の動き

※グラフの縦軸は、一番低い位置が行の始まり、
高い位置が行の終わり。

かしたりすることは、「列車が時刻表に従うように」同期している、と彼は書いている。しかしどうやってそんなことが？

１９５１年にハーバード大学の心理学者、カール・ラシュレーは、今や古典となった論文、「The Problem of Serial Order in Behavior（仮訳：行動における系列的順序の問題）」の中で、時間と言語の関係に言及した。ラシュレーは意味を持つ単語について、それらは特定の順序で提示されなければならない、と書いた。「Little a mary had lamb」と書いてあっても意味をなさないが、配置し直して「Mary had a little lamb（メアリーは子羊を飼っていた）」とすれば意味がわかるようになる。私のイタリア人通訳者が言ったように、構文の規則は言語ごとに違っている。たとえば英語の場合、“yellow《黄色い》 jersey《ジャージ》”のように、形容詞はそれが修飾する名詞の前にくるのが普通だ。一方、フランス語の形容詞は2番目にくる“maillot《ジャージ》 jaune《黄色い》”。このような規則には柔軟性があり、社会的に獲得されるものであって、時代を経るうちに変化する。それでも特定の言語における単語の順序は重要で、大きな意味がある。

私たちは、たいてい意識的に考えて文を組み立てているわけではない。文は見たところひとりでに、意識にのぼらない時間スケールの中で展開するように感じられる（脳は順番を見出すことにとても熱心なので、あなたは最初に「Little a mary had lamb」という言葉を目にした時点で、その文が意図している意味がすぐに理解でき、順番がごちゃ混ぜになっていることには気づきもしなかったかもしれない)。それでも、人は順番を間違うことがある。ラシュレーは、自分でタイプしていると、時々文字の配置を間違ってしまうと書いている。「these」を「thses」と打ったり、「rapid writing」を「wrapid riting」と打ってしまったりするのだ。こうした間違いの注目すべきところは、それがよく先走りによるエラーになっていることだ。つまり、もう少しあとに現れるべき文字や単語が、早まって――今――出てきている。まるで指の注意をそらせて、今やるべき仕事の邪魔をしているかのようなのだ。心の目(ほかに適当な用語がないのでこう表現する)が未来へとさまよって、今やるべきタスクをやっている指先の注意をそらしてしまったみたいだ。私たちはどうやって、とくに考えもせずに、正しい時間的順序を組み立てるのだろう? ラシュレーはこのことを、「脳の心理学の最も重要な問題であり、最も無視されてきた問題でもある」と考えていた。

ペッペルによれば、ラシュレーが言葉では表明しなかったものの念頭に置いていたその統合化の仕組みは、時計だ。ペッペルは、《適切な場所に単語を配列できるのは、時計を用いることによって思考のプランが制御しているからである。脳内の時計は、脳内で語の配列に携わるすべての領域、つまりすべての所轄機能が同じ時刻を持つことを保証している。その結果、全体のプランとの関係からそれにふさわしい仕事を適時に果たすことができる》[*63]と書いている。この脳の時計は、《正しい語順の助けによって思考が表現される条件である》[*64]。人は、この時計なしで自分を伝えることはできないのだろう。

「あらゆる複雑な行動には時間が関係しています」。UCLAの神経科学者、ディーン・ブオノマーノは、初めて会ったときに、まずこう言った。「時間の要素を理解しなければ、脳がどうやってこの世界を渡っていくのかを解明することはできません」

ブオノマーノは、生命現象としてのミリ秒レベルの時間を研究している数少ない研究者の一人だ。これまでに同分野の科学者たちと多くの論文を発表している(デイヴィッド・イーグルマンもそんな共著者の一人だ)。ブオノマーノは、人が日常生活で経験する時間がニューロンの活動とどのような関係にあるかに一貫して関心を寄せている。ブオノマーノいわく、神経科学はまだ新しい学問分野だが、脳が空間情報をどうやって解釈するかといった、ある種の難問を解くことを得意としているそうだ。たとえば、人が「垂直」な線と「ほぼ垂直」な線を見分けることができるのは、配置や向きの違いに別々に反応するニューロンが大脳皮質にあるからだ(このことは1960年代になって発見された)。音符がピアノの鍵盤に対応づけられているのと同じような様式で、空間にある無数の点が網膜のニューロンの配置に対応づけられている。しかし、画面上に1本の線が別の線より長時間表示されたとき、人はどのようにしてそれを比べるのか——神経科学者たちにそんな質問をしたら、彼らはたぶん頭を抱えてしまうだろう。

「時間の研究は置き去りにされてきました。この分野の科学はまだ未成熟なので、洗練された手法で取り組むことができないからだと思います」とブオノマーノは言った。「時間」という言葉に少し触れようとするだけで、まずはその定義や条件をずらずら連ねることになりかねないという。「そこがこの分野の面白いところです。その場で話題にしていることを完璧に説明できる人が誰もいなかったりするのですから」

ブオノマーノと私はカフェのロビーで落ち合い、キャンパス内のヤシの並木道を歩いて、彼の研究室に向かった。ブオノマーノが時間に魅了されるようになったきっかけは、8歳の誕生日に、物理学者だった祖父からストップウォッチをもらったことだ。彼は自分にさまざまな課題を課し（たとえば、パズルを完成させるとか、近所を1ブロック歩くなど）、ストップウォッチを横目に見ながら、達成までの時間をとりつかれたように計った。そして2007年に、その脳における時間の役割についてのブオノマーノの論文がニューロン誌に掲載されたとき、その表紙を飾ったのは、彼のストップウォッチの写真だった。

ブオノマーノは、ミリ秒スケールの時間について検討するときは、事象の時間順序と時間長を区別することが重要だ、と言った。時間順序は、時間が過ぎる間に事象が起きる順番のこと。そして時間長は、ある事象がどのくらい続くかという持続時間のことだ。この二つは別個

モールス符号の順序と長さの影響

モールス符号の順序が逆	●●●●▬ 意味：4	▬●●●● 意味：6
モールス符号の長さの誤り	▬●● 意味：D	▬▬● 意味：G

の現象だが、微妙に関連し合っている。最もわかりやすい例は、モールス符号だ。モールス符号は1830〜1840年代にテレグラフで利用するために開発された一種の言語体系で、短点「・《トン》」と長点「―《ツー》」という二つの短い信号（パルス）と、信号間の間隔（休止）のみで構成されている。

モールス符号を間違いなく表現したり解読したりするためには、時間順序と時間長の両方が正しくなければならない。順序が逆になっても、要素の長さを1カ所誤ったとしても、意味が変わってきてしまう。上の表のような具合だ。

モールス符号に熟練した人は、1分間に40語を符号にしたり解読したりすることができる。最高記録は1分あたり200語を超えている。その速さでは、一つの短点は30ミリ秒（1000分の3秒）から、場合によってはわずか6ミリ秒（1000分の6秒）くらいの長さしかない。かつてウォール・ストリート・ジャーナル紙にチャック・アダムスという人物のインタビューが掲載された。アダムスは引退した宇宙物理学者だが、余暇に小説をモールス符号に変換する作業を続けてきた。アダムスはH・G・ウェルズの『The War of the Worlds（宇宙戦争）』のモールス符号版（1分に１００語のペースで変換した）をリリースしたのちに、ある男性からメールを受け取った。その男性は、それまで単語と単語の間をほんの少し長くしすぎていた――短点七つ分ではなく八つ分にしていた――とぼやいていたという。アダムスの変換速度なら１０００分の12秒にしかならない短い時間のことが、その男性にとっては大問題だったのだ。

それほど短い持続時間を――それも1回ではなく、1秒あたり数百回から数千回も――正しく識別するためには、持続時間に対する鋭い感覚が必要だ。ペッペルは正しかった。言語には時計が必要なのだ。しかし、その時計はどこにあって、どのように機能しているのだろう？

ブオノマーノは、文字通りの「ミリ秒時計」の存在を想定することには注意が必要だと言った。心について一般的に説明するときには、よくその種のモデルが使われるが、たいていは現実に機能しているニューロンの複雑さが反映されていないという。たとえば、人が持続時間を推定する方法については、「時間のペースメーカー・アキュムレーター・モデル」と呼ばれるものがよく持ち出される。それは、人の脳のどこかに時計のようなもの（おそらく一定のペースで振動するニューロンの集まり）があって、そこが次々とパルスを発して時間を刻んでいる一方で、そのパルスがどこかに集められ蓄積されるという仮説に基づくモデルだ。時計が刻んだパルスは、そのときに計っている事象の基準値まで数え上げられる。たとえば赤信号の長さの基準値が90秒だとすると、人は、蓄積していったパルスが90秒分を超えたところで、長すぎると感じるのだ。

しかし、現実のニューロンの世界は、こうしたモデルほど整然としているわけではない。「日常世界のたとえ話を脳の世界にあてはめるのは、非常に困難です」とブオノマーノは言った。彼の考えでは、「ミリ秒時計」は脳の特定の場所にあるわけではなく、ニューロンのネットワーク全体に分布している可能性の方が高いようだ。「時間長の知覚は、情報処理の根元的な側面です。それが単独の『マスター時計』に割り当てられているわけではないと思います」と彼は言った。「それでいいんです。マスター時計に頼るような仕組みは堅牢ではありませんから」

モールス符号の短点が聴覚神経に届いたとき、あるいはフラッシュが目に入ったときのように、何かの刺激が起きたとき、その刺激はニューロンの電気的興奮として受け渡されて脳に届く。電気信号（シグナル）が一つのニューロンから次のニューロンに伝わるには、シナプス間《かん》隙《げき》というすきまを越えなければならない。その役割を担うのは神経伝達物質だ。手前のニューロンが放出した神経伝達物質を次のニューロンが受け取ると、後者に新たな発火が誘導されて、独自の電気シグナルがさらに伝搬されていく。科学者たちが廊下に一列に並び、部屋の鍵を放り投げながら受け渡していくところを想像してみよう。そんな状況だ。しかしニューロンが発火して、また元の状態に戻るまでには、おそらく10～12ミリ秒くらいの時間がかかる。もしその間に別のシグナルが届いたなら、そのシグナルが引き起こすニューロンの興奮状態は、前回のシグナルの場合と同じではないだろう。カール・ラシュレーは、「脳の状態を湖の表面だと考える」と、その状況がわかりやすくなるだろうと書いている。何かの刺激によって発生したシグナルがニューロンのネットワークに届くと、水面に小石を投げ入れたときのように、興奮のさざ波がたつ。そこに別のシグナルが来ると、すでにさざ波がたっている水面に新たなさざ波の模様が加わる。そして、その後も同様のことが続いていく。脳の全体が常にこうした状態にあると考えられるのだ。ニューロンはモールス符号の短点が届いて活動を引き起こされるのを、ただ黙って待っているわけではない。常に忙しく情報を受け渡しては、ほんの一瞬だけ静止して、また伝達するということを繰り返している。「情報は、休止している静的なシステムにインプットされるわけではない。すでに活発に興奮している統合システムへと常時インプットされている」とラシュレーは書いた。

ブオノマーノによると、そのようなさざ波は束の間の存在であって、せいぜい数百ミリ秒しか続かない。それでも、それはネットワークが「たった今起きたこと」の情報を保持している短い時間枠が存在することを意味している。この時間枠の存在によって、ニューロンのネットワークは二通りの状態に分かれる。一つは直近の刺激による活動のパターン。そしてもう一つは、それとは少し違う、以前の刺激が残した短いなごりのパターンだ。この後者を、ブオノマーノは「隠れ状態」と呼んでいる。隠れ状態は一種の一時記憶であって、これこそがミリ秒時計の本質だ。連続する二つの状態は、ニューロン群から届く電気的興奮の有無やその数の違いによって別々のパターンを示すので、それによって二つの状態の間の時間経過に関する情報が明らかになる。つまり、この時計は計時装置と言うより、パターン検出器のようなものだ。次々に起こる湖面のさざ波の「スナップショット」を比べては、波のパターンという空間的な情報を、波を起こした刺激の時間差という時間的情報に変換している。状態Aと状態Gの重なり合いからは100ミリ秒の経過がうかがえる……次の状態Dと状態Qからは500ミリ秒の経過……という具合に、その判断が延々と続くのだ。ブオノマーノはコンピューター上で、こうした隠れた状態を組み入れたニューロンネットワークのシミュレーションを動かし、彼が考案したモデルがうまくいくこと——つまり、そのネットワークの時間経過の違いが見分けられること——を確認した。

このモデルからは重要な予測も導かれる、とブオノマーノは言った。たとえば、二つの同一の音による刺激を100ミリ秒の間隔で与えるとする。100ミリ秒という間隔が、そのネットワークがリセットされる時間より短いなら、2番目の音は、最初の音による興奮でニューロンにまださざ波が残っているところに届くので、その隠れ状態が、その後のさざ波の現れ方を変える。「ニューロンの最新のアウトプットは、直近の過去に何が起きたかによって変わるのです」とブオノマーノは言った。言い換えれば、同じ刺激をすぐに連続して与えても、異なる持続時間が経験されるということだ。ブオノマーノはこのことを示すために、一連のあざやかな持続時間を推定させる実験をおこなった。一つは、ボランティアの被験者に二つの短い音を素早く続けて聞かせ、音と音の間隔の長さを推定するように求める実験だ。この時、２音の間隔をさまざまに変えても、その違いは簡単に区別された。しかし、２音の直前に、長さと周波数が同じ妨害音を加えると様相が変わった。妨害音から2音までが１００ミリ秒未満だった場合、被験者は、２音の間隔を正しく評価できなくなった。

実際に何が起きているかというと、妨害音によって次の1音目の持続時間の知覚が変わるので、２音目との間隔の推定が狂うのだ。また別の実験では、被験者に長さの異なる二つの音を素早く連続して聞かせ、そのあとで音の長短の順番を尋ねた。この場合も、２音より１００ミリ秒前に妨害音を鳴らすと結果の精度がかなり低くなった。被験者はどちらの音が長かったかをうまく評価できなくなり、結果として、二つの音の正しい順番が判断できなくなった。このように、ミリ秒スケールでは時間長と時間順序が絡み合っている。脳には確かにミリ秒時計があるかもしれないが、それは時を刻んだり計時したりする時計ではないようだ。そのことをブオノマーノのモデルが示唆している。

映画の時間と脳の時間

1892年、50歳のウィリアム・ジェイムズは、「研究室の仕事は嫌いだ」と書いた。そしてその言葉通りに、ハーバード大学心理学研究室の教授職をドイツの実験心理学者、ヒューゴー・ミュンスターバーグに譲った。ミュンスターバーグとはその3年前に、パリで開かれた第一回国際心理学会議で知り合った。ミュンスターバーグはかつてライプチヒで、ジェイムズのメンターだったヴィルヘルム・ヴントのもとで学んだ人物で、今では産業心理学の父として知られている。彼が考案したいくつかの心理テストはペンシルベニア鉄道やボストン高架鉄道会社に採用され、信頼できる技師や路面電車の運転士を雇うための試験に使われた。また彼は、労働者の生産性を向上させる方法も提案している。その一つは、事務所内の配置替えをして、従業員同士が仕事中に話しにくくすることだ。『Business Psychology（仮訳：経営心理学）』や『Psychology and Industrial Efficiency（仮訳：心理学と産業効率）』などの多数の著書とともに、1910年にはマクルーア・マガジンに、「Finding a Life Work（仮訳：天職の発見）」を執筆し、大きな反響を得た。心理学実験によって「その人に本当に向いている仕事」を明らかにすれば、「アメリカにおける無謀な職業選択」を阻止するのに役立つだろうと述べている。

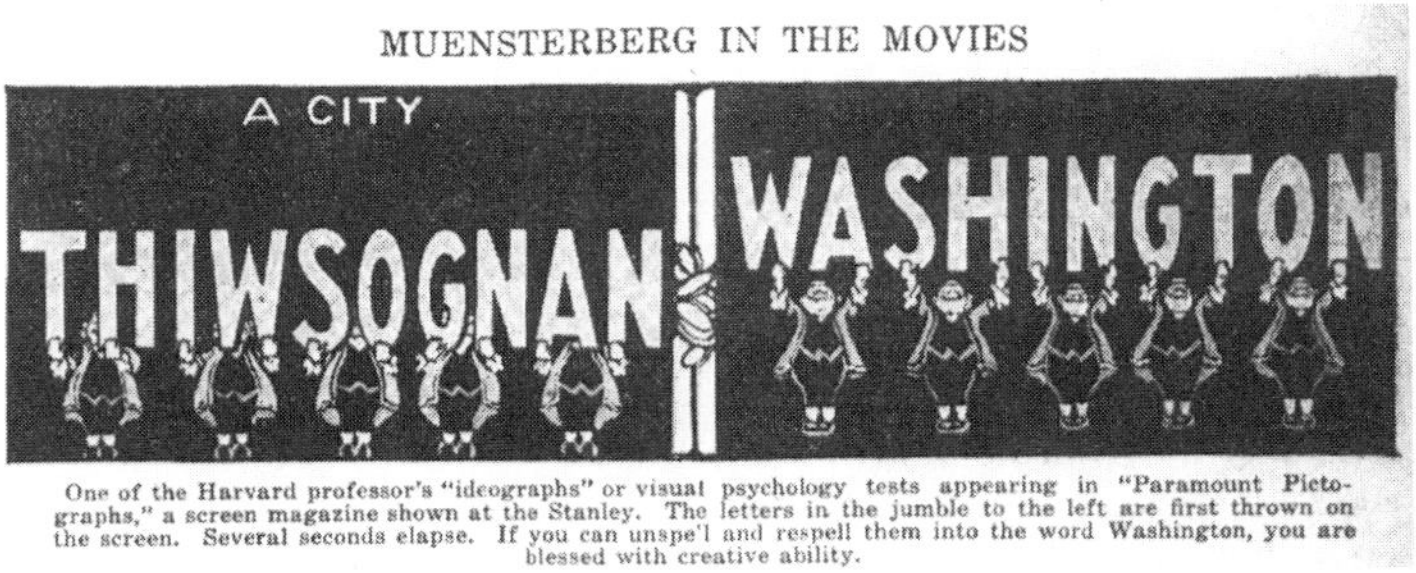
MUENSTERBERG IN THE MOVIES

One of the Harvard professor's "ideographs" or visual psychology tests appearing in "Paramount Pictographs," a screen magazine shown at the Stanley. The letters in the jumble to the left are first thrown on the screen. Several seconds elapse. If you can unspe'l and respell them into the word Washington, you are blessed with creative ability.

当時の新聞記事。図の下には次のような説明がある。「ハーバードのある教授が考案した『イデオグラフ』という視覚心理学のテストが、スタンリー・シアターで上映されたスクリーンマガジン『パラマウント・ピクトグラフ』にお目見えした。左側のごちゃ混ぜの文字が最初にスクリーンに映し出され、そのまま数秒が経過する。そのおかしなスペルを見破って、『Washington』という正しいスペルに直せたら、あなたは創造力に恵まれた人だ」

ミュンスターバーグは映画批評家の草分けとしても広く知られている。初期の映画に魅了され、「Why We Go to the Movies（仮訳：なぜ私たちは映画を観に行くのか）」などのエッセイや、『The Photoplay：A Psychological Study（映画劇：その心理学と美学）』（1916年）を書いて、映画は芸術の一形態とみなされるべきだと論じた。その理由の一つとして、映画の技法は人間心理の働きを細かく表現するものだから、と言っている。ミュンスターバーグは映画という媒体を自らの研究に取り入れ、映画館でメインの作品の前に上映される心理学テストのシリーズを作った。この検査は、「人のどういう特性が、どういった仕事に向いているかを調査し、個人個人がふさわしい状況を見つけられるようにするため」のものだと、1916年の第一回米国映画博覧会のスピーチで語っている。たとえば観客にでたらめに並んだ文字を見せ、その順番を入れ替えて名詞を作るように求めるテストなどだ（P246の図版参照）。

映画の到来によって、物語の自由な可能性が開かれた、と歴史学者のスティーヴン・カーンは書いている。写真が時間を停止させたのに対して、映画は時間を解放した。物語は未来に飛んだり後戻りしたり、横道にそれたりできるようになった。映写機を逆回しにすれば、時間もまた逆戻りする。人が足を上にして海面から飛び出し、岸辺に何事もなく着地するといったことも可能だ。スクランブルエッグを卵に戻すこともできる。カーンは『The Culture of Time and Space, 1880–1918（時間の文化史　1880〜1918）』の中で、ヴァージニア・ウルフが文学における伝統的な時間表現について書いた言葉を引用している。《リアリズム作家のこのおぞましい叙述の仕事。昼食から夕食までの経過を書くなどは、誤った、非現実的で習慣的な作業にすぎない》[*65]。これに対して映画で時間を行ったり来たりすることは、ミュンスターバーグにとっては人の記憶の働きをほぼ完璧にシミュレートするものであり、クローズアップのショットは、そこに焦点を当てた観察者の心の視点を表すものだ。「カメラは、私たちの心の中で意識しているのと同じことができる」。また別のときには、こう言っている。「カメラが明らかにする内面の心は、空間と時間を克服し、注意、記憶、想像、それに感情を身体的世界に刻印するカメラのアクションそのものにあるに違いない」

それから数十年。映画とビデオは、脳がいかにして時間を知覚するかをわかりやすく説明するときに、最もよく使われるメタファーになった。目は私たちのカメラでありレンズである。「現在」は、おそらく計測不可能なほど短い持続時間のスナップショットだ。時間の経過は、映画やビデオの画像の流れのようなものだ。人の記憶は、その一つ一つのフレームが記録されるときに標識を付け、あとで出来事や刺激が（映画のように）正しい順番で再構築されたり思い出されるようにしている――。このような時間の見方が、神経科学のあり方の奥深くに根付いている。

しかしデイヴィッド・イーグルマンは、そうした考え方を一掃することを目標に、数々の研究をおこなっている。脳の時間は、映画の中の時間のようなものではないということを、イーグルマンは私たちに知らせたいのだ。

ある日の午後、イーグルマンのオフィスにいた私に、彼はワゴンホイール効果という錯視をテーマにした最新の論文のことを熱く語った。この錯視には、古い西部劇でよくお目にかかる。駅馬車の車輪は、中心から何本ものスポークが放射状に出ているが、それが回るのを見ているうちに、逆回転するように見えるというものだ。この効果は、車輪の回転速度とそれを映しているカメラのフレーム速度（時間あたりに撮影されるコマ数）の不一致によって起きる。フィルムの静止画一コマずつの間に、車輪のスポークが半回転から1回転未満の速度で回ったら、スポークは逆向きに回っているように見えるのだ。

この錯視は現代生活の中でも、照明の条件が合えば起きることがある。たぶん、どこかの会議室で長たらしい会議に出席して、天井で回るファンを見上げたことがある人なら、それが逆回転するように見えたことがあるだろう。その直接の原因は蛍光灯だ。蛍光灯は人が気づかないほど高速で点滅しているので、わずかなストロボ効果を生み出している。そのせいでファンの連続的な動きが1枚1枚の画像の連なりのようになって、網膜に高速で映し出される。ちょうど、映写機がスクリーン上に何枚もの静止画を高速で映すのと同じだ。そのファンの回転速度と照明の点滅速度の不一致が、錯視を引き起こすのだ。

めったにないことだが、太陽光のように点滅しない光のもとでも、この錯視が見られる場合がある。１９９６年にデューク大学の神経科学者、デール・パーヴスは、実験室でこの現象を再現することに成功した。パーヴスは小さな円筒の外周にドットの連なりを描き、それが高速で回転するところを側面から被験者に見せた。円筒が左回転するときはドットも左に動くが、少し時間がたつと、ドットは引き返してきて、右向きに動きはじめたように見えた。ただ、すべての被験者にそれが見えたわけではない。数秒後にその現象を見たという被験者もいれば、数分かかった被験者もいた。急に逆回転が始まるときの回転速度に、予測可能な規則性があるわけでもなかった。それでもともかく、その現象が見られた。錯視が起きたのだ。

原因は？　パーヴスたちは、実験室でワゴンホイール効果と同じような錯視が起きたということは、人の視覚系が映画のカメラのように時間を区切って知覚することの証拠だと主張した。あの錯視は、人の知覚のフレーム速度と円筒の回転速度の不一致によって生じるという考え方だ。明滅しない光のもとで錯視が起きることから、「人が普段から、連続的な視覚エピソードを映画と同じようなやり方で処理しながら、動きを見ていることがうかがえる」と書いた。ほかにも数名の科学者が、あの研究は人が、知覚可能な個別の瞬間の連続として世界を処理していることの証拠だと述べている。

イーグルマンは懐疑的だった。もし人が本当に、映画のコマ割りのように個々の瞬間を知覚するのなら、実験結果はもっと予測可能で規則的なものになるはずだ。たとえば、あの錯視による逆回転が必ず起きるような、ホイールの回転速度があるはずだ。イーグルマンは反証として、「私の15ドル実験」と呼ぶ実験を試してみた。まず古道具店で鏡と古いレコードプレーヤーを買った。それから、もとの実験を再現するように、小さな円筒の周囲にドットを描き入れ、レコードプレーヤーのターンテーブルに載せた。そして、この珍妙な装置を鏡の前に置いた。そうすることでイーグルマンの被験者には、右回りに回転する本物の円筒と、左回りに回転するその鏡像の両方が見える。もし脳が映画のカメラのように、不連続なスナップショットを知覚するなら、本物の円筒と鏡の中の円筒は、どちらも同時に逆方向に回るはずだ。

しかし、そんなことは起きなかった。どちらの円筒でも逆戻りが見られたが、同時ではなかった。イーグルマンは、この錯視にはいかなる種類の知覚フレーム速度も関与していないし、人による時間知覚のあり方にもまったく関係ない、と結論づけた。そうではなく、この現象は滝の錯視、つまり運動残効と関係があって、闘争と呼ばれる現象が関与しているとした。ドットが描かれた円筒が左から右へ回転するところを見ていると、右向きの運動を検知する多数のニューロンが刺激される。しかし、運動を検出する仕組みには不確かさがあって、少数の左向き運動検知ニューロンも刺激される。その結果は選挙にたとえればわかりやすいだろう。たいていの場合は多数派が勝つので、円筒の動きは正しく知覚されるが、統計的には、少数派の知覚が勝つチャンスもごくわずかだけある。そして、ごくまれにそれが起き、逆回転の錯視が起きるのだ。「競合するニューロン集団があって、時たまですが、少数派が勝利を収めることがあるのです」とイーグルマンは言った。

映画カメラのメタファーは、神経科学の領域では徐々に存在感を失いつつも、まだ残っている。あなたが見ている画面に、同じ画像（たとえば、靴の写真）が次々と表示されるとしよう。すべての画像は同じ長さだけ表示されるのに、1枚目は常にその後の画像より長かったように感じられる。比較研究によれば、15％も長いということだ。これはカメオ効果、あるいはデビュー効果と言われることがある（これほどはっきりではないにしろ、似たような効果はビープ音などの可聴音や触覚刺激によっても起きる）。同じように、同一画像が連続する中に新たな画像が入ると（たとえば、靴の画像が連続しているところにボートの画像が現れる）、やはりそれは、ほかの画像と同じ長さであっても、ほかより長く感じられる。科学者たちはこれを「オドボール効果」と呼んでいる（訳注：オドボールは新奇性、変わり者、仲間外れといった意味）。

その標準的な説明では、人の脳のどこかに、短い時間スケールにわたって作動する時計のようなものがあって、それが絶え間なく、時間の刻みのパルスを発生させていて、そのパルスがどこかで集められ、蓄積されるというモデル「ペースメーカー・アキュムレーター・モデル」が持ち出される。今、オドボールとなる画像が現れたとしよう。それは目新しいので、あなたの注意を引く。そしてあなたがその変わり者についてのデータを処理する速度が高まり、あなたの内部時計は、あなたがそれを見ている間はわずかに速く時を刻むようになる。すると、あなたの脳に相対的に多くのパルスが集まるので、あなたはその画像の表示時間を長く感じるというわけだ。映画を観ているときに斬新なシーンが現れると、フレーム速度が一瞬遅くなって瞬間が引き延ばされたように感じるのと同じことだ。ある科学者は、こうした「オドボール効果」の経験を「主観的な時間の引き延ばし」と呼んだ。

しかし、イーグルマンはこの説明に納得していない。今、あなたが映画の追跡シーンを観ているとしよう。パトカーが駆け抜けていく。もしあなたがその場面をスローで再生させたら、音と映像の両方が遅くなり、サイレンの音はピッチが下がって聞こえるだろう。しかし現実世界では、持続時間にゆがみが生じたとしても、二つ以上の感覚が一緒に影響を受けることはない。

「時間は一つではない」とイーグルマンは言った。脳の中の時間は一つに統合された現象ではないということだ。では何がオドボール効果の原因なのだろう？ 彼は、注意ではないだろうと考えている。なぜかと言えば、まず注意は遅いからだ。あなたが急に何かに「注意を払う」とすると、そのターゲットに注意力のリソースを集中させるには、少なくとも120ミリ秒（10分の1秒より長い時間）かかる。なのに、画像がそれよりもっと速い速度で切り替わった場合でもオドボール効果は経験されるのだ。さらに、もし注意が時間を引き延ばすのであれば、より強く注意を引く画像ほど、はっきりしたオドボール効果を示すはずだ。しかし、イーグルマンが独自に作った「恐怖のオドボール」（クモ、サメ、ヘビなどの画像。それぞれの画像がどのような感情に訴えるかの特徴でランクづけされている国際的画像データベースから選んできた）を使って実験したところ、通常のオドボールの場合より時間が遅くなりはしなかった。

おそらく標準的な説明はすべてを逆に捉えているのだろう、とイーグルマンは考えた。デビュー効果やオドボール効果の画像が「通常より少し長く続く」と感じられるわけではない。それらの持続時間は通常とまったく同じだ。むしろ、その後の画像（脳にはすでにおなじみになっている）の持続時間が少しだけ「通常」より短くなるので、デビュー効果の画像やオドボールの画像が相対的に長く感じられるのだ。変わり者が時間を引き延ばすわけではない。おなじみさんが時間を縮めているのだ。脳の生理学の研究では、これと似たような作用が示されている。脳波計やポジトロン断層撮影法（positron emission tomography：ＰＥＴ）など、ニューロンの活動を観測するさまざまな手段を使いながら、被験者に反復刺激やありふれた刺激の連なりを見せる（あるいは聞かせる、感じさせる）と、時間がたつにつれ、関連するニューロンの発火速度は落ちていくが、被験者自身の意識的経験には何の変化もないことが明らかにされている。それはまるで、同じ画像を連続的に見るうちに、ニューロンがその処理を効率良くできるようになったかのようだ。これは反復抑制という現象で、脳がエネルギーを温存するための一つのやり方なのかもしれないし、反復されるありふれた事象に対しては、観測者が反応にかける時間を短縮できる様式なのかもしれない。ニューロンは実は効率化をはかりながら楽をしているが、そのことは人の意識にほとんどのぼっていないのだ。

これでデビュー効果やオドボール効果が説明できるかもしれない。標準的な説明では、オドボールの画像の方が注意を引いて、余計なエネルギーが必要になるので、オドボールの持続時間が延長して感じられるという。しかし、もし反復抑制で説明できるなら、その反対が起きていることになる。連続画像の方の持続時間が縮むので、オドボールは相対的に長く感じられ、注意はあとからついてくる。つまり、注意が時間をひずませるわけではなく、時間があなたの注意を引こうとしてひずんでいる。そして、それが新たな合図として意識にのぼるのだ。人は注意のことを、意識を持つ自己の表出であると考えている――「私はこれを今から見るのだ」と自ら意識して注意を向けるかのように。しかし注意は、促されて起きる付け足しの反応のこともある。スタジオ観覧者を前にしたライブショー風のテレビ番組では、よく笑い声の効果音が入る。あれに誘われて笑うようなものだ。

時間的錯覚の少なくとも一部は、脳が実際の持続時間についての記録を保っているから起きるものと一般的には考えられている。脳のどこかに「現実」の時間のペースを追尾している時計があって、私たちの経験がその時間からずれたときに知らせてくれる、という考え方だ。しかし今では多くの科学者たちが、本当にそうだろうか、と思いはじめている。「脳は物理的な時間を符号化しません。主観的な時間だけです」と、ある有名な心理学者が私に言った。この考え方は、少なくともウィリアム・ジェイムズまでさかのぼる。ジェイムズは、人は現実の持続時間を知り得ない、ただ持続時間に関する自己の知覚を知り得るだけだ、と主張した。オドボール効果の新しい説明は、この主張を補強するように思える。オドボールの画像は普通の画像より長く見えるわけではない。それはあとに続く画像より長いように感じられるだけだ。人は持続時間の推定を単独でできるわけではなく、別の刺激の持続時間と比較することでのみ可能なのだ。
「われわれには、持続時間をそのままの形で理解する感覚がないのかもしれない」とイーグルマンは言った。人が持っている「持続時間の時計」は、ほかのあらゆる時計と同じように、別の時計との関係においてのみ意味を持つ。「人には時間の延長と短縮の違いがいつでもわかるわけではなく、相対的にみて『どっちが長いと感じる?』と問うことしかできない。どちらが『普通』なのかは、私たちにはうかがい知れないのです」

イーグルマンはその概念を研究するために、機能的磁気共鳴画像（functional MRI：ｆＭＲＩ）の実験を始めていた。そこで私もボランティアとして参加することにした。ｆＭＲＩは、被験者の脳血流と酸素供給の変化を計測する画像検査技術だ。イーグルマンの実験では、被験者に安静にして横になってもらい、そのままの姿勢で知的タスクに取り組ませる。その間にｆＭＲＩを測定することで、そのタスクに関係する脳の領域の概要が明らかになる仕組みだ。今回の実験で被験者が取り組むのは、基本的なオドボールテストだ。私は五つの単語か文字、記号などが、「1……2……3……4……1月」のように続けて表示されるのを見せられたあとで、オドボールが現れたかどうかを尋ねられる。そして、このオドボールの表示自体がニューロンの活動を上昇させるのか低下させるのかがｆＭＲＩで検出される。たぶん私はｆＭＲＩの機械の中で、持続時間のひずみを経験するだろう。しかし、私自身にそのことを尋ねはしない、とイーグルマンは言った。重要なのは私のニューロンの反応であって、私の意識の反応ではないのだ。

ｆＭＲＩ測定室は廊下の奥にあった。機械を操作する技師の女性がコンピューター画面を見ていた。そしてそのすぐ後ろに横長の窓があって、機械のある部屋が見えるようになっていた。私はポケットに入っている金属製の物を全部出すように言われ、ペンと少しの小銭、そして義父からもらった腕時計を差し出した。実験は45分ほどかかる予定だ。その間、私は狭い空間でじっとしていることになる。この実験ではどういう精神的エネルギーが求められるのか、などと考えていると、私は不意に別のことに気がついた。実験中は書いて記録するわけにはいかないのだから、これから起きることをできるだけ多く記憶しておかなければならないのだ。

私は技師に、ｆＭＲＩを受けるのは初めてだという話をした。

「閉所恐怖症ですか？」と技師は言った。

「わかりません」と私は言った。「これからわかりますね」

機械には丸い開口部があって、そこから長い金属製の台がのびている。私はその上に横たわった。技師は私にヘッドホンと、右手で使うリモコンスイッチを渡し、野球のキャッチャーがつけるみたいな半円形のマスクを私の顔の上に配置した。そして保温用のシートを私の体にかけ、部屋を出ていった。彼女がボタンを押すと、私は頭からするすると円筒形の機械に入った。

機械の中は狭く、体がどうにか収まるくらいだった。機械を駆動させる磁石から一定のパルスが発せられ、私の周囲を飛び交って体を通り抜けていくのを感じた。不意に、まるで胎内にいるみたいだという考えが浮かび、頭を離れなくなった。キャッチャーマスクは私の目の上、7〜8センチのところにあって、その内側に小さな鏡が付いていた。鏡は斜めになっていて、身動きしないまま潜望鏡をのぞくようにして、自分の頭のてっぺんから機械の一番奥の方までを見渡すことができた。トンネルの一番奥のところに、真っ白に光っているコンピューター画面があった。そうしているうちに方向感覚がなくなり、頭の中を奇妙な言葉が飛び交った。私は頭を下にして立って、遠くの地面を見ているような、小さなのぞき窓から外を凝視しているような気がした。耳には、古い映写機がたてるような、がたがた、ばたばたという感じの機械音だけが聞こえていた。私は少しの間、サイレント映画か、それとも自分の昔のホームビデオでも観ているかのように感じていた。

そうしていると、何かまずいことが起きた。実験を処理するソフトウェアのプログラムがクラッシュしたのだ。さっきまで見ていた白いスクリーンは、今や青いデスクトップ画面になり、プログラミングコードの文字で埋め尽くされている。ヘッドホンから、すぐに終わりますからと、安心させようとする大学院生の落ち着いた声が聞こえてきた。カーソルがスクリーン上を飛び回り、文字と記号からなる理解不能な言語をタイプしていく。突然、私は自分の頭の中のプログラミング回路をのぞいているような、わくわくすると同時にぞっとする、ひどく生々しい感覚にとらわれた。私は『2001年宇宙の旅』のHALだ。人間が私を修理しようとするのを見ている。あるいは私におかしいところは何もなく、そこには大学院生もいない。私は単に自分の置かれた状況を思案していただけなのに、不意に何かの問題が起きて、内省装置を覆っていた幕を上げてしまったのかもしれない。

スクリーンはまた白に戻り、ようやく実験が始まった。単語や画像が一つ、また一つと現れた。「ベッド……ソファー……テーブル……椅子……月曜日」「2月……3月……4月……5月……6月」などと続く。一つのシリーズが終わるたびに、質問の文字がスクリーンに現れた。「オドボールはありましたか?」　私の仕事はリモコンのボタンを押すことだ。左のボタンは

「イエス」、右は「ノー」。それによって、全体のカテゴリーに合わないものを目にしたかどうかを答えていく。その手順が何度も何度も繰り返された。五つの単語や画像は素早く続いて現れ、最後にやや長い休止があってから質問が表示された。その間、スクリーンは白になった。質問が現れるまでは、イエス・ノーのボタンを押さないように指示されていた。待っている間、私は自分がうつろになる感じがした。空白が私の記憶を覆い、過去にしがみついている私をひきはがそうとした。それで私は、質問が現れるまでの間、ほんの少し前に目にした単語や画像を思い出そうと努力した。オドボールは……ええっと……ところでオドボールって何の意味だっけ……。

私はいつの間にか寝ていた。表示の連続が終わり、白い休止画面になると、すぐに私は正しい方のボタンに指を置いた。イエスかノーかを選ぶそのときになって、どちらにするべきだったか思い出せないといけないからだ。画像は1枚1枚が不気味に大きく、いつまでもそこにあるように感じられ、それから消え去った。おそらく私は「今」に没頭しているが、思考のか細い流れが未来に進んだりあと戻りしたりしていた。少し空腹を感じる。頭のヘッドホンが痛くなってきた。足がしびれている。あと何問くらいあるのだろう？　私は眠りに落ち、また目覚めた。これは死後の世界？　私は何かを出産しているのかもしれない。それとも何かが私を産み出しているのか。それは概念か、符号か、言葉か……。

ようやく私は金属のトンネルから引き出される。自分がちゃんと服を着て、ヒューストンの実験室にいることをしっかり思い出す。技師の女性がシートを取り去り、私の顔を覆っていたマスクをはずした。部屋を出るとき、その人は私にCDを渡してくれた。私の頭の中を撮影した奇妙な白黒画像が100枚ほど入っている。これがあなたの脳の分割画像です。2~3カ月のうちにイーグルマンが数十人のfMRIを撮影してデータを解析すれば、結果から何かがわかるだろう。今、私は採集されたデータポイントの集まりの一つなのだ。

「おめでとうございます」と技師の女性が明るい声で言う。「これであなたも私たちファミリーの一員です!」


もしも時間が色のようなものにすぎないとしたら、どうだろう?

イーグルマンは、少なくともミリ秒スケールでの時間の知覚は、符号化効率の問題ではないかと考えるようになっていた。ある刺激がどのくらい続いたかの評価は、ニューロンがその処理に費やしたエネルギーの量に直接相関する。つまり、脳が何かを表すのに必要なエネルギーが多いほど、その事象は長く続いたように感じられる、という考えだ。

オドボールが一連の証拠になる。あなたが同じ画像を何枚も続けて見ているとき、あなたのニューロンの反応の振幅は減衰する。同じ画像が何度も再現されるたびに、消費されるエネルギーは少なくなる。そして、それらの画像の持続時間は徐々に短く感知される――しかし、あなたはオドボールの画像が現れて、それが相対的に長く続いたように感じるまでは、そのことに気づかない。イーグルマンはさらなる証拠を探すため、そのテーマに関する学術論文を集められるだけ集め、1秒以下の持続時間が関係する70件ほどの研究を入手した。それらはすべて、彼の仮説を補強するように思われた。

コンピューターの画面に一つのドットが瞬間的に現れるとしよう。あなたはその持続時間を判定するように求められる。ドットが明るければ明るいほど、その持続時間が長かったように感じられるだろう。それと同じように、大きいドットほど小さいドットより長かったと思う。動いているドットは、じっとしているドットより長く感じる。動きが速いドットほど、遅いドットより長く感じ、素早く点滅するドットは、ゆっくり点滅するドットより長い感じがする。全般的に、強い刺激ほど持続時間が長いと感じられるのだ。同じように、大きい数字は小さい数字よりも長かったように知覚される。たとえば、数字の「8」や「9」を0・5秒くらい見せられたら、同じ大きさ、同じ持続時間で見せられた「2」や「3」などの小さな数字より長く感じられる。脳の画像検査を応用した研究も、これと類似の結果を示していた。大きい物体ほど、観察者のニューロンに引き起こす反応は、小さい物体の場合より大きくなる。明るいものほど大きなニューロン反応を引き起こす。動いたり、点滅したり、大きく揺れたりする物体ほど、ニューロンの反応は大きくなるのだ。時間――持続時間――は、脳が、そのタスクのために費やすエネルギー量を表しているかのようだ。

その意味で、持続時間は色と同じようなものかもしれない、とイーグルマンは言った。色は、この世界に物理的にあるわけではない。私たちの視覚系が特定の電磁波の波長（それも、とても狭い範囲だけ）を検出して、赤やオレンジ、黄色などと解釈しているにすぎない。「赤さ」は赤いリンゴが持っている性質ではなく、人の心の中で、その物体から放射されるエネルギーの解釈として生じている。もしかすると持続時間もこれと同じかもしれない。「われわれは実験室で、何かの持続時間を長く感じさせたり短く感じさせたりすることができる。それは、時間を『実質的なもの』としてとらえる感覚がないから、そしてその感覚を、脳がただ受動的に記録しているわけではないからだ」。時間には色と同程度の実在性しかないと言うと、「まったくクレイジーに聞こえるだろう」とイーグルマンは認めた。「誰かがそれを聞いたら、きっと、『それなら、私の自己意識がたどってきたこの道のりは何なの？　私の人生の物語って何？』などと言うでしょうね」

永遠にも感じられる「今」について

ある日の午後、私はイーグルマンの車に同乗して、ダラスのゼログラビティ・スリル・アミューズメントパークに向かった。

フリーフォール実験は、すでにイーグルマンのトレードマークのようになっている。そのアイデアは単純明快だ。時間がゆっくりに感じられるほど恐ろしい状況（この場合は、管理されたアトラクションとしての急降下）を被験者に体験させて、「時間が遅くなる」ということは本当はどういうことなのかをイーグルマンが計測しようというのだ。それは彼の子供時代のアクシデントの再現だが、同時に映像のメタファーを確かめることでもある。時間がゆっくりになったとき、その知覚はどのように引き延ばされるのかを検証するのだ。この時までに私は、時間が止まる経験をした人の話を無数に読んだり聞いたりしていた。私の母親からも聞いた。ある日、母が車で高速道路を走っていると、目の前のトラックから冷蔵庫が落ちてきた。どうにかよけられたが、そのときはスローモーションのようだったというのだ。しかし私自身はその手の経験をしたことがなかった。ゼログラビティのフリーフォールは税別32ドル99セントで、見たところ安全かつ簡単に、とてつもなくサイケデリックな経験ができるという。私は、やってみることにした。

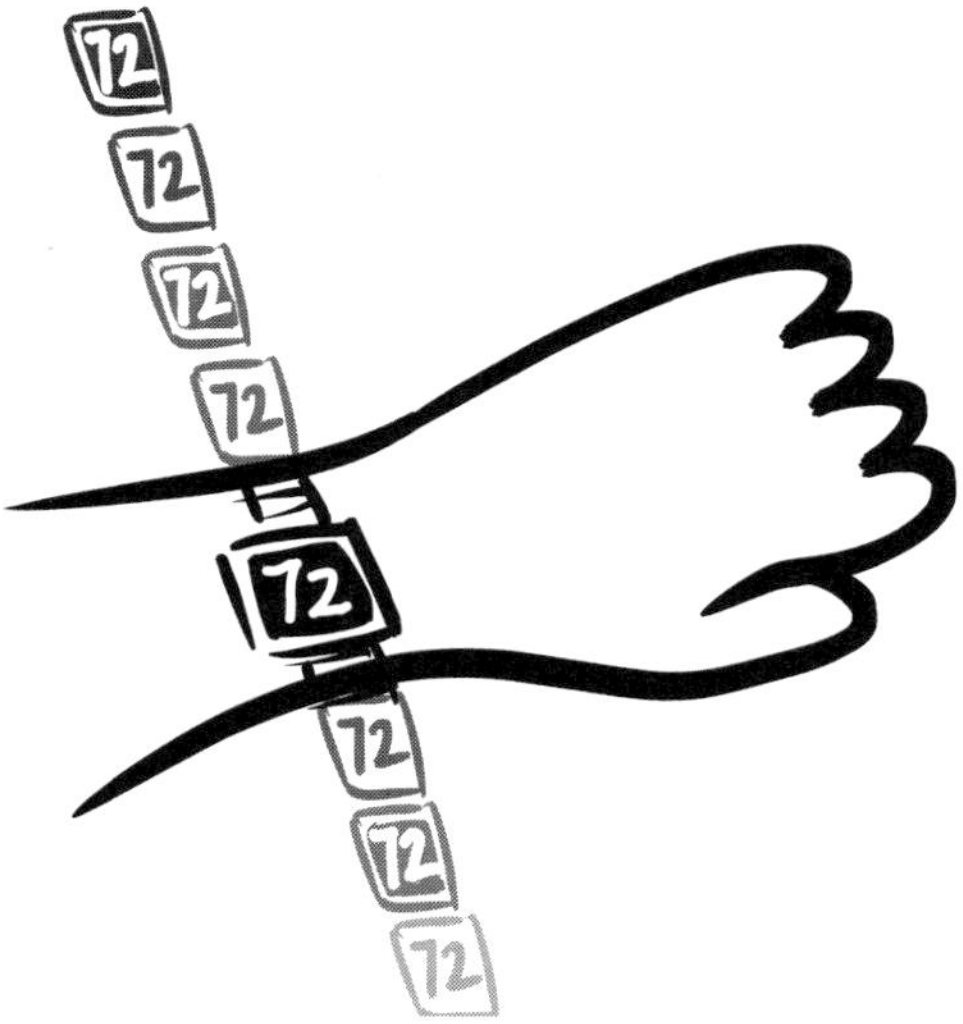

知覚クロノメーター

実験の鍵になるのは、イーグルマンが考案した腕時計のような装置だ。彼はそれを「知覚クロノメーター」と呼んだ。大きなデジタル式の表示盤がついているが、そこには時刻ではなく、一つの数字の画像と、それを白黒反転させた画像が素早く連続して表示される。

画像が変わる速度が比較的遅いうちは、観察者は数字を判読できるが、変化が速くなり、ある閾値を超えると、画像が重なって互いに打ち消しあってしまうので、観察者には画面に何も表示されていないように見える。その閾値は観察者ごとにさまざまだ。イーグルマンはフリーフォール実験の前に被験者ごとの閾値を測定し、「知覚クロノメーター」の変化速度を数ミリ秒だけ、それより速く設定する。私はその装置をつけて、落ちながらそれを見るのだ。もし本当に時間が遅くなるなら、単位時間あたりに多くの画像を知覚できるはずなので、表示された数字を正しく報告することができるだろう。

ゼログラビティ・スリル・アミューズメントパークはダラスから数キロほど郊外にあった。私はシックス・フラッグスのような、広くて人がいっぱいの遊園地を想像していた。ところが、そこにはチケット売り場の小さな白い建物がぽつんとあって、その先に五つの絶叫マシンが見えているだけだった。一番大きいのが「ナッシンバット・ネット」だ。約60メートルの高さの鉄骨タワーのてっぺんに小さな四角いプラットフォームがあって、40メートル下には、2枚のネットがタワーの4本足につないで張ってある。金曜日の午後だったせいか、私たちのほかには二人の客しかいなかった。その二人連れの若者は明らかに一卵性双生児で、短く刈り込んだ髪型をして、明るく笑っていた。一人は明日結婚するのだという。

「一つだけいいですか。これは完璧に安全ですから」とイーグルマンは言った。私はどういうわけか、それまで安全性の問題を真剣に考えたことがなかった。「こういうものについてのあらゆる統計を調べましたが、事故は1件も起きていません」

私たちはピクニックテーブルをはさんで座り、さっきの双子が準備するのを見ていた。二人はハーネスをつけてプラットフォームに立った。そばにはTシャツを着た筋肉質な係員がいる。プラットフォームの中央には四角い穴があいている。係員が双子の一人の体の前方にケーブルを取り付け、背中を地面に向けた姿勢で穴の上に吊り下げて、慎重に位置を調整している。それから彼を少しずつ下ろして穴を通過させ、プラットフォームのすぐ下の位置で止めた。それから彼は落下した。小さな石ころのように急降下してネットに飛び込むと、ネットは衝撃で大きくうねった。数分後、双子のもう一人の方が落下した。イーグルマンは私に、彼らが落ちるのにどのくらいの時間がかかったと思う？　と聞いてから、数字を書き留めていた。2・8秒と2・4秒だった。双子の兄弟は終わってから私たちの方へぶらぶら歩いてきた。二人とも目を大きく見開いていた。「落ちる時間は思ったより長いですよ」と一人が言った。

いよいよ私の番だ。双子を降ろすために、ネットは地面の高さまで下降していた。それから、プラットフォームがエレベーターのように降りてきた。私は乗り込んだ。私は係員の手を借りながら、全身用のハーネスを装着した。それは驚くほど重かった。落ちながら決してひっくり返らないように、慎重に重さが計算されているのだと彼は言った。私はネットに体をあずけるように背中から飛び込むのだ。ネットの準備ができる前に私が誤って落ちないように、係員は私のハーネスを手すりにつないだ。それからプラットフォームががたがた揺れながら上昇しはじめた。頂上近くになったとき、プラットフォームを吊り上げているケーブルがきしむような音をたてはじめ、私たちはそよ風に少し揺れた。私は急に、自分は高いところがとても怖いのだということを思い出した。プラットフォームの真ん中の穴から下を見ることだけはできなかったが、上の方や周りは見渡せた。何百メートルか離れたところに採石場があって、ブルドーザーなどの重機が何台か、もうもうと灰色の土煙りを上げているのが見えた。別の方角に目をやると、道路の向こうでゴーカートのコースが建設中だった。そのさらに向こうに高速道路が走っていた。

プラットフォームが停止した。係員は私を手すりにつないでいた金具をはずし、頭上から伸びているケーブルを私のハーネスの前面に取り付けた。彼の動きは素早く、冷静で、まるで絞首刑執行人のようだった。彼は私に、手すりから手を離しましょうと言った。それで私は、自分の手が手すりを固く握りしめていることに気づいた。手を離すのに少し時間がかかった。係員は私に説明を始めた。まず穴の方に背中を向けて立つ。それから穴に向かって背中から倒れていき、ケーブルに体重を預けてピンと張るようにする。そこが微風で揺れる高さ60メートルの場所でなかったら、私はタイヤのブランコに乗った子供みたいな気分だっただろう。

彼は私を穴の上に配置して、ゆっくりと穴の下まで降ろしていった。それから何か最後の調節をした。私はぶらさがったまま上を見ていた。金属でできた私のへその緒みたいなものが見える。それをつかんでいる私の両手、そして空――。たぶん地面がもう見えなかったせいだと思うが、恐怖は少し和らいでいた。重力が引っ張る力は強く、ほとんど磁石のようで、奇妙な安心感があった。

ケーブルから手を離していただかないと、と係員が言った。私はあらゆる本能に抗って、手を離した。左手でこぶしを握り、それを右手でしっかりつかんだ。そうしていれば、私は落ちながら、左手首につけているイーグルマンの装置を正面から見られるだろう。その小さな画面に視線を固定した。そこには何かの数字が「ポジ、ネガ、ポジ、ネガ……」と変わりながら表示されると言われていた――変化が速すぎて私には読み取れなかったが――それが地上に戻るまで続くのだ。


そして今、私は落ちている。

ハーネスの金具がケーブルから解放されたとき、金属音がしたことを覚えている。ただ、その音はあとになって聞こえてきた。まず間髪入れずに感じたのは、ぐいっと誰かが力ずくで引っ張ったかのように、下方向へ引かれたことだ。錨か何か、ずっしり重たい物にくくりつけられて船から放り出されでもしたみたいだった。その重たいものは自分なのだと、すぐに悟った。私は沈みゆく錨だ。

そのあとで、ハーネスのカチリという音がようやく私の耳に届く。私は解き放たれたのだ。下方向への加速を受けて、胃がぎゅーっとこわばる。それが激しさを増して、めまいがするほどだ。その状態がいつまでも止まらず、むしろひどくなって、内側から私を握りつぶすのではないかと怖くなる。「時間は、一種の延長であることがわかります」とアウグスティヌスは書いた。「だがもし精神そのものの延長でないとしたら不思議です」。私には何も考えられない。のびきった、ただの重りだ。

私自身の「現在」の定義は科学的なものではない。「自分は今、『現在』のことを考えている」と実感できるくらいの長さの時間のことだ。そういう時間に、人はもう次の瞬間に進んでいる。私は落ちながら、感覚が積み重なっていくのを感じる――ハーネスを解放するときのカチリという音、自分の体の不気味な重さ――自分の意識がそれらの感覚をつなぎ留めながら、状況をとらえる言葉や言い回しをまとめ上げている。そうしているうちに一つの思考がわいてくる。まだはっきりしない、その考えは……「これはいつまで続くのだ？」だった。すると突然の衝撃をもってそれは終わる。私はネットに打ち当たり、深く沈む。それから地面に降ろされる。

ヒューストンへの帰り道、私は少し元気がなかった。ネットは想像していたほど柔らかいものではなく、そこに落ちた時の衝撃で首を痛めた。頭が痛くて喉が渇いていた。正直に言えば、私はへこんでいた。何年か前に私はスカイダイビングをしたことがある。私たちが乗り込んだとても小さな飛行機は、空に浮かぶモーターボートのように、パタパタ音をたてながら高度4200メートルまで上昇した。あの時の純粋に怖かった気持ちを今もあざやかに思い出す。そして飛行機の扉から何もない空中に思い切って飛び出したこと、落ちていくのが楽しかったこと。最後の方は落ちる速度がゆっくりになって、降下している感じがまったくしなかった。どういうわけか私は、ダラスでも同じような経験をするものだと想像していた。周りのことを感じたり、空が後退していくのを眺めたりするチャンスが少しはあるだろうと思ったのだ。ところが終わってみると、覚えていることはあまりに少なかった。

事前にイーグルマンからは、落ちながらクロノメーターから目を離さないようにして、画面の数字を読み取るように言われていた。今、彼がそのことを尋ねた。

「さあ、それで、数字は見ました？」

見なかった。太陽がまぶしくて画面が見えなくなったのか、腕の角度がおかしくなったのかもしれない。イーグルマンはそれまでに23人のボランティアを集めて実験をすませていた——それは実験のサンプル数としてはとても少ない数だ（そのことを彼は躊躇なく認めた）。被験者たちの報告によると、他人が落ちるのを見ていたときより、自分が落ちるときの時間の方が平均すると36％長く感じていた。それでも手首の装置の数字を読むことができた被験者は皆無だった。

「被験者はスローモーションで見ることはできなかった。もし視覚がビデオカメラのようなものなら、それができるはずですが」と彼は言った。「時間の経過を35%遅くできるなら、つまりビデオカメラを35%ゆっくり回せるなら、あの装置の表示速度でも簡単に数字が読み取れるでしょう。人は時間をひずませることはできても、『時間』そのものがゆっくりになるわけではないということです」

それならどうして、私自身の落下は、私が見た別の人の落下より長く感じられたのだろう？私はアドレナリンが関係しているのではないかと考えたが、イーグルマンによると、アドレナリンはそれほど速くは作用しないそうだ。まず内分泌系が変化を感知して、いくつかのホルモンを分泌し、それらが副腎からのアドレナリンなどのホルモン分泌を刺激する、という段階的なプロセスだからだ。もう少し可能性が高いのは、脳にある扁桃体という領域だ。クルミくらいの大きさのそれは、記憶（とくに情動が関係する記憶）をとどめることに関与していて、目と耳からのニューロンが直接つながっている。扁桃体は届いた情報を、脳と全身に向けたメッセージとして発信する機能を持っている。とくに、緊急に注意を高める必要があるときに、扁桃体は入ってきたシグナルを増幅しながら送り出すメガフォンのような役目を果たしている。その反応は視覚皮質などの高次の脳領域より迅速で、0・1秒以内に起きる。たとえば、あなたがヘビを見たとき（あるいは、形がヘビに似ているだけのものを見た場合にも）、扁桃体が警告を発することで、あなたはそれが何かを理解するより先に飛び上がることができる。さらに扁桃体は脳のあらゆる部位とつながっているので、補助的な記憶系としての機能も持っていて、特別に豊かな記憶を整える役割も担っている。

フリーフォールの間、人の体は「完全なパニックモードになっていて、進化論的な直観にことごとく反するようなことが起きます」とイーグルマンは言った。「扁桃体が絶叫しています」。束の間のことであっても、その出来事についてのいろいろな感覚が扁桃体を通過することで、別の印象が加わった形で記憶の中に押しとどめられる。ビデオを標準の解像度ではなく高解像度（ハイレゾ）で記録するようなものだ。地面に降り立ってから落下のことを回想すると、記憶にいろいろな情報が付加されているので、落ちる時間が実際より長かったような印象になるのだ。そうした持続時間のひずみが「使えるもの」かどうか――つまり、実際に人がいつもより速く、あるいは賢く、反応できるようになるのかどうか――は何とも言い難い。「実験に取り入れたり除外したりできない要素が、非常に多いので」とイーグルマンは言った。「それでも、少なくとも『ビデオカメラのように、感覚世界全体がスローダウンする』ということはないと言えます。現時点で、そうしたことが起きるという証拠は何もないのだから」

赤ん坊に「今」はあるのか

アダムは生後10カ月。大きな茶色い目をした元気な子だ。アダムは今、ある心理学研究室の薄暗い小さな防音室で、背の高い椅子に機嫌よく座っている。目の前のテーブルにはコンピュータのモニターが2台並んでいて、アダムはこっちを見たり、あっちを見たりしている。それぞれにビデオが流れている。映っているのはどちらも女性の顔で、アダムの方をまっすぐに見て、ゆっくり話している。両方とも同じ女性が、同じように微笑んでいる映像だが、音声はついていない。唇が動いているだけだ。

アダムは時々、安心を求めるように母親の方を見る。母親はアダムのそばに黙って座っている。二つのモニターの間には小さなカメラが置かれていて、アダムに焦点を合わせている。この部屋のすぐ外にある別のモニターに、彼の顔の映像をライブで送っているのだ。そしてその映像を、研究室の助手二人と私が見ている。

アダムはそわそわあたりを見回したり、関心を示したかと思えば警戒したり、退屈したり、また好奇心をみせたりと、数秒ごとに表情を変える。私たちが見ているモニターの背後にはマジックミラーがあって、座っているアダムの姿が直接見える。部屋全体の作りがビックリハウスのようになっていて、私たちは二つのモニター上の顔を見つめるアダムの姿をマジックミラー越しに見ながら、同時にこちらのモニターに大写しになっている彼の顔も見ている。アダムはたまにカメラをじっと見ることがある。私は彼に見られているような、あるいは彼が自分が見られていることを知っているような、不思議な感覚に一瞬とらわれる。アダムはまたすぐ目の前の二つの顔に目を走らせ、のぞき込んだり、指差したり、眉を上げたりする。薄明かりの中、5点式ハーネスを付けて座ったアダムは、パイロットか宇宙飛行士が前方の空間を凝視しているかのようだ。

ここはノースイースタン大学の発達心理学者、デイヴィッド・ルーコウィッツの研究室だ。ルーコウィッツは人が誕生の瞬間から(あるいはそれ以前から)、流入してくる感覚情報をどのように整理し理解しながら知性を発達させるかを、30年にわたって研究し続けている。

脳はばらばらに届く断片的なデータをどのようにしてたどりながら、どのようなやり方でそれらを統合し、一つの経験として人に知らせるのだろう? 脳は、どの特性や事象が時間的に一つのものであるかを、どうやって知るのだろう? 人のこのような能力の高さと鋭敏さが、アダムの目の前で流れる二つのビデオから明らかになる。音声がついていなくても、大人の目で見れば、両方のビデオの女性がそれぞれ違う何かを言っていることがすぐわかる。二つの画面上の唇の動きが同じではないからだ。2〜3分すると音声が入り、女性の声が聞こえてくる。「起きてちょうだ〜い」と彼女は歌うように、ゆっくり抑揚をつけて言っている。「さあ起きて。今日は朝ごはんにオートミールを食べるのよ〜。それからおうちで遊びましょ……」。この言葉は左側のモニターの顔とぴったり合っている。私にはこの音と映像が一つのものだと直観的にわかる。音と唇の動きの同時性が瞬時にわかるので、私の注意はたちまち彼女のおしゃべりに引き込まれる。

しかし、もう一方の顔は、その場にそぐわない感じだ。ところがたまに別の言葉が聞こえてくる。「今日は家の修理をするから手伝ってくれる?」。そして私は、すぐにそれが右側の画面の声だとわかる。このほかに、明るく微笑む別の女性の顔を使って、聞こえてくる声はスペイン語というバージョンのテストもある。大人は同時性を見つける能力がとても高いので、私にはその言語が理解できなくても、唇を動かしている二つの顔のどちらがその言葉を言っているのかがわかる。

赤ん坊にも、これと同じ能力があるだろうか? そうではなさそうに思える。新生児は聴力があまり良くないし、視覚的にも、30センチ以上離れた物には焦点を合わせることができない。それに、この世界での経験が乏しいからだ。ウィリアム・ジェイムズは1890年に、「赤ん坊は、目と耳と鼻と皮膚と内臓からいっぺんに強い刺激を受けながら、その全体を、ガヤガヤにぎやかな一つの大騒動として感じている」と書いた。そうかもしれない。しかしルーコウィッツは、赤ん坊が驚くほど早い時期から、混乱の中に秩序を見出すようになることを発見した。彼はこれまで数百人の赤ん坊や幼児を被験者にして、「話す顔実験」をおこなってきた。乳幼児は二つの顔の、無音で動く唇のあたりを1分くらいきょろきょろ見ている。それから音声が流れ出したとき、研究者たちは乳幼児の目がどちらか一方の顔を長く見続けるかどうかを画面上で観察する。すると赤ん坊たちは、驚くほど一貫した動きを見せる。生後4カ月もの早期から、声と一致している方の顔を長く見るのだ。その子がその顔をそれまで見たことがなく、言葉の意味はわからず、その言語のリズムにすらなじみがないとしても。

そこでルーコウィッツは新たな説として、乳幼児はきわめてシンプルな方法で、正しい組み合わせを見分けている、と主張している。それは、音の流れの始まりと終わりを、映像の動きの始まりと終わりに付き合わせる方法だ。乳幼児は、物事が時間的に同時に起きるところを認識しながら、同時性を把握している。「すぐに」はすぐに起きることで、「あとで」はあとから起きることだが、そうした言葉を知る前に、人はごく幼い段階から、「今」と「今以外」の違いがわかるのだ。そして、それを区別する能力が感覚の発達を強く促している。「目は盲目の基準に該当するほど見えていないし、聴覚はほとんど機能していない」とルーコウィッツは言った。「その状態は、ガヤガヤにぎやかな一つの大騒動なのかもしれない。それでも人は、必要最低限の、まぎれもなく根源的なメカニズムを持っていて、それが人を目覚めさせ活動させるのかもしれない。そのメカニズムが同時性だ」

1928年に、ヨーロッパの一流の物理学者や哲学者、自然科学者たちが、スイスのアルプス地方の都市、ダボスに集まった。そこで会合を開き、さまざまな意見を交換するためだ。このアルプスのリゾート都市は、少し前まで、主にサナトリウムとして知られていた。きれいな空気の中で、心と体の調子を取り戻すための保養地のような町だ。1924年に発表されたトーマス・マンの小説『The Magic Mountain（魔の山）』では、主人公のハンス・カストルプが結核患者の従兄弟を見舞うためにダボスを訪れる。カストルプは山でのゆったりしたペースに迷い込み、ポケットの懐中時計をちらちらと見ながら、時間の主観的な特性を考察する。

それはマンがハイデガーやアインシュタインといった、当代きっての思想家たちから学び取った考え方に即している。カストルプは、洞窟に閉じ込められた坑夫たちが10日後に脱出できたときに、まだ3日しかたっていないと思っていたという話について、なぜなのかと思いを巡らせる。「興味や新規性は時間の中身を霧消させたり短縮したりするのに、単調さや空虚さはその流れを感じさせない」のはなぜなのか？「1年前」のことをつい「昨日」と言ってしまうような人間をどう考えたらいいのか？そして、こんな疑問も浮かぶ。「隔絶されて閉じこもっていると、時間の外に置き去りにされるのだろうか？」

1928年までには結核とホスピス事業が下火になり、ダボスは方針転換をして、知識人たちの高級保養地を目指すことにした。ダボスでの初めての会議にはアインシュタインが招かれて議長を務め、マハトマ・ガンジーが、そしてフロイトが講演をした。スイスの心理学者、ジャン・ピアジェの講演もあった。

当時31歳のピアジェは、子供がいかにして世界を理解するようになるかを研究して、すでに名声を博していた。ピアジェは、子供の頃から自然界に旺盛な興味を持っていた。彼が初めておこなった科学的な観察は、11歳のときにアルビノのスズメを見たことだ。慎重な言い回しで、「目に見えるあらゆる兆候がアルビノを示しているスズメ」と表現した。ピアジェは動物学者としてキャリアをスタートさせ、軟体動物を研究したが、間もなく、子供の思考能力が成長とともにどのように発達するかという問題に心を奪われた。

ピアジェは、人は五感がそれぞれ遮断された状態でこの世に生まれてくるが、触れる、噛む、遊ぶなどの行為によって外界との相互作用を経験するうちに、ようやく感覚が重なり合い、相互に連携されはじめる、という説を唱えた。人は、どのインプットがどれと一緒にくるかを徐々に学び、特定の物体が何で「ある」かを豊かに身につけていく。スプーンとはこういう外観のもので、触れるとこんな感触がする、テーブルに放り投げるとこういう音がする、といった具合だ。ピアジェが示した数多くの実例は、彼が自分の子供を詳細に研究して得たものだった。ピアジェは子供らと簡単な実験をして、注意深くノートをとり、どの知覚が働きはじめたかを、ほぼ毎日のように見出していった。最近では、ピアジェの重要な洞察は当たり前のように思われている。しかし、子供は大人とは違ったふうに世界を知覚しているということ、そして子供たちの知覚は、感覚が成熟し統合されていくにつれて首尾一貫したものになるが、その過程には何年もかかるということは、ピアジェが見出したのだ。

ピアジェの講演が終わると、アインシュタインが近づいてきて、立て続けに質問をした。この物理学者が知りたがったのは、子供たちがどのようにして持続時間や速度を理解するようになるか、ということだ。速度は普通、1秒あたり何メートル、1時間あたり何キロメートル、といったふうに、時間に対する距離の関数として定義されているが、子供は最初からそういうふうに理解するのだろうか？　あるいは、子供にとっての速度という概念は、もっと素朴で直観的なものなのか？　子供は速度と時間を一緒に把握するのか、それとも順番があるのだろうか？　子供は時間を関係として理解するのか、それとも単純で直接的な直観として理解するのだろうか？

ピアジェは研究を続け、1946年にそれらの研究をベースにして、『The Child's Conception of Time（仮訳：子供の時間概念）』という書物を著した。ある実験では4～6歳の子供を被験者にして、その子たちの前に二つのトンネルを置いた。一方がもう一方より明らかに長い。それから金属の棒を使って、それぞれのトンネルに人形を入れ、トンネルのもう一方の端から同時に出てくるようにした。そして、ピアジェは子供たちと次のようなやりとりをした。

「われわれは子供に尋ねる。こっちのトンネルは、あっちのより長いかな?」

「うん、こっちは長い」

「お人形さんはトンネルの中を同じスピードで通ったかな? それともどっちかの方がスピードが速かった?」

「同じスピード」

「なぜ?」

「いっしょに出てきたから」

ピアジェは子供との実験を何度も繰り返した。ぜんまい仕掛けのカタツムリやおもちゃの列車を使ったり、子供と一緒に室内を走り回ったりもした。科学者と被験者は同時にスタートして同時に止まる。しかし、ピアジェの方が少し速く走っていたので、子供は何十センチか後ろにいた。「私たちは一緒にスタートしたかな?」「うん」「一緒に止まったかな?」「ううん、違う」「どっちが先に止まった?」「ぼく」「どっちかが先に止まったの?」「ぼくが先」「君が止まったとき、私はまだ走ってた?」「走ってなかった」「じゃあ、私が止まったとき、君はまだ走ってた?」「ううん」「じゃあ、どっちも一緒に止まったのかな?」「ううん」「私たちは同じ時間だけ走った?」「違う」「どっちが長く走った?」「おじさん」。このやりとりは典型的だ、とピアジェは気づいた。幼い子供は、二人が同時に走り出したとか、同時に止まったという同時性は把握できるかもしれないが、ピアジェとその子が異なる距離を進むと、子供は物理的な距離と持続時間を混同してしまう。時間と空間、速度と距離は、皆一つのものなのだ。

ピアジェの研究から明らかになったことがある。それは、私たち大人が時々「時間の感覚」と呼ぶものには、実は多くの側面があって、そのすべてが一度に発達してくるわけではないということだ。「時間は、空間と同じように少しずつ構築されながら、さまざまな関係性が精緻な体系にまとまっていく」とピアジェは結論づけた。その後の数十年の発達心理学によって、時間のいくつかの要素が解明されてきた。たとえば、人は持続時間やリズム、順序、時制、それに時間の一方向性などを把握しているということだ。オーバリン大学の心理学者で、子供の時間知覚についての著作がピアジェと同じくらい多くあるウィリアム・フリードマンは、ある実験で生後8カ月の赤ん坊に、クッキーが地面に落ちてこなごなになる画像を見せた。すると赤ん坊たちは、フリードマンがビデオを逆再生したときに、一層食い入るようにビデオを見ていた。このことから、赤ん坊はある種の時間の矢の感覚を持っていて、奇妙な光景を見たときは、それがわかったのではないかと推測される。
3～4歳になる頃までには、出来事の順序の感覚が定着しはじめる。ニューヨーク市立大学の心理学者、キャサリン・ネルソンは、幼い被験者たちが、「○○をすると、何が起きるか？」

といったあいまいな質問に、驚くべき正確さで答えられることを見出した。たいていの子供は、クッキーを作るには生地をオーブンに入れて、それを取り出し、それから出来上がったものを食べる、という順番があることを理解している。小さな子供にリンゴの絵を見せ、それからナイフの絵を見せると、そのあとに起きることとして、スライスされたリンゴの絵を正しく選び出す。

子供は4歳くらいまでに、よくある出来事がどのくらい続くかを相対的に把握する。漫画を見ている時間はコップの牛乳を飲む時間より長いこと、夜眠っている時間はそれよりもっと長いこと、などだ。子供に15秒続く音を聞かせたら、その子はその長さを正確に再現できる。しかし過去と未来については、まだ混乱がある。子供は3歳までには正しい時制で話すようになるのが典型的だが、「前」と「あと」の違いは4歳までは把握できない。4歳児に、7週間前に教室のみんなと「1日のうちのいつ頃」に会ったかを尋ねると、たいていの子が「朝」と答える。しかし、その季節を尋ねても正しく思い出せる子はいない。1月に5歳の男児に、クリスマスとその子の誕生日（7月）のどちらが先にくるかと尋ねたら、その子はクリスマスと答えるかもしれない。この年齢の子供の心の中には、過去の出来事が「時間の島」のように居座っていることにフリードマンは気づいた。それらは頭の中にばらばらに存在しているが、まだ互いのつながりはなく、より大きな「列島」の一部になっているわけではない。そして未来の出来事の見通しは一層不完全だ。ただし予測不可能というわけではない。フリードマンの研究では、子供は5歳になるまでには、動物が大きくはなるが小さくなることはないと理解するし、プラスチックのスプーンが重ねてあるところに強い風が吹いたら、スプーンが舞い上がりはするが、それが元通りになることはないとわかっていた。

こうした時間についての段階的な知識は、ほとんどが学習されるものだと、心理学者たちは考えている。つまり、人が成長して社会的な生活をする中で吸収するものだ。6歳の子に、典型的な学校生活で起きるいくつかの出来事を描いたカードを与えたら、その子はそれを時間的に正しい順序に並べられるし、逆の順番にすることも可能だ。一方、7歳までには、1年という時間の広がりの中での季節や休日との関係で、同様の課題に正しく答えられるが、それは前向きの順番に限る。たとえば、「今が8月とします。そこから時間をさかのぼると、バレンタインデーとイースターは、どちらが先に来るでしょう?」というように、時間を逆向きに配置する質問には、少なくとも13歳頃にならなければ簡単には答えられない。このような乖離は、その子が蓄積してきた経験を反映しているとフリードマンは考えている。子供は5歳までには、典型的な1日の出来事――起床から、朝食、昼食、おやつ、夕食、絵本の時間、そして就寝までの流れ――を数えきれないほど繰り返すが、月や休日(つまり、名前で区別がつかなくても、それぞれが十分に特別な性質を持っている日）には、まだそれほど頻繁には遭遇していない。その時系列を把握するには時間がかかるということだ。

さらに、時間のことをどのように学ぶかによって、時間に対する柔軟さが影響される。幼い子供が月や曜日を逆順に考えるのがなぜ難しいかというと、一つには、最初に覚えるときにリストを使っているからだとフリードマンは気がついた。曜日や月の名前は、たいてい続けて覚えていく。「月曜日、火曜日、水曜日、木曜日……」というふうに。アルファベットの文字を覚えるやり方と同じだ。「1月（January）と8月（August）はどちらが先にきますか？」といった質問に答えるには、単純に、覚えたリストを最初から見ていけばよい（幼い子供がその種の問題を解くときに、よく唇を動かしていることが研究でも示されている）。ただ、そういうリストは時間の並び通りに学習される。その枠組みから個々の項目を取り出して、逆順のつながりを言えるようになるまでには何年もかかり、ティーンエイジャーになってからようやく、ということもある。また、文化や言語が影響する部分もある。アメリカと中国の2年生と4年生を対象にした研究では、「11月の3カ月前は何月ですか？」といった質問に、中国の子供たちの方がはるかに簡単に答えていた。それは、英語では11月は「November」というように各月に固有の表現があるのに対して、中国語では「十一月」と、数字を使って表されるからだ。時間順序についての問題は、アメリカの子供にとっては、覚えているリストの単語を自分で処理して解かなければならないが、中国の子供にとっては算数の問題のように簡単に計算できる。

ルーコウィッツは高校の最後の年にピアジェを知った。ルーコウィッツが13歳だった1964年、彼は家族とともにポーランドを出てイタリアへ行き、さらにアメリカに移住した。ボルチモアに着いたとき、ルーコウィッツは英語をまったく話せなかった。アメリカでの最初の数年間は社会的に孤立していたことを覚えている。それでも、故郷にいた頃のように敵意を向けられることはなかった。当時のポーランドでは、ユダヤ人は歓迎されていなかったのだ。高校での最後の年、ルーコウィッツはライフガードのアルバイトをした。仕事は退屈だったが、少し離れたところから状況を見守っているのは好きだった。彼はピアジェを読んだ。そして子供の心理と行動の研究に目を開かせた。「そういうことすべてが、どこから来るのか」を理解したくなった、とルーコウィッツは話す。

ルーコウィッツは痩身で壮健だが、髪には銀髪が交じりはじめている。ごくまれに言葉に東欧系のアクセントが入る。私がルーコウィッツの実験室を訪ねていた頃、「私は研究が大好きでね！」と彼が心から言うのを何度か耳にした。

ある時、私たちは、二人の大学院生がその日におこなった実験のビデオを調べているところに立ち会った。生後8カ月の赤ん坊が目を見開いて、モニターに大写しになっていた。「われわれのデータは、まさにここにある」とルーコウィッツは熱をこめて言った。「目はあらゆるものに対するわれわれの窓だ。われわれはただ、彼らがどこを見ているかを評価するだけなのだ」。赤ん坊は話すことはできないが、視線を向ける様子に計測可能な指標が表れている。

ルーコウィッツは共通の手順に従って乳児を対象とする実験を繰り返している。まずコンピューターのモニターに何かを表示して赤ん坊に見せ、その子が興味を失って目をそらすまで繰り返す。その子の目を別の研究者が離れたところから観察して、赤ん坊が画面を見ている間はコンピューターのマウスをクリックしたままホールドし、視線が移動したらクリックを解除する。このクリックしている時間の長さが注意の指標になる。3回繰り返して、子供の注意の持続時間が一定の閾値を下回ったら、コンピューターは自動的に新たな刺激を表示して、その子に見せる。

「赤ん坊は待ち構えている」とルーコウィッツは言った。「何を見たいかをわれわれに知らせようとしている。自分の脳の中で何が起きているかの手がかりを、われわれにくれるのだ。赤ん坊は新しいことを欲しがる傾向にある。常に新たな情報を求めていて、珍しいものを探し回っている。われわれは、まず赤ん坊を退屈させるようにする。同じものを何度も何度も見せてね。それから少し様相を変えて、赤ん坊がその変化に気づくかどうかを観察する。もし変化に気づいたようなら、その子は最初の事象を学習したのだと考えられる。われわれはただ指でボタンを押して、その子がどれだけ長く見ているかを計るだけだ。その簡単な操作から素晴らしいことがわかる」

時間の知覚を研究する科学者たちの間で、乳幼児はまだ未開拓の領域だ。フリードマンは幼少期のことを、「認知の発達を学ぶ学生たちにとっての、一種の未開の地」と表現している。しかしコンピューターや視線追跡装置の発達によって、生後数週間から数カ月という生まれて間もない時期のことを調べたり、人がこの世に誕生する時点で、時間について何を知っているかを理解する手掛かりを得たりすることが簡単になった。

一例を挙げれば、生後1カ月という幼い子供でも「パット」と「バット」のような音素を聞き分けられることがわかってきた。この二つの音素は持続時間に1秒の200分の1というわずかな違いしかないというのに。また別の研究では、生後2カ月の子供は文の中の単語の順番に気づくことがわかった。「Cats would jump benches（ネコがベンチを跳び越える）」のような文の音声を乳児に繰り返し聞かせたあとで、不意に「Cats jump would benches」のように語順を入れ替えると、赤ん坊の注意が急に高まるのだ。

ある時、ルーコウィッツはコンピューターの画面上で、形の違う物体（三角、丸、四角）が上から次々に落ちてきて、それぞれ「バーン」「ビー」「リーン」という異なる音をたてて着地する実験を見せてくれた。ルーコウィッツは、これらが決まった順に落ちてくる映像を生後4～8カ月の乳児たちに見せ、赤ん坊がそれに慣れて興味を失うまで繰り返した。それから、同じ形の物が同じ音をたてるが、違う順番で落ちてくる映像を見せ、赤ん坊が気づくかどうかを観察した。するとほぼ例外なく、赤ん坊は変化に気づいた。それはルーコウィッツにとっては、時間順序に対する高感度の注意力が存在することを示すものだった。

「これについては、実はあまり文献がなくてね」とルーコウィッツは言った。「早期の認知発達の領域では、このところあらゆる種類のテーマの研究が爆発的に増えているが、時間はその中に入っていない。時間はこの世界のごく基本的な特性だというのに」とルーコウィッツは言った。「赤ん坊はわれわれとはまったく違う時間の世界に生きていると私は考えている。子供たちの頭の中に入って出て来られたらうれしいんだが」

ルーコウィッツは学生の頃、タコの性行動を研究するチームに入っていた。そして屋内でタコを飼育できる世界初の実験的水族館の建設を手伝った。大学院生になると新生児集中治療室で仕事をしながら、病棟の24時間照明や絶え間ない騒音が新生児の発達に影響を及ぼす可能性がないかを研究した。とくに興味を持ったのは、新生児室にいる乳児の90％が頭を右に向けて寝ているのはなぜか、ということだった（この問題は今でも解明されていない。一部の研究者は、右利きの人が多いことと関係があるか、またはその原因であるかもしれないと考えている）。そしてピアジェを見習って、人の心が発達のごく早期段階から、そのシステムに流れ込んでくる感覚情報をどのように統合しはじめるかに注目するようになった。

生まれて2～3カ月の乳児は「皮質下動物」と言われることがある。大脳皮質（脳の外層をなすニューロンの豊富な領域で、脳による知覚の統合を促し、抽象的な思考や言語の土台になる場所）はまだ「配線」されていないので、神経系が持つ多くの基本機能に影響を与えたり抑制したりする働きができないのだ。やがて大脳皮質が働きはじめると、乳児は笑うようになる。その子はまるで、そのときようやく世界の存在に気づいたかのようだ。それまでは「見ていると、プラグが入っていないという感じがする」とルーコウィッツは言った。彼が初期におこなったある実験では、生後数週間の乳児は、流入してくる情報の種類ではなく、単純にその量によって感覚世界を統合していることが明らかになった。大人にもこの能力がある。もし大人に、さまざまな明るさの光のパッチを見せたあとで、大きさの違ういくつかの音を聞かせることを繰り返すと、その人はそれらの「大きさ」によって光と音をマッチさせることができる。この光の明るさは、あの音の大きさと同じくらい、という具合だ。ルーコウィッツは、生後3週間の乳児が同じような結びつけをできることを発見した。

「赤ん坊は生まれてすぐに、聴覚の情報と視覚の情報を、ごく基本的なレベルでリンクさせることができる。その強さ、エネルギーの量という側面からだ」とルーコウィッツは言った。

「そこからうかがえるのは、赤ん坊が、言うなれば自分の世界を築くための土台を持っているということだ。シンプルな仕組みを使って、何と何が関連するかを調べて突き合わせている」

ルーコウィッツは研究を進めるうちに、顔について考えるようになった。乳児には30センチくらい離れたものははっきり見えないが、たとえそんな状態でも乳児たちが定期的に目にする見知らぬ物体が一つある。それは自分の世話をする人の顔だ。その顔は複雑な刺激でできている。唇を動かし、表情を変え、ころころ変わる音を出す。ルーコウィッツは、感覚の統合についてのピアジェの疑問を思い出した。赤ん坊は話している顔を明瞭な物体として知覚できるのだろうか？　その知覚はいつ、どんなふうに芽生えるのだろう？　そして何がそれを引き起こすのか？　乳児は音声や言語の内容をまったく理解できない生物だが、それに向かって話しかける顔は何をもたらすか――それは、ほとんど時間とタイミングに関係することだ、とルーコウィッツはすぐに気づいた。

その顔が口を開くと、そこから、ある持続時間を持つ音が発せられる。その口は早口でしゃべったり、ゆっくりしゃべったりする。しゃべるだけでなく、リズムのついた歌を歌うこともある。これは乳児にとって、情報を統合して意味あるものにするための強力なツールになる。赤ん坊は「キラキラ星」の歌を聞いて、「キラキラ」が一つの単語であることを知る前に（ましてや、それが何を意味するかなど思いもしないうちに）、その歌のリズムを覚えるだろう。

やがて乳児は、唇の動きが音と同時に起きていることを知覚する。声に出して読まれる文には、時間のさまざまな特徴が含まれている。刺激を与えられてそのことを知った乳児には、いつでも顔で教えてくれる指導者がいるのだ。

「話す顔」という時間の始まり

ある朝、ルーコウィッツは自宅のケーブルテレビのことで不平を言っていた。前の晩にドキュメンタリー番組を見ようとしたが、音声と画像がひどくずれていて、いらいらして、とうとうテレビを消してしまったというのだ。「登場人物が話しはじめる頃には、もう音声は終わってるんだ」と憤慨しながら言った。彼が加入しているケーブルテレビではどのチャンネルでも（そしてルーコウィッツが会ったことのあるすべての加入者に）時々そういうことが起きている。その問題は、まるで彼の研究テーマを端的に表しているようだ。

時間の知覚には多くの側面があるが、おそらく最も重要なのは同時性だ。同時性とは、たとえば誰かの声が聞こえてきて、その人の唇の動きも見えるとき、聴覚と視覚という別々に流れてくる二つの感覚が同時に起きているものかどうか、そしてそれが同じ事象に属するものかどうかを把握することだ。人はそうした事態に高度に適応している。

被験者に誰かが話しているところの短いビデオを見せる実験で、音声と映像にわずか80ミリ秒（つまり1秒の10分の1より短い時間）のずれがあれば、たいていの被験者は気づくということがわかっている。そしてもし音声トラックが映像より400ミリ秒（つまり1秒の半分にも満たない時間）だけ遅れたら、見ている人は何が話されているかの理解がかなり難しくなるという。

知覚の統一は人間にとって大切な働きだ。それは人の頭の中で複雑な作業の末に、往々にして厳密な正確さを犠牲にしながら達成されている。19世紀の研究では興味深いことが明らかになった。部屋の一角で視覚刺激（たとえば、操り人形が口を動かしているところ）を見せながら、同時に別のところで音声を鳴らしたら、見ている人には、その音が実際よりも視覚刺激の場所に近いところで起きているように感じられるということだ。これは腹話術効果といって、まだよく解明されていないが、感覚統合の際に発揮される能力だ。声でなくてもそうなる場合がある。2〜3の単調な音を人形から少し離れた位置で鳴らすと、知覚の一体化が起きる。

これに関連するマガーク効果という錯覚がある。いくつかの音節を聴覚と視覚で同時に感知させると、混同されやすくなる現象だ。たとえば、ある人が「ガ」と言っているビデオの音声トラックに「バ」という音を重ねて録音しておくと、それを見た人はほぼ例外なく、どちらでもない音を聞く。たいてい「ダ」という音になるのだ。このマガーク効果は触覚によっても引き起こすことができる。カナダでおこなわれた研究では、「パ」と「タ」という有気音（耳には聞こえない空気の破裂をともなって発音される音）と、「バ」と「ダ」という音（有気音ではない音）の四つの音声を被験者に聞かせた。次に、実験者がわずかな空気の破裂を被験者の手のひらか首筋に吹きかけながら音を聞かせると、被験者には「バ」が「パ」に、「ダ」が

「タ」に聞こえた。まるで空気の破裂を肌で感じるのではなく、耳で聞いたかのようだ。この効果は再現性がきわめて高いので、気流センサー付きの補聴器を作れば、難聴者が実質的に「皮膚で聞く」ことが可能になるのではないかという研究も生まれている。

脳は流入してくるデータを懸命に縫い合わせながら、この世界をつじつまの合う姿に見せようとしている。大人は声を聞いたり唇の動きを見たりする経験を豊富にしているので、テレビの音声と唇の映像のずれに気づくことができる。その二つは同時に起きるものだと知っているからこそ、その声が発する言葉や概念を理解できる。しかし赤ん坊はそういう経験をしたことがなく、推測もできないということにルーコウィッツは気がついた。話している顔を乳児が見ているところを観察すると、現在をまったく違ったものとして理解していることがわかる。ルーコウィッツはこうしたことに関係する実験計画を立てた。彼はそれを「話す顔実験」と呼んでいる。

ルーコウィッツは研究室のコンピューター画面で、一人の女性の顔のショートビデオを私に見せた。そのビデオクリップの最初の画面では、女性の口は閉じている。それから女性はゆっくりした口調で、はっきりと、「バ」と発音して口を閉じる。ルーコウィッツはこのビデオを生後4〜10カ月の赤ん坊たちに見せた。一人一人に繰り返し見せ、注意が散漫になった時点でビデオを切り替えた。次も同じ女性が同じ音を発声しているビデオだが、今回は音と映像にずれがある。「バ」という音がしてから366ミリ秒（1秒の約3分の1）後に唇が動きはじめる。成人であればこの非同期ははっきりわかるが、乳児は気にしなかった。それどころか、音声と映像を0・5秒もずらしても、どうということのない様子だった。

「赤ん坊は気づかない」とルーコウィッツは言った。「でもこれならわかる」と言って彼は別のビデオを見せた。今度は音声が1秒の3分の2（666ミリ秒）もずれていた。「音が終わっても、口はまだ動いてもいいない！」

このように、別々に流れてくる感覚データが一つの事象に属するものとして識別されるには、それらが短い時間間隔の中におさまっていなければならない。この時間間隔は、感覚の時間的接近性の時間枠として知られている。これは多くの観点からみて、「今」についての十分に実用的な定義になる。ただ、この時間枠の大きさは、刺激によって、また観察者によっても違ってくる。赤ん坊が話す顔を見ているときは、「今」が1秒の3分の2の長さだけ続いている。しかし、もっと断続的な事象（たとえば、ボールが跳ねている映像）を見せた場合は、音が3分の1秒ずれただけで赤ん坊は気づくだろう。この場合、二つ以上の感覚の流れの統合からみた「今」は、大人に比べれば十分に長いとはいえ、先ほどよりは短くなっている。

「赤ん坊は比較的ゆっくりした世界を生きている」とルーコウィッツは言った。なぜそうなのかは彼にもはっきりとはわからない。幼い脳ではニューロンのシグナル伝達速度が遅いのかもしれない。生まれて間もない神経系は髄鞘《ずいしょう》（ミエリン）が十分に整っていない。ミエリンは脂肪の豊富な絶縁性の物質で、ニューロンを覆うことでシグナル伝達の速度を上げる働きをする。ミエリンは小児期を通して徐々に形成されていくもので、そのプロセスには20年かかる場合もある。「赤ん坊の脳は比較的ゆっくりした器官だ。それについては疑いようがない」とルーコウィッツは言った。「それでも、知覚という観点から検討することはとても難しい。赤ん坊の世界はゆっくりしているということは、何を意味するのだろう？ 赤ん坊にしてみれば、その世界があるだけだ。問題は、それが赤ん坊による世界の知覚に何をもたらすかということだ」

そもそもまだ話すこともできない赤ん坊が同時性を知覚できるということが驚きだ。大人であれば、言葉や唇と、そこから出てくる音についての何がしかの知識があるので、口と声が合っていないことがわかる。しかし、赤ん坊は何も知らないのだ。実際に、「話す顔実験」中の赤ん坊は、少なくとも生後6カ月になるまでは口元をほとんど見ない。その代わりに、ほとんどすべての注意が目元に向かっていることをルーコウィッツは発見した。赤ん坊は生後8カ月くらいになってようやく、唇の動きを追い続けるようになる。

それでは、赤ん坊はどうやって二つの感覚が同時のものかどうかを知るのだろう？ ルーコウィッツは博士課程の頃に、新生児が別々の感覚モダリティ（視覚と聴覚）からくる二つの刺激を、強度に基づいて、うまくマッチさせることを明らかにした。彼はこの研究を思い出し、赤ん坊がそれと同じようなやり方で同時性に気づくのかもしれないと推測した。そして「話す顔実験」のバリエーションを考案し、イタリアのパドヴァ大学の共同研究者たちとともに、生後4カ月の赤ん坊で試してみた。まず二つの無音のビデオを隣り合わせに並べて、赤ん坊に見せた。どちらも同じサルの映像だが、片方は甘えてクークー言うときにするように、口を「O（オー）」の形にしている。もう一方は大きなうなり声を上げるように顎を突き出している。この二つのうち一方の声の録音を流すと、赤ん坊は声と一致する方の映像に、より長く注意を引かれていた。つまり、音声トラックとぴったり同時に唇の動きが始まって終わる方のサルを見ていた。

次に、ルーコウィッツたちは、さらに基本的なバージョンの実験をおこなった。今回は赤ん坊にサルの鳴き声ではなく、単調な音を聞かせた。その持続時間を二つのうちの一方のサルの唇の動きに一致させてある音だ。この実験には生まれてすぐの新生児も参加させていたが、やはり赤ん坊たちは、音の持続時間と合っている方のビデオに注意を引かれていた。

この実験結果からルーコウィッツには、新生児にとっての同時性の知覚が、同時に起きていることの内容とは無関係であることがはっきりした。新生児にサルの顔と声を一致させられる能力があるとは、まるで「超知性」でも備わっているみたいだが、それは機械的な回路の働き以外の何物でもないのだ。

赤ん坊は音声の始まりと終わりを、映像の始まりと終わりにマッチさせている。それは単純に、神経系が二つのエネルギーの流れの開始と停止の時点をつき合わせているだけであって、電灯のスイッチを入れたり切ったりするときに、パチンという音が同時にするのに気づくようなものだ。二つの活動が同時に起きていれば、それらは同じ事象であると定義される。それはどこか、端っこのピースだけを使ってジグソーパズルを組み立てるようなものかもしれない。赤ん坊は、両端だけをはっきりさせながら同時性を判断している。乳幼児の神経系や感覚系はまだ未成熟なので、大人であれば興味を引かれるであろう高次の情報（言葉や音素、唇の動きについての基本的な理解など）は処理できないのだ。

「乳幼児は、刺激の中身が何かは気にしないようだ」とルーコウィッツは言った。「オンとオフが同時に起きるものを与えれば、何でも結びつける」

防音室に戻ると、生後10カ月のアダムが同じような知見を示していた。彼は目の前の2台のモニターで、無音のまま別々のことを言っている唇を見ていた。そして一方の音声トラックが流れると、アダムはその音と同期している唇をじっと見た。不気味なまでの一貫性がある。声と無音の唇がスペイン語を話している場合でも、アダムの選択に間違いはなかった。スペイン語は彼の家では話されていないというのに。アダムは、一緒に始まって一緒に終わるものは同時とみなす、という基本的なアルゴリズムを使って声と顔を一致させることができていたが、その声が何を言っているかは、みじんも気にしていない。

ルーコウィッツは、同時性を調べることによって、乳幼児がその感覚世界を構築しはじめる際の重要なメカニズムを特定できたと考えている。生まれたばかりの新生児は神経系が未成熟で、まだ何も経験していないので、高次情報を抽出することはできない。しかし、そんな神経系にも、異なる感覚モダリティがいつオンになったりオフになったりするかを検知することは可能なのだ。人はサルのことを何も知らないまま世界に足を踏み出すが、たった今、何が起きているか、そして何が起きなくなったかについては、非常に多くを知っている。「最初からそういう状態なのだとしたら、人は人生を始める時点で、すでにきわめて強力なツールを手にしていることになる。違うという証拠がない限り、物事は一緒に起きているとみなすツールだ。多感覚が密着したこの世界を自力でわたっていくには、うまいやり方だな」と彼は笑った。「赤ん坊のやることは確かに未熟だが、ジェイムズの『ガヤガヤにぎやかな一つの大騒動』よりは上出来だ」

乳幼児が成長すると、同時性への適応をさらに高めていくものと思われるかもしれない。しかし、必ずしもそうではない。ルーコウィッツは、被験者になった赤ん坊たちが生後8〜10カ月になると、甘えた声を出すサルの顔と、うなり声を上げるサルの顔を区別できなくなっていることに気がついた。サルの声をサルの顔と一致させようとする努力は、ランダムな推測以上のものではなくなっている。ただし、人の声を人の唇の動きに正しく一致させることはまだできる。人の感覚系は発達するにつれ、処理する対象を絞るようになるみたいだ。この現象は「知覚狭小化」と呼ばれている。

「発達の早期段階の赤ん坊たちは、もっと幅広く世界に適応している」とルーコウィッツは言った。「『時間的に同時に起きる物事は、一緒のものとみなす』というシンプルな装置を持っていて、聴覚と触覚と視覚の情報をリンクさせるようになる。しかし、その根拠はエネルギーでしかないので、間違いをおかすこともある。サルの顔とサルの音声を結びつけるには、口が大きく開いたり小さく閉じたりする動きと、音声が始まったり終わったりすることさえ検知できればよい。そうして、その二つを結びつけるが、その動物種が合っているかどうかなどは気にしない」。しかし、ほどなく乳児は、特定の顔と声についての有用な知識を手に入れ、どの顔に関心を向けるべきで、どの顔は無視するべきかがはっきりわかるようになる。そこで経験が大きくものをいう。サルの顔を日常的に目にする乳児はほとんどいないので、ニューロンが本当に重要なインプットに的を絞るようになるうちに、サルの顔の細部を捉える能力は発達しなくなるのだ。

同じ理由から、乳幼児が成長するうちには外国語に対する感度も失われていく。ルーコウィッツは英語またはスペイン語を話す家庭の乳幼児に、二つのモニターを並べて見せた。一方は女性の唇がゆっくり動き、無音で「バ」と発音するところ。もう一方はやはり無音で「ヴァ」と発音するところだ。それから両方の顔は、回転するボールの映像に変わり、二つのうちの一方の音声が何度かゆっくり流れる。音声が止まると、二つの顔がまた現れる。ここで研究者は、赤ん坊がどこに注意を向けるかを測定した。生後6カ月の赤ん坊は、家庭で使われている言語とは関係なく、常に音声が正しく一致している方の唇をじっと見た。ところが生後11カ月になるまでに、スペイン語の家庭の子供は正確さを失い、推測以上の精度がなくなった。その原因は、スペイン語で「ヴァ」と「バ」は同じ音だからだ。牛を意味するvacaという単語はbacaと発音される。スペイン語に囲まれて育ってきた乳児は、この二つの音の違いを識別しなくなる。一方、バイリンガルの赤ん坊は二つの違いを識別し続ける。

人は生まれた環境の言語が流暢になるにつれ、外国語への感度が低くなる。また、生まれたばかりの白人の赤ん坊は、白人の顔とアジア人の顔を等しく見分けることができるが、生後1年になるまでには白人以外の顔を見分ける能力が低くなることが研究で明らかにされている。ブルガリアの音楽のリズムは西欧音楽より複雑だが、ブルガリアで育った乳幼児は大人になるまでに、そのリズムの細かい違いを識別できるようになる。一方、生後1年たって初めてその音楽を聞いた子は、その違いが永遠にわからないままだ。

複雑なソフトウェアのプログラムは通常、比較的シンプルなプログラムに上書きされていく。このシンプルな部分はカーネルといって、基本的なアルゴリズムの立ち上がりの多くを担っている。聴覚と視覚の同時性を感知する能力はこのカーネルのようなもので、新生児の神経ネットワークが奔流のような感覚データを（その中身には関係なく）統合する始まりに役立っている。事前の知識や経験は必要なく、刺激の相対的な量を測る能力さえあればよい。この土台があることで乳児は意味を処理できるようになる。そうしながら、矛盾する情報に対処したり、どの感覚入力を優先すべきかを見分けたりしていくのだ。

ルーコウィッツは、この能力を生得的なものとみなすことには賛同しない。ある著名な発達心理学の研究グループは、人間は因果関係や重力、空間的関係などの重要な概念を生まれながらに理解できると主張している。こうした能力は自然選択によって人に備わったもので、おそらく人の遺伝子のどこかにその源がある、というのだ。しかしルーコウィッツを始めとする多くの研究者が、この学説はあいまいで単純化しすぎだと捉えている。検討すべき興味深い問題はまだたくさん残されているが、遺伝子を持ち出されると、対話はそこで終わりになる。「それは魔法の箱のようなもの。かつての生気論の再来だ」とルーコウィッツは言った。

ルーコウィッツが好むのは、人間を永遠に発達途上の生物とする考え方だ。私たち人類は時間とともにある生き物だ。人間の子供は基本的な行動――たとえば、乳を吸う能力――を備えた状態で生まれてくるが、そうしたものはたちまち、より高度な能力に置き換わっていく。これは個体発生的な適応であり、初期に目的を達成すれば消え去るものだ。新生児が同時性を探知できるのは、この種の能力に属するものかもしれない。新生児の感覚系はこの能力によって促進されるが、目の覚めるような世界を経験するうちに高次の処理能力が生まれ、置き換わっていくのだ。

同じ見方をすれば、生命の誕生に関しても、生理学的に不思議なところは何もない。新生児とは単に、少し前まで（やや未発達な状態で）子宮という暗闇の中で過ごしていた生物が、ごく最近になってこの世界に姿を現したものにすぎない。生後数時間の新生児は、他人の声より自分の母親の声を明らかに好むということが、いくつかの研究で示されている。

人によっては、このことは遺伝子に組み込まれている、すなわち生得的なものであると結論づけ、そこに進化上の理由があるのだと考えるかもしれない（たとえば、瞬時に母親を認識できる新生児の方が自然選択の上では有利なのだ、という考え方）。

しかし実際には、このような言語を介する絆は子宮にいる間に育まれている。つまり経験を通して獲得されたものなのだ。人の聴覚は妊娠28週頃には機能しはじめることが、複数の研究で明らかになっている。胎児は漏れ聞こえてくるさまざまな音から、外界について多くのことを学ぶ。ある古典的な研究では、胎児の心拍は、母親が詩を朗読する声の録音を聞いたときには速くなり、知らない女性が同じ詩を読む声を聞いたときには遅くなることがわかった。また、フランス人の新生児は、言葉はまったく理解できなくても、フランス語、オランダ語、それにドイツ語で同じ物語を読む声を明らかに識別できる。別の研究では、フランスとドイツの生後2日目の新生児たちが、それぞれの母親の母語を使った音楽を聞かされたときに声を上げた。赤ん坊は子宮の中で聞いていた音を真似ていた。

こうしたことは人間だけが特別というわけではない。ヒツジ、ラット、ある種の鳥、その他のさまざまな動物たちが、子宮や卵の中で聴覚を働かせている。ルリオーストラリアムシクイの母鳥は、ひながかえる数日前になると、卵に向かって声をかけはじめる。母鳥はまだ生まれていないひなたちに、巣ごとに違う求食音（餌ねだり声）と呼ばれる独特な鳴き声を教えている。卵から出たら、その声を模倣できるひなが餌をもらいやすくなる。この声はルリオーストラリアムシクイの母鳥が、自分のひなと、巣に侵入して卵を寄生させていたカッコウのひなを見分けるために使う、一種のパスワードだ。

出生時に生得的に備わっているように見えるものは、ルーコウィッツにとっては、まだ謎が解明されていないだけのことだ。「何かの種類の認知や知覚の能力が現れるのを見たら、私は、それがあるかどうかということではなく、『いつ、どうやって現れるのか？』を考えたい。もし、赤ん坊は時間を感知できるか、と問われたら――そう、確かに赤ん坊にはそれができると言える。しかし、それは時間をどう定義するかにもよることだ。赤ん坊たちは、時間に基づいて構造化された情報を感知できるか？　確かにできる。問題は、それが実際にいつ始まるかということだ」

「話す顔」に関する研究が脈々と続いていることは奇妙に思えるだろうか。もしそうなら、あらためて考えてほしい。生まれて数カ月の赤ん坊が知覚する世界は、「話す顔」がほとんどすべてなのだ。妊娠28週から出生までの間、胎児の感覚世界は触感と音に限られている。そして出生とともに、統合するべき新たな要素として光と動きが加わる。この新世界にあるものの多くは、親の話す言葉だ。言葉そのものの意味はわからないが、声に出して話されることによって、目に見えるものと音がどんなふうに一緒に起きるかを知る手掛かりを得る。新生児は言葉を聞きながら同時性をマスターし、さらにほかの能力を身につけていく。赤ん坊に視覚刺激に続けて聴覚刺激を与えると、一つだけの刺激の場合より強く反応し、逆の順番でも同様だということが、数多くの研究で明らかにされてきた。情報に冗長性があることで、目立つものに注意が向き、そこから理解へとつながるのだ。

ルーコウィッツは、騒々しいパーティー会場のたとえ話をした。そこでは誰かに何かを話しかけられてもよく聞きとれないが、相手の唇を見ていれば、何を言っているかがわかりやすくなるだろう。赤ん坊にとって、話す顔は冗長性そのものだ。人はゆっくり話すときは抑揚をつけ、強調したいところで区切りを入れる。「さあ……ミ……ル……ク……よ……」。唇の動きは声に合っている。のどぼとけまでが、調子を合わせて上がったり下がったりする。「強弱、抑揚、節回し、それにあらゆる合図を使って、人は赤ん坊に、こうした感覚刺激のすべてが一緒に起きていることを教え、この世界を学んでいけるようにする」とルーコウィッツは結論づけた。そして最後に、「さあこれで、赤ん坊に話し方を教えるための、完璧にデザインされたシステムのできあがりだ」と言った。

それだけではない。私たちは赤ん坊に、時間の本質的な側面を教えるためのシステムを整えている。時間の知覚には、順序、時制、持続、新規性、そして同時性の知覚といった多くの側面がある。しかし時間は総じて一つのことに集約される。それは、腕時計にしろ、細胞にしろ、タンパク質にしろ、人間にしろ、あらゆる「時間を計るもの」同士の対話が時間を生むということだ。だからこそ、赤ん坊が同時性を学ぶには、話す顔を見ることが最良の方法と言える。少なくとも新しい人たちにとって、時間は言葉によって始まるのだ。

第４章　Why Time Flies
待ちくたびれる日常とあっという間の１年

《よっぽど深い井戸だったのでしょうか、さもなければアリスがよっぽどゆっくり落ちていったのでしょうか。とにかく、落ちながらまわりを見まわしたり、今度はなにが起こるんだろうと考えたりする時間がたっぷりありました。》[*66]

――ルイス・キャロル、『Alice's Adventures in Wonderland（不思議の国のアリス）』

持続時間——「もう10時?」のからくり

例年通り今年も飛ぶように過ぎていく。まだ4月、いや2月くらいだと思っているうちに、春がまたたく間に過ぎて6月になる。あるいはまだ7月だと思っていたら、夏の日々はいつの間にか飛び去って9月になり、気がつけば学校や仕事が本格的に再開する。そこから翌年の1月までが、またあっという間だ。振り返ってみると、こうして飛ぶように過ぎた年月がどれほどあることか。ざっと数えても5年、10年。細かいことを思い出せない年は何年も続き、今や大雑把な塊になっている。「私の20代」「二人でニューヨークに住んでいた頃」「子供たちが生まれる前」などと、当然ながら思春期の頃も飛ぶように過ぎた。まだ過ぎていないという人も、いつかきっと、あの時期は瞬く間に飛び去ったと思い返すようになるだろう。

時間はなんと早く過ぎ去ることか。誰もがそのことを口にする。何世紀も前からずっとそうだった。古代ローマの詩人、ウェルギリウスも書いている。"Fugit irreparabile tempus"《かかる間にも時は過ぎ去る》[*67]。英語が誕生するずっと以前から、歳月は人を待たなかったのだ。イングランドの詩人、チョーサーも、14世紀後半の『The Canterbury Tales(カンタベリー物語)』の中で、《いつも時は飛び去ってゆくからです。時はなんぴとも待とうとはいたしません》[*68]と書いた。18~19世紀のアメリカでも同様の格言やことわざがいくつも生まれている。

スーザンと私が結婚して間もない頃、義理の父がよく同じようなことを言っていた。指をパチンとはじきながら、ほろ苦い感じの口調でこう言うのだ。「最初の20年くらいは、こんな感じで！　あっという間に過ぎるんだ」。それから十数年がたち、今の私には義父の言葉の意味がわかる。ある日のこと、5歳になった息子のジョシュアが大きなため息をつきながらこう言った。「楽しかったあの頃を覚えてる？」（ジョシュアにとっての楽しかったあの頃とは、何カ月か前にチョコレート味のカップケーキを食べた思い出のことだ）。

最近私は、自分が時の移ろいの速さを、あまりにたびたび感じるようになったことに驚いている。人生の一時期を振り返って今と比べたりすると、その間に何年もの時が過ぎたことに気づいてショックを受け、またこう言ってしまう。「その時間はどこに行った？」

もちろん、数年単位の時間だけが飛ぶように過ぎるわけではない。数日、数時間、数分、そして数秒もすべて飛ぶように過ぎる。しかし、そのどれもが同じペースで飛んでいくわけではない。脳が「数分から数時間」程度の時間を処理するやり方と、「数秒から1～2分」ほどの短い時間を処理するやり方は違うのだ。「スーパーまで行くのにどのくらい時間がかかった？」とか、1時間のテレビ番組が「いつもより長く（短く）感じた」などと思い返しているときの脳の働きと、「赤信号が長すぎる」と感じているときや、研究者から「コンピューター画面に画像が何秒表示されるかを推定するように」と指示されたときの脳の働きには別々のプロセスが関わっている。数年となると、またまったく別だ。ここからは、これらのことを見ていこう。

イギリスのキール大学の心理学者、ジョン・ウィアデンに、なぜ時間は飛ぶように過ぎるのかと尋ねると、それは厳密には「どういう種類の時間を指しているかによって違う」と言った。ウィアデンは過去30年にわたって、人と時間の関係の解明に取り組んできた。２０１６年に彼が出版した『The Psychology of Time Perception（仮訳：時間知覚の心理学）』には、この研究領域の全体像と歴史が平明にまとめられている。私はウィアデンの話を聞こうと手を尽くした末に、ある晩、彼の自宅に電話した。ウィアデンはちょうどサッカーの決勝戦の放送を観ようとしているところだった。私は邪魔したことをわびた。「かまいませんよ」と彼は答えた。「正直言って、私の時間なんて大した価値はないのだから。ものすごく忙しいようなふりをついしてしまうんだが、本当はただサッカーが始まるのを待ってるだけなんだ」

ウィアデンはまず念を押すように、時間は光や音と違って、人が直接感知できるものではない、ということを言った。光であれば網膜にある特殊な細胞に光子が当たることで神経に電気シグナルが発生し、それが脳に届いて、光を受けたと感知される。音は鼓膜を振るわせた空気の振動が耳の奥にある有毛細胞の微細な毛に検出され、やはり電気シグナルに変換されて脳に届き、音として把握される。ところが時間に関しては、それを感知する特別な受容器があるわけではない。「時間を感知する器官の問題は、心理学の世界では長らく悩みの種だった」とウィアデンは言った。

では、人は時間のことをどうやって知るのだろう。ウィアデンは、人はたいていその時間を占めていた出来事（事象）を通して間接的に時間を知るのだと説明した。１９７３年に心理学者のＪ・Ｊ・ギブソンは、「事象は知覚可能であるが、時間はそうではない」と書いた。この言葉は、時間研究に携わる多くの研究者にとっての土台となった。ギブソンの論点をまとめれば、時間は事象ではなく事象を通して流れる経過であって、いわば名詞ではなく動詞的なものだ。たとえば、私がディズニーワールドに出かければ、さまざまな出来事を、あそこにミッキーがいる、スペースマウンテンがある、飛行機の窓からはるか下に雲が見える、などと経験し、そうした経験そのままに旅行として意識する。しかし、もしこのように何かを見たり、行動したり、考えたりすることを一切しないとしたら、「旅行」を経験することも、その話をすることもできない。また、「読書」という行為はどうだろう。もし言葉がなかったり、誰かが読み進めるという行為をしなかったら、本を読むということは何を意味するだろう。時間はこうした事象の動きを表す私たちの言葉であり、そのときに私たちを貫く感覚なのだ。

ギブソンの説明はアウグスティヌスの言ったこととそれほど違わない。アウグスティヌスは、時間が客観的な存在であるなどと言わないでほしい、と前置きした上で、《過ぎさってゆくものがおまえのうちにつくる印象は、そのものが過ぎさってしまった後にもまだのこっている。私はその現存する印象を測るのであって、その印象を生ぜしめて過ぎさったものを測るのではない。時間を測るとき、私はまさにその印象を測っているのだ[*69]》と続けている。私たちは「時間」そのものを経験するのではなく、時間が過ぎ去っていく印象によって時間のことを知るにすぎない、とアウグスティヌスは述べたのだ。

過ぎ去っていく時間を認識し心にとどめることは、変化を認識することだ。変化は自分の周囲や自分が置かれている状況に起きる。さらに、ウィリアム・ジェイムズが書いたように、自分の思考の内的風景にも変化があるはずだ。「何事も以前のままの姿ではない」。「今」という感覚の中に「あのとき」の意識が入り込んでくる。その両者を比べるには記憶が必要だ。つまり、時間が飛ぶように過ぎたり、這うように進んだり、急に飛んだりすることがあるとすれば、それは以前の速さを思い出せる場合に限られる。その記憶に基づいて、「この映画は、これまでに観た中ではかなり長く感じた」とか「ディナーパーティーはあっという間に終わった。2時間前に時計を見たことを覚えているが、それからは見る間もなかった」などと言えるのだ。時間に関する限り、その経過は、別の時間の記憶の爪痕のようなものだ。

「本を読むのに夢中になった経験は誰にもあるね」とウィアデンは言った。「そういう時、人は時計を見て、『もう10時？』と言ったりする。私はかつて、人の時間の感覚というものは、その時間の経過とともにあるものだと思っていた。しかしもちろん、それはできない。人はそのときは時間を感じていないのだから。時間の感覚は純粋にあとで推定するものだ。そこが複雑なところで、われわれは今、時間が過ぎゆく感覚のことを話しているが、人はそのような時間的判断を直接的な経験ではなく、たいてい推定に基づいておこなっている」

現実に、私たちが「どうして時間はこんなに速く過ぎるのか？」と言うときは、だいたい「時間を忘れていた」というのが本当の意味だ。

ウィアデンはそのことを調べるために、学生200人へのアンケート調査をおこなったことがある。アンケートでは、時間が過ぎるのがいつもより速い、または遅いと感じられた経験についてくわしく聞いた。調査の目的は、学生たちがその瞬間に、時間がいつもより速く、または遅く動いていることに気づいていたかどうかを思い出させること、そしてさらに、そのときは何かのドラッグを摂取していたなら、それは何だったかを書かせることだ。学生たちの回答はこんなふうだった。
・友人たちと出かけて酒を飲んでいるか、コカインをやっているか、時間が飛ぶように過ぎる。踊ったり、しゃべったりしているうちに、気づいたら朝の3時とか。

・アルコールを飲むと時間がスピードアップするような気がする。たぶんそういうときは、仲間としゃべったりしていて、楽しいからだと思う。

ウィアデンが回答を集計したところ、学生たちは時間が過ぎるのが普段より遅くなる経験より、速くなる経験を多くしていることがわかった。そして、本人がいくらかでも酩酊状態にあれば、いずれかの方向の時間のひずみが67％ほど起こりやすくなっていた。その酩酊がアルコールかコカインによる場合は時間が速くなる方に影響するが、マリファナかエクスタシーの場合は、速くなるのと遅くなるのが同率くらいで起きるようだった。また、本人が忙しいとき、楽しいとき、集中しているとき、あるいは社交を楽しんでいるとき（アルコールが関係する場合が多い）は例外なく時間がスピードアップするが、仕事中や、退屈しているとき、疲れているとき、または悲しいときは時間が遅くなっていた。非常に多くの学生が、何らかの外部の指標（日の出、時計をチラッと見る、バーテンダーからラストオーダーを告げられる、など）によって現実の時間に気づかされるまで、時間が飛ぶように過ぎている感覚はなかったと答えた。学生たちは、たいていその時点まで時間のことをまったく感知していなかった。ある学生はこんなふうに書いた。「だいたい、バーかパブが閉まる時間になるか、周りの誰かに時間を知らされて、初めて時間に気づく」

少なくとも数分から数時間のスケールで時間が飛び去る理由は、あまりに簡単なことなので、ほとんど循環論法のようだ。時間が飛ぶように過ぎるのは、定期的に時計を見ていないからだ。人は最後に時間を気にしてから、たとえば2時間も過ぎていたということに、あとになって気づく。2時間と言えば結構な長さの時間だということはわかるが、1分ごとに記録して記憶したりしているわけではないので、その間に起きた数多くの出来事から時間が過ぎたことを推測する。ウィアデンのアンケートに答えた学生の一人はこんなふうに書いている。「夜中まで遊んで午前3時頃に解散になったあと、友達二人とコカインを吸って、彼女の家の外に座っていたら、いきなり朝の7時になったみたいに感じた。あのときは、私が思ったより時間が速く過ぎ去っていた」

こうしたことは私たちが朝起きたときに経験することと何ら変わらない。もっと言えば、昼間に空想にふけっているときもそうだろう。ポール・フレスは、『時間の心理学』の中で、そういう状態のことを《観念どもが意識の全野を占めている。そして時計の音を遠く聞いてわれわれは、もうそんな時刻かと夜に朝に大いに驚く。われわれは持続を意識しなかったのである》[*70]と書いた。フレスはまた、よく人が単調な仕事をしているとあっという間に時間が過ぎると言うのはなぜかも、このことで説明できると付記した。人は退屈になると時間のことばかり考え、腕時計をずっと見ているかもしれないが、空想にふけっているときは時計など見ていないのだ。ペンシルベニア大学の産業心理学者だったモリス・ヴィテレスの1952年の研究では、見たところ単調な作業をしている労働者のうち、実際に単調だと感じていた人は25％にすぎないことが明らかになった。

ウィアデンは、ある範囲の時間が飛び去るかどうかは、その人が「いつ」時間のことを考えるかによる、ということにも気づいた。つまり、振り返って考えるか、その経験が起きている最中に考えるかだ。時間が進むのが遅いという印象は、過去形でも現在形でも感じることがある。たとえば、交通渋滞やディナーパーティーの真っ最中に、それが永遠に続くかのように思えることがある。そしてそういう状況は、あとになって振り返ってもそんなふうだったと思い出すだろう。

一方、時間が飛び去ることを、その瞬間に感じることはまずない。そもそも定義からしてそうなのだ。時間が飛び去るのは、その時点で時間を気にしていないせいなのだから。あなたは、「なんとまあ、この映画は時間が飛ぶように過ぎるな！」などと思いながら映画を観たことがあるだろうか。人は退屈して時計をチラチラ見ているか、映画に没頭して時間を忘れるかのどちらかだ。ウィアデンは打ち合わせや会議の場で、「あっという間に時間が過ぎている」という経験をしたことがあるかどうか、あるいはそういう経験のある人を知っているかどうかを、仲間の心理学者たちに聞いてみるのが好きだという。答えは決まって「ノー」だ。

「まあ、ビールがちょっと入ったあとに限るが、心理学者の間では『飛び去る時間というものはめったに経験されないので、非実在と言ってよい』ということが合意されている」とウィアデンは言った。「その時間の真っ只中にいながら、飛ぶように過ぎる時間を経験することはあり得ない」。時間は楽しんでいる最中に飛び去りはしない。その楽しみが終わってから、初めて飛ぶように過ぎたことに気づくのだ。

持続時間――「信号がまだ変わらない」といらだつわけ

「パパ！　タイマー、セットして！」

ジョシュアがキッチンに入ってきた。私は朝のコーヒーを淹れているところだった。レオとジョシュアは言葉を話すようになった2歳の頃、互いのことで不平ばかり言っていた。彼は「あれ」を持ってるのに、なんで僕には持たせてくれないの、ずるい――それぞれが芽生えたばかりの自我を主張したがっていた。しかも完璧に同じでないと納得しない。スーザンと私は「代わりばんこ」の方針でいくことに決めた。しかし、すぐに時間知覚の基本的な教訓を学ぶことになった。「あれ」を持っていない方の子から見れば、もう一人の子の方が常に長く持っているのだ。持続時間は、持つ人ではなく見る人の目によってずいぶん変わる。

そこで私は時計を導入した。よくあるエッグタイマーだ。ダイヤルを回してセットすれば、秒単位で時間を刻み、チリリンとベルを鳴らしてくれる。息子たちはこれが気に入った。タイマーは気まぐれに決めつけたりしないし、いらいらして途中で切り上げることもない。新聞を読んでいてうっかりしてた、などということもなさそうだからだ。タイマーの客観性にはほとんど魔法のような力がある。息子たちはタイマーを使ってけんかを終わらせてくれるよう、しょっちゅう私に頼んできた。しかし彼らにかかると、この戦略でさえ効力が失われていった。

ジョシュアはタイマーをつかんでダイヤルを回し、ベルを鳴らすことを何度も何度も繰り返すようになった。まるで、その音がレオの順番の終わりを告げ、「あれ」を渡すように迫っているかのようだ。もし時間が曲がるものなら、それはきっとジョシュアの願いに都合のいいように曲がるのだ。

私はたいていタイマーを2分にセットしていた。ところがある日、スーザンはタイマーを4分にセットした。私と話している途中だったので時間が欲しかったのだ。するとその時間の中ほどで——ぎょっとするほど2分の線を過ぎたすぐあとに——ジョシュアが困惑した面持ちでやってきた。どうしてタイマー鳴らないの？　彼は毎日のように2分交代制をしつけられた結果、明らかにその間隔を身につけてしまっていた。私はジョシュアに時間を習得させることに成功したのだ。「言葉を身につけるのと同じやり方で時間を身につけているみたいね」とスーザンは言った。彼女の言う通りだ。本当にそうかどうかは親である私たちにもまだよくわからないが。それにもう少し複雑な面もある。子供たちは明らかに、ある種のタイマーをすでに持っている。それは、信号待ちや駅で私をいらいらさせる体内時計の初期バージョンだ。私が、信号はもう変わってもいいはずだ、電車はなぜまだ来ない、と感じるのと同じように、子供たちは自分の番がもうきてもいい頃だと確信している。子供たちに時間を身につけさせることができたと言っても、そもそも彼らは時間を把握するためのしかるべきシステムを、すでに持っていただけなのだ。

ハドソン・ホーグランドはボストン地区で活躍した高名な生理学者だ。とくにホルモンによる脳への影響に関心を持っていた。生涯にタフツ大学、ボストン大学、それにハーバード大学の医学部で教育に携わり、経口避妊薬を開発した財団の創設にも関わった。１９２０年代の一時期には、上流社会で人気を博したマージョリーという名の霊媒師を研究したこともある。（マージョリーはのちに、有名な奇術師のフーディーニによって正体が暴かれた）。１９３２年のある日、そのホーグランドがドラッグストアに向かっていた。自宅では妻がインフルエンザに罹って40度の熱を出している。その妻からアスピリンを買ってきてほしいと頼まれたのだ。

行き帰りで20分くらいかかった。けれど家に戻ると、妻はホーグランドがもっとずっと長い時間帰ってこなかったと言い張った。ホーグランドは困惑した。そこでストップウォッチで時間を計りながら、妻に60秒を数えさせてみた。ホーグランドの妻は音楽家で、訓練によって、1秒の長さをおろそかにしない感覚を身につけていた。しかしこのときは、たった38秒のうちに60を数え終えた。

ホーグランドはその後の数日間にこの60秒カウントを24回も妻に試させた。すると妻が回復して平熱に戻るにつれ、秒の数え方がゆっくりになり、正常に戻っていくことを知った。「妻は熱が高いときほど、知らず知らずに数を速く数えるようになっていた」と、ホーグランドは数年後に、ある論文に書いた。ほかの熱がある人や、意図的に体温を上げさせた人たちを被験者にした実験を繰り返したときも、結果は同じだった。まるで被験者たちは、温めるほど時を刻むのが速くなる体内時計を持っているかのようだった。それでも被験者自身は、時間が速く過ぎると感じているわけではなかった。実験が終わって壁の時計を見たときに、自分が思っているより短い時間しかたっていないことを知って、例外なく驚いたのだ。「ほかの条件がすべて同じなら、われわれは熱があるときは約束の時間より早く到着することができるだろう」とホーグランドは書いた。

ホーグランドの発見に刺激され、ほかの研究者たちもこの実験に乗り出した。ジョン・ウィアデンはある総説論文の中で、このことを「真面目な心理学の世界で最も奇妙な実験操作」と書いた。たとえば、加温した部屋にボランティアの被験者を入れ、スウェットスーツを着させたり特殊なヘルメットで頭部を温めたりしながら、30秒にわたってタッピングをするように求めたり、メトロノームの速さを1秒に4回などの数に調整させたり、4分、9分、13分などが過ぎたと感じた時点で報告させたりした。被験者に水槽内で自転車を漕がせながら計時テストに取り組ませた実験もある。ホーグランドは1966年の論文で、最初の発見とその後のいくつかの研究に再検討を加え、生理学的な説明を提案した。「人の時間の感覚は、基本的に脳の一部の細胞における酸化的代謝の速度に依存する」と彼は書いた。

このホーグランドの説明には賛否のあるところだが、これ以来、このテーマ全般への関心が高まるばかりだ。現在までのところ、時間のさまざまな側面の中でも、持続時間の把握（典型的には2〜3秒から数分程度の短い時間がどのくらいの長さにわたって続いたかを推定する能力）が最もよく研究されている。この能力のことをインターバル計時という。これは瞬間瞬間の短い時間範囲での経験だ。その時間のうちに、人は何かを計画したり、推定したり、判断を下したりする。空想にふけったり、だんだん落ち着かなくなったり、退屈したりする。あなたが信号を待ちながらじりじりしているときや、自分の兄弟が「あれ」を少しだけ長く持つのがずるいと思っていらいらするとき、その心の動きはこの時間範囲の中で起きている。人の社会的交流のさまざまな側面も、このわずかな時間枠の中で繰り広げられ、インターバル計時の鋭い感覚に左右されている。本物の笑顔は、作り笑いよりも先に出て先に終わるのが普通だ。その時間差はわずかだが、たいていの観察者にとって、本物と偽物の見分けは十分につくものだ。

1世紀以上にもわたる数々の研究から、時間の進み方は、その時間を過ごす人の状態によって変わるということが知られてきた。人が楽しいと感じているのか悲しいのか、怒っているのか不安なのか、恐怖でいっぱいなのか希望に満ちているのか、音楽を奏でているのか聴いているのか、といったことによって、時間は速くなったり遅くなったりするようなのだ。たとえば１９２５年の研究で、演説は聴衆よりも演者の方が、短い時間に感じるものだということが発見された。ただ、研究者たちがこの種の問題を「時間知覚」という言葉で論じていたら、それはたいてい、ほんの数秒から数分程度のことだ。

幼い子供に「2分たった」と気づく能力があるのと同じように、実は多くの動物にもそうした能力がある。１９３０年代にロシアの生理学者、イワン・パブロフは、イヌが短い時間間隔を習得することを明らかにした。パブロフと犬と言えば、条件反射と呼ばれる反応を証明したことで有名だ。イヌにベルの音を聞かせて餌を与えることを続けると、ベルの音だけで唾液が出るように条件づけされることを見事に示したのだ。ところがイヌは、ベルの音と同じように、ある時間間隔に対しても簡単に条件づけされることがわかった。たとえばイヌに30分おきに餌を与え続けると、やがてイヌは30分の間隔が終わる頃に、餌をもらえなくても唾液を出すようになる。そのイヌは30分という時間の長さを覚え込み、何らかの方法でカウントダウンしながら、その終わりに報酬がもらえると期待している。イヌが人間と同じような期待を抱くことが、パブロフの犬実験で定量的に捉えられたのだ。

実験室のラットも同じような能力を示す。ラットへの訓練として、まず時間間隔の始まりにライトを点灯する。そして、たとえば間隔を10分と決めたら、ラットが10分待ってからレバーを押せば、報酬として餌を与えることにする。これを何度か繰り返したあとで、今度はライトは点灯させるものの、ラットが何回レバーを押しても餌は与えないことにする。それでもラットは同じ反応を示し続ける。つまり10分たつ少し前からレバーを押しはじめ、10分ちょうどの時点で最も多く押し、それから少し時間がたつとあきらめるのだ。ラットはイヌと同じように、習得した時間間隔が過ぎる頃に期待を発生させているばかりか、その期待が報われなければ、時間間隔が終わった直後に反応をやめることまで身につけている。

その上、この期待行動はさまざまな長さの時間間隔に対応可能だ。5分、10分、30分など、どういう間隔で条件づけしても、概してラットはその間隔の10％相当のところで、レバーを押す行動を始めたりやめたりする。30秒の間隔で条件づけしたら、その間隔の終了3秒前に押しはじめ、終了3秒後に押すのをやめる。60秒間隔なら6秒前に押しはじめる、という具合だ。

1977年に、コロンビア大学の数理物理学者のジョン・ギボンは、ある重要な論文の中で「スカラー期待理論（scalar expectancy theory：SET）」と命名した理論を展開し、この数的関係のことを体系的に論じた。SETは基本的に一群の数式で構成された理論だ。条件づけした間隔の終わりが近づくにつれて動物の期待が高まり、反応の頻度が増すということと、その行為は間隔の長さに比例して起きるということが示されている。このように、スケールが変わっても比例的に同じ状況がみられることを「スケール不変性」と呼ぶ。動物がどのようにして間隔を計るかについては、現在もさまざまな説明が試みられているが、そのすべてがこのスケール不変性を取り入れている。

ラットはほかにも、計時に関する不思議な離れ技を見せることがある。チーズにたどり着く経路が二つある迷路にラットを入れるとしよう。その二つの経路は距離が同じだが、それぞれに一定時間の待機エリアが設けてある。たとえば、一方は6分、もう一方は1分待機しなければ進めない仕組みだ。するとラットはたちまち、より早くチーズにたどり着ける方の経路を学習する。ラットは時間間隔の違いに気づき、無駄な時間の長さを直観で知ることができるのだ。

アヒル、ハト、ウサギ、それに魚さえも、タイプは違うが同様の行動を見せる（ギボンにはムクドリを使った研究もある）。２００６年にエジンバラ大学の生物学者らは、ハチドリが野生環境で計時能力を示すことを明らかにした。この研究者たちは花の形を模したフィーダー８個を用意し、そのうち4個は10分おきに、あとの4個は20分おきに、砂糖水でいっぱいにした。すると、この偽物の花の周囲にテリトリーを持っているハチドリ（オス３匹）は、たちまち2通りの砂糖水補充パターンを学習し、それを予想するようになった。ハチドリは明らかに20分型のフィーダーより10分型のフィーダーの方に頻回に来るようになり、前者は20分間隔の終わり頃になるまで避けていた。そしてどちらのフィーダーへも、砂糖水が補充される時間の直前に訪れるようになった。またハチドリたちは花の場所を覚え、一番最後に訪れた花はどれだったかを記憶する驚異的な能力も示した。空っぽの花で時間を無駄にすることがほとんどないのだ。本物の野生の花を飛び回って効率的に蜜を探すには、花々のありかを記憶して、それぞれが蜜を出す速さ（1日のどの時間に蜜を出すかは花によって違う）を学習し、花をめぐる最適の経路を計算しながら、競争相手より先に（しかも早すぎない時間に）それぞれの花にたどり着くことを目指さなければならない。豊かな野生の世界でも時間はやはり貴重だ。ハチドリたちはそれを最大限に利用するべく働いている。

言うまでもないが、時間を最大限に活用するこのような行動を、人は常時おこなっている。人は数秒や数分をめぐって、時に意識的に、時に無意識に行動する。ここで走れば、発車間際のあの電車に飛び乗れるだろうか？　このレジは時間がかかりすぎている気がするが、どのタイミングでほかの列に移るべきだろう？　私たちがこのような判断を下せるのは、いくつもの短い時間間隔を何らかの方法で計って比べることができるからだ。それは洗練された行動のように思えるかもしれないが、実は動物界においては明らかに基本的な能力だ。豆粒ほどの脳しか持っていない生物にもできるということは、そこに何らかの計時装置があることが強く示唆される。それは生物にとって基本的で、しかも太古から続く装置だ。

ペースメーカー・アキュムレーター・モデルの誕生

20世紀初頭からの計時と時間知覚に関する研究は、大きく二つに分かれ、それぞれ他方の重要性にはほとんど気づいていなかった（存在まで知らなかったわけではないが）。その一方は主にヨーロッパを中心として、時間にまつわる実存的経験に主眼を置きながら、哲学を心理学へと置き換えていった。19世紀ドイツでは、心理物理学に傾倒した実験主義者たちが時間を実在する物として扱った。たとえば、エルンスト・マッハは、人にはおそらく耳の中に、時間に対する固有の受容器があるのではないかと考えた。一方、1890年に発売されたフランスの哲学者、ジャン＝マリー・ギュイヨーの「On the Origin of the Idea of Time（時間観念の創成）」と題した重要な評論の中で、時間が実存するという見方を退け、時間は心の中にだけあると述べた。これはきわめて現代的であるとともに、きわめてアウグスティヌス的な考え方だ。「時間は状態ではなく、単なる意識の産物である」と彼は書いた。「時間は、われわれが事象に課すアプリオリの形式ではない。私の見たところ、時間は一種の体系的な性質であり、心的表象の統合以外の何物でもない。そして記憶は、これらの表象の発現と統合のなせるわざ以外の何物でもない」。つまり時間は、私たちが記憶を識別するためのシステムなのだ。

その後の研究者たちの間では、「時間存在」という概念や「時間感覚」そのものへの関心はやや薄れ、代わって、時間知覚を混乱させるさまざまな方法が検討され、報告されるようになった。ペントバルビタールや亜酸化窒素などの薬剤を使えば、被験者は時間を少なく見積もるようになり、逆にカフェインやアンフェタミンは時間を過大に推定させた。同じ長さでも、高い音は低い音より長く続くように感じられる。「充実している」時間は、「空っぽの」時間より短く感じられる。アナグラムを解いたりアルファベットを逆順に書いたりして過ごす26秒間は、じっとして何もしないでいる26秒間より速く過ぎるように感じる。

1957年、フランスの心理学者ポール・フレスは、自身の研究を含む過去1世紀以上の時間研究を『時間の心理学』にまとめ上げた。幅広い知識を網羅したこの書物によって、それまで分かれていた研究分野が体系化された。同書はこの分野において、ジェイムズの『心理学原理』と同じくらい強い影響力を持った。デューク大学の認知神経学者、ウォーレン・メックは、「さまざまな論題への影響が非常に大きかった。学生たちの博士論文のテーマ選びに有用だった」と言った。「少なくとも科学の世界では、本を1冊書くということにそれなりの意味がある古き良き時代だった」

当時のアメリカで、また別の方向から計時の研究に取り組んでいたのが、若きウォーレン・メックを含む一群の科学者たちだ。当初、彼らは自分たちがそのような立場にあると気づいてもいなかった。

メックはペンシルベニア州東部の農場で育った。彼はよく、自分はいまだに農夫なのだと言って面白がっている。なぜなら、キャリアの大半を実験室でラットやマウスを育てたり管理したり、実験に使ったりして過ごしてきたからだ。大学に進んで最初の2年間は、地元にキャンパスがあるペンシルベニア州立大学に通った。出身高校からハイウェイを渡ってすぐのところだった。それからUCSDに移り、ハトを使うオペラント条件づけの研究室で研究助手として働いた。1970年代の当時、動物の学習と条件づけの研究は、まだ行動主義に支配されていた。それはアメリカではB・F・スキナーが広めた考え方で、動物の学習様式を実験室の綿密な制御下での行動から解明しようとするものだ。行動主義の科学者たちは認知心理学や社会心理学にはほとんど関心がなく、被験動物のことを歩く機械くらいにしか見ていなかった。パブロフは、条件づけプロセスの核心として、動物に時間間隔の学習能力があることを示したが、行動主義の研究者たちにとっては、そうした短い時間間隔の計時は目的に至る手段の一つであって、それ自体が研究するに値するものではなかった。

UCSDの研究室では、ハトは、反応キーの上の特定の色を見て、20秒待ってからキーをつつけば餌がもらえるというように、ご褒美が出てくるまでのさまざまな遅延時間を弁別するよう訓練された。「固定間隔にしたり変動間隔にしたり――われわれは動物が、まるで小さな時計のように行動すると考えていた」とメックは言った。彼の同僚たちは、どういう種類の物を使えば動物に学習させられるかを知りたがっていた。「けれど私は、脳の中の何が動物にあのような行動をさせるのかということに、常に関心を持っていた。それはスキナー派なら検討しようとはしない問題だった」

メックはブラウン大学に移り、有名な実験心理学者のラッセル・チャーチとともに研究した。チャーチはSETの提唱者であるジョン・ギボンとも頻繁に共同研究をしていた。この時期までにギボンは計時の研究に全力で取り組むようになり、実験動物に短い時間間隔の違いを見分けさせる認知プロセスはどういうものかを問い続けていた。1984年に、3人は独創的な論文を発表した。「Scalar Timing in Memory（仮訳：記憶におけるスカラー計時）」と題するこの論文は、ギボンの1977年のSETを拡大し、動物の計時に関する説明として、一つの情報処理モデルを展開した。

彼らが提唱したことは、体内に砂時計や水時計に似た基本的な時計があって、それが二つの機能を果たしているということだ。一つは、何らかのペースメーカーの存在によって、一定の速さでパルスを発生させること、そしてもう一つは、計時されている事象の時間内に発生したパルスの数を蓄積して、あとで参照できるようにすることだ。時を刻みながらその数を数え、記憶を伴う時計だ。またその時計には第3の特徴として、パルスを蓄積させるかどうかを決めるスイッチを持つ変種もある。学習するべき時間間隔が始まったときにスイッチが閉じ、パルスが積み上がることを可能にする一方、スイッチが開くとパルスは蓄積されなくなる。

研究者たちはこのモデルを「スカラー計時理論」と呼んだ。ただ、「ペースメーカー・アキュムレーター・モデル」という名称の方がよく知られているし、「情報処理モデル」と言われることもある。類似のモデルは、その10年前にオックスフォード大学の心理学者、マイケル・トリースマンが提唱していた。彼はこの概念を人の行動研究に応用していたが、当時はあまり言及されなかった。しかし今回の新バージョンは、動物の学習に初めて応用され、たちまち広まった。

メックは私と話すとき、1977年にギボンが発表したSETの論文に時計やストップウォッチ、ペースメーカーなどは一切出てこなかった、ということを必ず強調した。最近では多くの科学者が、あの論文にそういう記述があったかのように思っているが違うのだと。「あの論文の中身は閉じた数式の集まりだと言っていい」。その数式で、ネズミやハトがキーを押したりつついたりするタイミングが予測されるのだとメックは言った。そしてその次の論文（メックはそれを「SETの漫画バージョン」と呼ぶ）で「意図的な工夫」として、その理論にわかりやすい言葉を取り入れたのだ。「数学的な知識をあまり持っていない多くの心理学者にも、手に取りやすいものにすること」が目的だった。3人の間では、スカラー計時理論を「初心者向けSETモデル」と呼んでいた。行動主義の科学者たちの考え方は依然としてきわめてかたくなで、メックたちが初めて「時計」という言葉を論文で使った際には、学術誌のエディターたちが、それを削除すると強硬に言ったという。

「あの論文はわれわれにとって、ややリスキーだった」とメックは言った。「『時計』は自尊心の高いスキナー派なら決して使わないであろう認知の構成概念だ。目に見えないものは描写できないという立場だからね。トリースマンも『時計』というやっかいな言葉を使ったりはしなかった。しかし、われわれは動物研究の領域にいるたくさんの人を刺激したんだ」

ペースメーカー・アキュムレーター・モデルは動物の研究者たち、とりわけ何らかの形で計時を研究していた人たちの間に急速に広まった。そのわけは、研究者がそれまで観察してきた時間的関係のかなりの部分が、あのモデルの概念的なメカニズム（生理学的メカニズムではないが）で説明がつくからだ。

たとえば、ラットにさまざまな薬剤を投与する研究では、刺激薬（コカイン、カフェイン）がラットに時間間隔を長く見積もらせることがわかっていた。この現象は、薬剤の作用でペースメーカーによる時間の刻み方が通常より速くなるからだと考えればつじつまが合う。同じ間隔でも、記憶の貯蔵所に通常より多くの時間パルスが蓄積しているので、あとになって時間がどのくらい蓄積したかを振り返って「数える」と、その時間が過大に推定されるのだ。一方、ハロペリドールやピモジドのように脳内でドーパミンの効果を弱める作用があり、抗精神病薬として人でも使われている薬剤は逆の効果を示す。時間が刻まれる速度を遅くさせる作用があるために、ラットは時間間隔を少なく見積もるようになるのだ。

これらと同じか類似の薬剤を人の被験者に与えた場合にも、同様の結果が認められた。つまり、刺激薬は時計カウントを速くさせて時間間隔を過大推定させるが、抑制薬は過小推定を引き起こす。また、医学的な疾患によってもペースメーカーの時計が乱れる場合があることが、続々と明らかになった。パーキンソン病の患者は脳内のドーパミン濃度が低く、認知テストでは例外なく時間間隔を過小推定する。このことから、ドーパミンの減少が体内時計の進み方を遅くさせていることがうかがえる。

もう一つ、時間の推定について奇妙な事実を紹介しよう。被験者がある時間間隔を通常より長く感じるか短く感じるかは、被験者に「どのような」反応をさせるかによって変わるという現象だ。たとえば、可聴音の長さを判断するように求める実験では、被験者に「今の音は5秒間続いたと思う」のように口頭で説明させるのか、タッピングや声に出して数えさせるのか、等しい長さだと思う長さだけボタンを押して再現させるのかによって結果が変わる。被験者にカフェインなどの刺激薬を少量摂取させたあとに音を聞かせ、そのあとに音の持続時間を口頭で説明させた場合は、実際よりも長い時間を答えることが多いが、等しい長さだと思うだけボタンを押させると、実際の長さより短い反応を示すのだ。人の体内時計にはこうした複雑さがあるので、薬剤でスピードアップさせた上で同じ時間間隔を評価させても、答えを提示する方法によって過大になったり過小になったりする可能性がある。

このパラドックスも、ペースメーカー・アキュムレーター・モデルで説明がつく。被験者が聞いた音は実際には15秒間だったとしよう。カフェインでスピードアップしている被験者の体内時計は、通常より速く時を刻む。そのため15秒の間に通常より多くのパルスが発生し、普段ならパルスの数が50のはずが60になる（ここでは例示のためにランダムな数字を挙げている）。音が終わり、被験者に時間間隔を言葉にするよう求める。被験者の脳はパルスを数えるが、それが多くあるということは時間が長いことであって、60は50より大きいので、被験者は音が実際より少し長かったように答える。一方、同じ長さだけボタンを押すように言われた場合は、体内時計はカフェインによって速く時間を刻んでいるので、通常より短い時間のうちに50回のパルス（脳にとっての15秒間）に達する。そこで、実際に15秒が経過するより早くボタンから手を離すことになる。言葉での推定では過大推定になるが、行動で示させると観察者には過小推定に見えるのだ。

ペースメーカー・アキュムレーター・モデルは、ほどなく動物研究室を飛び出し、人の時間知覚を研究する科学者たちのもとにも広がった。「人を対象にする研究者たちは、伝統的に動物の研究にはそれほど関心を払っていない。逆もまた同様だ」とメックは言った。「動物の研究者たちには還元主義的なところがあって、何事も統制したがる。ところが計時研究の場合は違っていた。ジョン・ギボンのおかげで、人の研究と動物の研究の科学者たちが初めて一つになったのだ。われわれがある会議でSETの情報処理モデルを紹介したとき、人を研究している科学者たちに大歓迎された」

イギリスにいたジョン・ウィアデンもその一人だった。1984年の論文が登場したとき、ウィアデンは自分の研究グループの研究対象をラットから人に移す好機だと感じた。そして今、彼はペースメーカー・アキュムレーター・モデルの熱心な支持者になって、より刺激的な実験に挑戦している。たとえば、被験者に視覚刺激を見せるか、長さの異なる可聴音を聞かせ、その持続時間を推定させる実験では、直前に、1秒に5回または25回の頻度でカチカチというクリック音を5秒間鳴らしてみた。このような音には覚醒度を高める効果があることから、被験者の体内時計をスピードアップさせるのではないかと思いつき、試してみたのだが、結果は予想通りだった。実験後に被験者に刺激の長さを推定させると、はじめにクリック音を聞いていた被験者は、例外なく刺激の持続時間を過大に評価した。

ウィアデンがそこで気になったことがある。もし被験者の体内時計が速くなることで時間が拡張するのなら、人はその追加時間の中で普段より多くのことを成し遂げられるだろうか？時間が単に引き延ばされたように感じられるだけなのか、それとも何らかの実質的なあり方で本当に引き延ばされるのだろうか？「たとえば、あなたは文章を60秒で60行を読めるとしよう。そこで、私があなたにフリッカー音やクリック音を聞かせ、60秒が実際より長く感じられるようにする。あなたは60秒間に60行より多く読めるようになるだろうか？」

そう、それが実際にできることが証明されている。ウィアデンはある反応時間の実験で被験者にコンピューター画面を見せ、1列に並んだ四つのボックスを提示した。そして一つのボックスに十字マークが現れたら、被験者は手元にある四つのボタンのうち、そのボックスの位置にあたるボタンを押す。この実験の始まりに一連のクリック音（1秒あたり5回または25回のクリック音を5秒間）を聞かせておくと、被験者の反応回数が明らかに増えたのだ。類似の実験で、被験者に十字ではなく問題文を見せ、答えの選択肢四つを提示したところ、やはり最初にクリック音を連続して聞かせた被験者は、正しい答えをより迅速に選び出した。

ウィアデンによると、人の反応時間が速くなるだけでなく、時間内に学べる量も多くなることがわかったという。別の実験で、被験者にたくさんの文字が3列に並んでいるところを瞬間的に（せいぜい0・5秒ほど）見せ、その直後にできるだけ多くの文字を思い出すように求めた。するとやはり、あらかじめクリック音を聞かせた方が、正しく思い出せる文字数が多くなり、わずかながら有意な結果が得られた（ただし、そこになかった文字を思い出す、誤答率も増加した）。体内時計をスピードアップさせ、時間を刻む速度を速くすると、被験者に情報を思い出したり処理したりする時間が多く与えられるように見えた。

昔から知られていることだが、人はそのときの感情の状態や、身辺で何が起きているか、どういう事象を観察したり計時したりしているかという状況によって、時間の長さの感じ方がかなり変わる。「われわれの時間の感じ方は、心的な気分と調和する」とウィリアム・ジェイムズも書いている。ここ10年ほどの研究では、被験者の気分か被験者の経験内容のどちらか、または両方を使って、人のインターバル計時の時計を遅くさせたり速くさせたりする興味深い方法が次々と発見されている。コンピューター画面で顔の画像を瞬間的に見る場合、その顔が高齢者か若い人か、魅力的かそうでないか、被験者と同年代か同じ民族かによって、表示時間の長さの推定が変わる。画面上に同じように一瞬だけ表示させても、子ネコやダークチョコレートの画像は、恐ろしげなクモやブラッドソーセージの画像より長く続いたように感じられる。

私は少し前に、タイトルが「Time Flies When We Read Taboo Words（タブー語を読むときは、時間が飛ぶように過ぎる）」という論文をたまたま見かけた。論文の中では研究者が、性的刺激に満ちたさまざまな下品な言葉に時間をひずませる性質があることを検証していた。ただし学術的な作法に従って、出版済みの論文に、それらのタブー語そのものは掲載されていなかった。論文の終わりの注意書きから、著者に直接尋ねなければ教えてもらえないことがわかった。私は尋ねてみた。するとリストが届いた。私は「fuck」や「asshole」という単語をコンピューター画面で見ている時間は、同じ時間だけ表示される「bicycle」や「zebra」という単語の場合より短く感じられることを知った。

ペースメーカー・アキュムレーター・モデルの特徴の中で、ウィアデンが最も気に入っていることは、そこに日常的な経験が反映されているところだ。人は何かの出来事や時間が長く続くとき、自分の中で時間が積み上がっていくような印象を抱く。体内時計は一種のデジタル時計のようなものと想像すればよい。その数字は、外部の時間の流れとおおむね比例するように増えていく。外部の時計の時間が長くなれば、内部の時間のパルスが増える。内部のパルスが多ければ、外部の時計で長い時間が流れたことと同じだ。

人は実際に時間間隔の認識を使って計算することができる。ウィアデンは、被験者に時間間隔の開始時と終了時にブザー音を聞かせる方法で、10秒を認識させる実験をおこない、訓練した10秒間に対する感覚を「標準インターバル」と呼んだ。次に1~10秒の範囲内の時間間隔を決め、再びブザー音で区切って聞かせたのちに、被験者に今回の時間間隔は「標準インターバル」のどのくらいの割合に相当するかを尋ねた。半分の長さか、3分の1か、10分の1か？（被験者が頭の中でブザー音の長さをカウントする「ずる」をしないように、ウィアデンはブザーが鳴っている間に、別のちょっとしたタスクをコンピューター画面に表示して、被験者におこなわせていた)。

「この質問をすると、被験者の顔から血の気が引く。そんなのわからない、と思うんだね」とウィアデンは言った。しかし、被験者の時間の推定は驚くほど正確であることが明らかになる。「被験者による推定は、ほぼ完璧に直線になる。客観的にみて時間間隔の半分が過ぎた時点で、主観的にも半分の時間が過ぎている。ある種の直線的な蓄積(アキュムレート)のプロセスがあることがわかる」。その上、被験者ごとの差もきわめて小さかった。ある人が「標準インターバル」の10分の1とか3分の1と答えた長さは、別の人でも同様だった。さらにウィアデンは、被験者たちが時間間隔の足し算もうまくできることを発見した。2~3種類の長さの違う持続音を聞かせ、頭の中でそれらを足し合わせて一つの長い音にするように求めると、被験者たちは合計の長さを実際の長さに一致させようと試みる。「かなりうまくできる」と彼は言った。「そこでだ、もし時間の計量基準のようなものがないとしたら、人はいったいどうやって、そういうことができるだろう?」

「共感」の影響力

先日の土曜日の朝、スーザンと私はメトロポリタン美術館を訪れた。息子たちが生まれて以来、二人でそこに行くのは初めてだった。まだ混雑する時間ではなく、私たちは1時間ほどかけて、広々とした静かな空間で芸術を堪能した。私たちは一緒に回りながら、少しだけ離れていた。スーザンがマネやゴッホを見て回っている間、私はそばの小さな展示室に入り込んだ。地下鉄車両ほどの広さしかないその部屋にはガラスケースが並んでいて、中にドガの小さなブロンズ彫刻が入っていた。展示室の端の細長いケースの中には、さまざまなポーズのバレリーナの像が20体ほど入っていた。

次のページの写真は私がメトロポリタン美術館で見た踊り子シリーズの一部だ。このシリーズにはバレエのさまざまなポジションを練習する姿が表現されている。左の踊り子は休んでいるところ、右は第一アラベスク・パンシェのポーズをしているところだ。彫刻は動いてはいないが、踊り子たちは動いて見えるほど生き生きと表現されていた――そしてこの彫刻は見る者の時間の知覚に変化をもたらすことが明らかにされている。

２０１１年にブレーズ・パスカル大学の神経心理学者、シルヴィ・ドロワ＝ヴォレと３人の共著者は、この二つの踊り子の画像を使った実験結果を発表した。これは二等分課題の実験

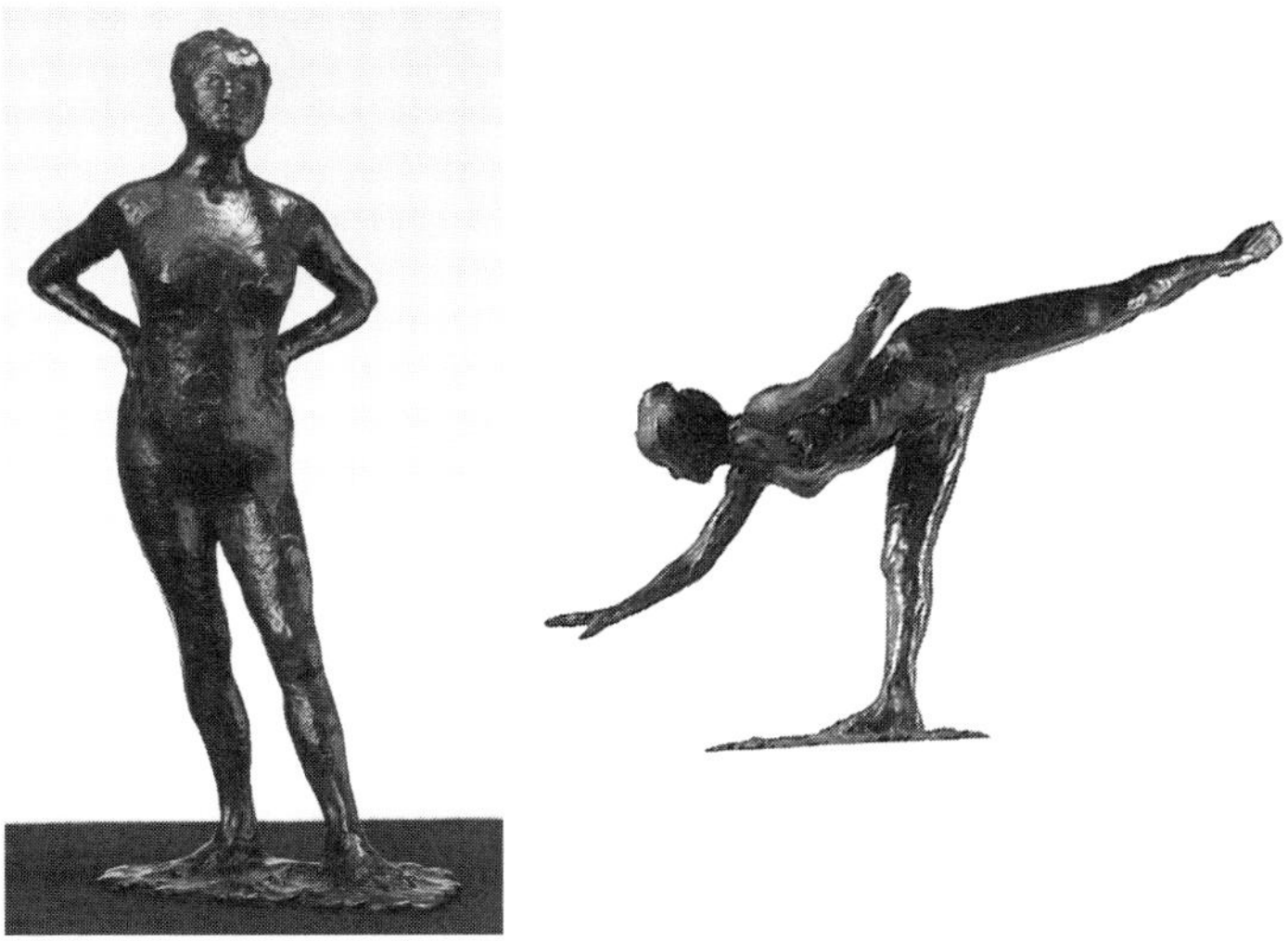

ドガの彫刻（踊り子シリーズ）

だ。まず、コンピューター画面に、これといった特徴のない画像を0・4秒か1・6秒だけ表示して、それぞれボランティアの被験者に見せる。これを繰り返すことで、2通りの時間の長さを識別できるように被験者に学習させ、その感覚を把握させた。次に、どちらか一方の踊り子の画像を0・4〜1・6秒の中間の長さだけ表示して見せる。そして被験者には画像を見たあとで、踊り子像の表示時間が0・4秒と1・6秒のどちらに近いと感じられたかを尋ね、キー押下で回答させた。すると結果は一様に、アラベスクをしている画像（2枚のうち動きのある方）が実際より長く表示されたように感じられていた。

この実験には明確な意味がある。関連するいくつかの研究では、時間知覚と動きの間に何らかのつながりがあることが明らかにされてきた。たとえば、画面上で素早く動く図形（円や三角）は、静止している図形より長く表示されたように感じられる。そして図形の動きが速いほど、その時間のひずみが大きくなるのだ。とはいえドガの彫刻は動いていない。単に動きをほのめかしているだけだ。一般に持続時間のひずみが起きる原因は、刺激の特定の物理的特性に対する感知の仕方にある。たとえば、0・1秒ごとに点滅する光を見ながら、同時に少しだけ遅いペース（15分の1秒に1回など）で繰り返し鳴るビープ音を聞くと、その人には光の点滅は実際のペースより遅くなり、ビープ音と合っているように感じられるだろう。これは人のニューロンの配線のされ方と関係している。時間にまつわる錯覚の多くは、実は聴覚と視覚の複合による錯覚なのだ。ただ、ドガの場合は、時間を変化させる特性（動き）が知覚されるわけではない。その特性は完全に観察者によって、観察者の内部で生み出されている――観察者はそれを記憶の中で復活させ、おそらく再現さえしているのだ。こうしてドガの彫刻を見ているだけで時間がひずむということから、人の体内時計がどのように、どういう理由で、今あるような働きをするのかがさまざまに考察できる。

時間知覚の領域でとくに豊かな成果がみられるのは、感情が認知に及ぼす影響についての研究だ。ドロワ＝ヴォレは説得力のある研究を数多くおこなって、この両者の関係を検討している。最近の一連の感情と時間知覚の実験では、被験者に数枚の顔の画像を見せた。それぞれの顔は無表情か、または楽しさや怒りといった基本的な感情を表している。各画像を画面上に0・5〜1・5秒の間のいずれかの長さだけ表示させ、被験者にそれぞれの画像の表示時間が「短い」か「長い」かを答えさせる。すると被験者は例外なく、無表情の顔より悲しい顔、悲しい顔より楽しげな顔の方が長かったと感じ、怒った顔と恐怖の顔はどちらもさらに長く感じていた（怒りの顔は3歳児でも長く感じることをドロワ＝ヴォレは発見している）。

この実験の重要な点は、覚醒と呼ばれる生理学的反応にあるようだ。ただ、覚醒と言っても、普通に想像されるものとは少し違う。実験心理学でいう「覚醒」は、身体が何らかの方法で行動に備えている度合いのことだ。覚醒は心拍数や皮膚の電気伝導度によって測定することができる。それは人の感情の生理的な発現とみなすことができるが、少し異なる見方をすれば、身体反応の前駆状態とも考えられる。標準的な評価法によると、怒りは観察者にとっても怒っている人にとっても同様に、覚醒度の最も高い感情だ。そして次に恐怖、幸福、悲しさの順に覚醒度が低くなる。覚醒はペースメーカーを加速させ、一定の時間間隔内に通常よりも多くのパルスを刻ませて蓄積させると考えられている。だから感情のこもった画像は、ほかの画像と同じ時間だけ表示されても長く感じられるのだ。

生理学者と心理学者は覚醒のことを、身体的に準備の整った状態だと考えている。それはつまり、動いてはいないが、動く構えに入っているということだ。人が動きを見るときは、たとえそれが動かぬ彫像に暗示されている動きだとしても、私たちの内部ではこうした思考が働いて、その動きが演じられている。ある意味で覚醒は、人が他人について想像力を働かせる能力の指標である。いくつかの研究では、人が何かの動作（たとえば、誰かがボールをつかんで持ち上げているところ）を見ているとき、その人の手の筋肉は活動の準備状態になることが示された。筋肉は実際には動かないが、筋肉の電気伝導度があたかも動く準備をしているときのように高まり、心拍数もわずかに増加する。その人は生理学的に覚醒しているのだ。物体の横でただじっとしている手（それを持ち上げようとしていると思われる）を見るだけでも、単に物を握っている手の写真を見るだけでも、同じことが起きる。

この種のことは日常生活の中で常時起きているということが、数多くの研究で示唆されている。人は互いの顔やしぐさを、たいてい無意識のうちに真似ている。実験上のトリックによって、被験者本人が顔を見ていることを意識しない状態にした場合でも、被験者は顔の表情を模倣することが、さまざまな研究から明らかになっている。友人同士の二人が会話をしているときは、見知らぬ同士の場合より、二人の動作が似てくる。そして第三者からも、どちらのペアが友人同士かは会話の録画を見るだけでわかる。ユトレヒト大学の心理学者、マーニクス・ネイバーは、何組かの被験者二人組にモグラ叩きをアレンジしたテレビゲームで競わせて行動同期の実験をした。ゲームが進むにつれ、被験者たちの動きは（無意識のうちに）一層同期するようになり、それがスコア低下を招く場合でも同様だった。この種の模倣は社会化行動の重要な一部であると思われる。そして、それをするためにはタイミングへの感度が不可欠だ。うなずき、笑顔、ため息などの意味合いは、その長短や緩急、あるいは定期的に起きるか散発的かによって劇的に変わり得る。

社会的模倣が生理学的な覚醒を引き起こし、他者の感情を知るための道を開くように思えることもある。研究によると、人はあらかじめ衝撃を予想しているような顔を作っていると、本当の衝撃が起きたときの苦痛が一層大きくなることがわかっている。楽しい動画や不快な動画を見ながら顔の表情を大げさにしていると、生理学的な覚醒の代表的指標である心拍数と皮膚の伝導度が高くなる。ｆＭＲＩを使った研究では、被験者が特定の感情（怒りなど）を経験しているときと、その感情を表す表情を見ているときでは、脳の同じ領域が活性化することが明らかになった。覚醒は他者の内的生活への架け橋になる。もし友人が怒っているのを見たら、人は単に相手がどう感じているかを推測するだけではない。実際に相手が感じている通りのことを感じるのだ。友人の心の状態、そして身振りの状態が、あなたのものにもなる。

さらに、その人の時間感覚に関しても同様のことがわかっている。ここ数年、ドロワ＝ヴォレを始めとする研究者たちは、人が他者の行動や感情を取り込んで一体化するときは、同時に時間のひずみとも一体化していることを明らかにした。ドロワ＝ヴォレは年齢差のある顔を見せる実験をおこなった。一連の顔（何人かの老人と若者）の画像をランダムにコンピューター画面に短時間表示して、被験者たちに見せた。すると被験者は、高齢者の顔の表示時間は過小に推定したが、若者の顔についてはそうではなかった。つまり、被験者が高齢者の顔を見たときは、彼らの体内時計がまるで「高齢者のゆっくりした動きと一体化したかのように」遅くなった、とドロワ＝ヴォレは書いている。体内時計がゆっくりになると、決まった時間間隔の中で刻まれるパルスが少なくなり、少ないパルスしか蓄積されないために、その時間は実際の長さより短かったと判断される。高齢者を認識したり思い出したりすると、その人は高齢者の身体状態（ゆっくりした動き）を再現したり模倣したりするようになる。「この一体化という方法によって、人の体内時計は高齢者の動きの速度に順応し、経過した刺激の持続時間を実際より短く感じさせている」

ここでドロワ＝ヴォレの以前の実験を思い出そう。被験者は、怒った顔と楽しい顔は無表情な顔より長く表示されたように感じていた。ドロワ＝ヴォレは、以前はこの効果を覚醒によるものと考えていたが、一体化も何らかの役割を担っている可能性があると思うようになった。おそらく被験者たちは、自分が見た顔を模倣していたのだ。そしてその模倣という行為が時間のひずみを発生させたのだろう。そこでドロワ＝ヴォレは、大きな修正を加えた上で、再びあの実験（感情と時間知覚の実験）をおこなった。今回は一群の被験者には顔の表情を抑制するために、唇にペンをくわえた状態で顔の画像を見せた。すると、ペンをくわえなかった被験者たちはやはり怒った顔は著しく長く、楽しい顔は中程度に長く続いたと言った。しかし、ペンによって唇と顔の動きに制限を加えられた被験者たちは、感情的な顔と無表情な顔の間に実質的な時間の差を認めなかった。時間は、よりによって、ペンの力で正されたのだ。

以上のことを考え合わせると、やや奇妙で刺激的な結論に至る。それは、時間の知覚には「伝染性」があるということだ。人が誰かと会話を交わしたりお互いのことを思い合ったりするときは、相手の経験を自分のことのように感じたりするものだが、持続時間の知覚（あるいは、自分自身の経験をもとにして、相手の知覚はこうであろうと想像するもの）も例外ではないのだ。時間は単にひずむだけでない。人はそうした小さなひずみを、通貨や、社会における「接着剤」のようなものとして、絶えず互いに共有している。「社会的な交流の実効性は、人が関わりをもった相手の活動に自分の活動を同期させられるかどうかによって決まる」とドロワ＝ヴォレは書いている。「言い換えれば、人は他者のリズムを受け入れ、他者の時間を取り入れている」

人が時間のひずみを共有することは、共感の表れと考えることができる。結局のところ、他者の時間と一体化するということは、相手の身になって考えることだ。私たちは互いの身振りや感情を模倣し合っている――ただし、そうした模倣は、観察者が自分と同一視できる人、または仲間を共有したいと思える人を見たときに起きやすくなることが研究で明らかになっている。

ドロワ＝ヴォレの顔にまつわる研究からも、そのことがわかった。感情と時間知覚の実験に被験者の民族の要素を加えてみたところ、怒った顔が無表情の顔より長く表示される現象は、被験者と表示された顔の人物が同じ民族である場合に頻度も程度も高くなったのだ。その上、ドロワ＝ヴォレは、怒った顔の表示時間を過大評価する可能性が最も高い被験者は、標準的な共感テストのスコアが最も高い人であることを見出した。

人は常に自分と他者の間を行ったり来たりしているが、実は非生物の物体とも、そんなやり取りをしている。顔や手、顔や手の絵、それに彫刻などの表現物。それがドガの踊り子だ。ドロワ＝ヴォレと共著者たちはドガに関する論文の中で、動きのある彫刻ほど画面上に長く表示されたと感じる原因（そして、そもそもそれが生理的な覚醒を引き起こす原因）は、「人を覚醒させる難しい動きを具体的に表現しているから」だと論じている。おそらくそれは、ドガが最初から意図していたことだ。この時間を分かち合おうと手招きし、どうしようもなく不器用な鑑賞者にまで、お入りなさいと誘いかけてくる。踊り子は体を前に傾け、外から見ただけではわからないが完璧にバランスをとりながら、ちんまりと片足で立っている。その像を見ている間、私は心の中でその子と一緒に、自分なりのアラベスクのポーズをとっている。私は喜んでブロンズ像と一体化する。そして私が見ているその瞬間、私の周りの時間がひずむのだ。

感情的な顔、動きのある身体、生き生きとした彫刻――これらはどれも時間のひずみを引き起こすことがある。その仕組みはペースメーカー・アキュムレーター・モデルで説明可能だ。それでも、やはり不可解な部分がある。人は間違いなく、生まれながらに、時間を保ったり短い持続時間を測定したりするある種の内的メカニズムを持っている。しかし、人が日々働かせているその仕組みは、ほんのわずかな感情のゆらぎによって変動するのだ。そんな不完全な時計を持っていて何になるのだろう?

「主観的な時間という点で言えば、私たち人間はストップウォッチに比べて、なんと性能が悪いことかと思います」と、トリニティ大学の哲学者で、『Subjective Time: The Philosophy, Psychology, and Neuroscience of Temporality（仮訳：主観的時間：時間性の哲学、心理学、神経科学）』の共著者であるダン・ロイドは言った。「人の時計はあらゆる面で一貫性がなく、いかようにも操られます。こんな調子でうまく機能していることが不思議な気もしますね」

ドロワ=ヴォレは、また別の見方を提示する。そういった現象は、私たちの時計がうまく働かないことを意味するわけではない。むしろその逆だ。人が日々の時間を過ごす社会的、情緒的な環境は絶えず移ろうものなので、私たちの時計はそうした状況に見事に適応している。さまざまな社会的状況の中で私が知覚する時間は、単に私だけのものではない。その時間は何か一つの影響だけで決まるものでもない。私たちの社会的相互作用に微妙な変化をもたらすものは無数にある。「したがって、唯一の均一な時間というものがあるわけではなく、複合的な時間の経験が存在している」と、ドロワ=ヴォレはある論文に書いている。「われわれが経験する時間のひずみは、われわれの脳と身体が、こうした複合的な時間に適応するあり方の直接的な反映である」。ドロワ=ヴォレは哲学者のアンリ・ベルクソンに言及している――唯一の時間という概念は棄却しなければならない。最も重要なことは経験を形作る複合的な時間である。

社会生活でのささやかなやりとり――視線を交わしたり、微笑み合ったり、渋い顔をしたり――は、それを同期させ合う能力が人に備わっているからこそ有効になる、とドロワ=ヴォレは語る。私たちは互いに親しくなるために時間をひずませる。私たちが経験する時間のひずみの多くは、共感の印である。私があなたの身になって、あなたの心の状態をうまく思い描くことができるほど、私たちは互いに味方だとか、友人だとか、必要な人であると、うまく認識することができる。しかし共感はかなり洗練された形質であって、情緒的に大人であることの印だ。共感には学習と時間が必要である。子供は成長とともに共感を発達させながら、この社会的世界をいかにして渡っていくかの感覚を磨いている。別の言い方をすれば、子供の成長のきわめて重要な側面が、他者に合わせて自分の時間を曲げる方法を学ぶことだ。

人は一人で生まれてくるかもしれないが、時計を同期させるとともに子供時代が終わる。それは人が時間という伝染病にすっかりなじんでしまったときだ。

何が人に時間を刻ませているのか

マシュー・マテルは自分の研究について講演するときに、ちょっと変わったやり方で話を始めることがある。まず冒頭で1枚のスライドを映し、それを声に出して読み上げる。そこにはこんな文章が書いてある。

インターバル計時はわれわれの瞬間ごとの知覚の中に完全に定着している。だからもし時間の予測ができないとしたら、われわれの意識にのぼる経験がどのようなものになるかは想像することすら難しい。

真ん中あたりの「時間の予測ができないとしたら」と言ったすぐあとで、マテルは不意に押し黙る。そのまま気まずい数秒がたつうちに、聴衆はだんだん落ち着かなくなって、「どうした?」「緊張してるのか?」などと思いはじめる。するとマテルはまた急に話を再開するのだ。

「ここヴィラノーヴァ大学の研究職に応募したときのプレゼンでも、あれをやったんです」とマテルは私に言った。「あとで指導教官がやってきて、僕が完全にフリーズしてしまったかと思って、すごく心配したと言ってました」

実はこの聴衆の反応は、「人は刻一刻と時間が過ぎゆくことにすっかりなじんでいるので、予想に反することが起きない限り、そのことにほとんど気づかない」という彼の論点を証明するものだ。「聴衆は私の講演の進み具合を意識して計っていたわけではありません。しかし、それが中断されると、常に計っていたということに不意に気づくのです」。最初のうちマテルは先輩の研究者たちから、時間の研究をやめるように勧められた。なぜわざわざそんなに難解なテーマを選ぶのだ、と。「ですが、それでは『木を見て森を見ず』です。計時は人のあらゆる行動に組み込まれているので、計時を伴わない経験というものは想像すらできないのですから」

マテルはフィラデルフィア郊外にあるヴィラノーヴァ大学で行動神経科学を研究している。初対面の人に「人が時間をどう知覚するかを研究している」と話すと、たいてい同じような質問を投げかけられるという。「私は毎朝目覚まし時計なしで同じ時刻に目が覚めるのだが、それはどうしてだろう？」「なぜ私はいつも真っ昼間からぐったり疲れているのだろう？」などと。そういう質問は概日リズムを研究する生物学者に尋ねるべきだ。マテルが研究しているのはインターバル計時。つまり、おおむね1秒〜数分という短い時間に、計画を立てたり推定したり、判断を下したりする脳の能力を司るメカニズムのことだ。

では、そのメカニズムはどういう性質のものだろう。脳には、視交叉上核にある概日リズムのマスター時計に似た、インターバル計時の時計があるのだろうか？　すでに配置されているたくさんの時計のネットワークが、目前の課題に応じて作動するのだろうか？　過去30年ほどの時間知覚に関する実験においては、ペースメーカー・アキュムレーター・モデルが、頼れるプラットフォームとしての役割を果たしてきた。このモデルから明らかなように、人の持続時間についての判断は、明るさや音についての判断と同じように、簡単かつ予測可能な方法で実験操作の対象になる。しかし、このモデルは経験からイメージされているにすぎない。実際には、1キロちょっとの重さがあるニューロンの集合体のどこにインターバル時計があるのだろう？　ある時、ウィアデンは、「このモデルは概念上の存在だ」と私に言った。「研究をシミュレートしたり説明したりするための数学的な枠組みとして存在しているが、その種のことを実行するメカニズムが物理的に存在しているかどうかは、まだわかっていない」

心理学者たちは、その答えにそれほど興味がないかもしれない。ウィアデンは『時間知覚の心理学』の前書きで、「著者の個人的見解だが、時間に関する神経科学研究の現状に鑑みて、本書で取り上げたトピックの中に、今後少しでも解明されそうなものは見当たらない」と書いている。しかし神経科学者たちは異を唱えている。パーキンソン病、ハンチントン病、統合失調症、それに自閉症もそうだが、ある種の疾患に現実に罹患している人たちは、計時課題の実効に困難があることがわかっている。インターバル計時には明らかに生物学的な根拠がある。

その解明が進めば、これらの疾患への理解が進んだり、最低でも人の脳の働きに今より光が当てられるだろう。何かが人に時間を刻ませている――それは何なのか？　誰よりもこの問題を解明したいと思っているのがマテルだ。

私はヴィラノーヴァ大学のキャンパスを訪ね、かなり古めの建物の最上階の一角でマテルの部屋を見つけた。地上から4階まで続く大理石の階段は、歳月に削られて丸みを帯びていた。ちょうど講義のない夏休みの時期で、リノリウム張りの廊下に人影はなかった。静寂はあらゆる物を普段より大きく見せる。私は小学生の頃に戻ったような、あるいは記憶の奥底にあるどこかの小道をたどっているような気がした。左に曲がると廊下が狭くなった。二つ三つのドアを通り過ぎたところで行き止まりになった。私は人に尋ねて回り、ようやく理解した。行き止まりのところにある非常口のようなドアの先に、ごちゃごちゃとオフィスや研究室がかたまってあるのだ。
マテルはTシャツと短パンに、ハイキング用のスニーカーという出で立ちで現れ、私を熱烈に歓迎してくれた。彼は実験室の一つに向かうところだった。その部屋を彼はラット部屋と呼んでいた。マテルは伸縮性のある青い手袋をつけた。何年もラットを扱っているうちに、皮膚にアレルギー反応が出るようになったからだ。その日はちょうど、いつもラットを管理している大学院生が休みだった。マテルは早口だが温かみのある口調で、目を大きく見開きながら話す。ある時、彼は「科学って、いろいろなストーリーをこしらえては、それが正しいかどうかを確かめることの繰り返しなんです」と言った。

時間知覚の研究は、始まりから100年くらいの間は、ほとんどが認知の表れ方を記録するものだった。人や動物を被験体にして、何らかの刺激（フラッシュ、怒っている顔、ドガの彫刻など）が提示されたときにどのように反応するか、そしてどういう条件（コカイン、高所からの落下、水槽の中での自転車こぎなど）を加えたらその反応が変わるか、といったことを実験したのだ。

しかし、それから徐々に、そうした反応が脳のどこで、どのように生み出されるかを研究することが可能になった。微小な標的領域だけに薬剤を作用させる方法を用いれば、特定のニューロン群を選択的に抑制したり増強させたりしながら時間知覚におけるその役割を測定することができる。脳画像検査では、被験体が計時課題に取り組んでいるときに、どのニューロン群が使われているかが明らかになる。

そして時間に関する心理学から、時間の神経科学という領域が生まれてきた。マテルを含むこの領域の科学者たちは、人の頭の中に分け入っていくうちに、人の本質にかかわる謎に直面する。それは、1400グラムほどの重さの細胞の塊が、いったいどうやって、人それぞれの記憶や思考、感情などを生み出すのかという問題だ。ある科学者は私にこんなことを言った。「人間の脳からどのようにして心が生まれるかは、まだ誰にもわかっていません。その意味では、どんな人でも神経科学者だと言っていいレベルなのです」

「脳の働き方は、まるで一つの会社のようです」とマテルは言った。「数多くの部署があって、それぞれがやるべき仕事をしています。ある種のトップダウン式のマネージメントがあるのかもしれませんが、各部署は一番得意なことだけをしています。それにどの部署にもたくさんの個人がいて、それぞれ自分の得意な仕事をします。僕はよくニューロンを人にたとえるんです。小さな集団を作って情報処理を担う人々です。ニューロンはあるレベルでは、オートマトンのような振る舞いをします。ただ、ニューロンでできている脳のような生理的システムが、どうやって意識のような心理学的現象を発生させるのかが大問題です。人は自由意志を持っていると考えられがちですが、もし本当にそう信じているなら、神経科学者にはなれないでしょう。その考え方からすると、人の行動が脳以外の何かに操られているということになりますから」

人の脳は数千億個のニューロンが集合してできている。ニューロンは生物にとっての電気配線のようなもので、情報を電気化学的なパルスの形にして、細胞の端から端まで、ほぼ一方通行で伝達する。ニューロンの中にはきわめて長いものがあり、たとえば坐骨神経のニューロンは脊椎から足の親指まで1メートルほどもある。しかし、たいていのニューロンは顕微鏡で見るしかないほど短く、どれもきわめて細い。10〜15本を束にしても「・」の中におさまってしまう。一つ一つのニューロンには、シグナル受信専用の先端部（樹木の根のように枝分かれした樹状突起という突起物）と細胞本体（細胞体）、それに長く伸びた軸索がある。電気パルスはこの順に流れ、最後にまた枝分かれした軸索の末端から、次のニューロンへとシグナルが受け渡される。

典型的なニューロンは1万個ほどの「上流」ニューロンからシグナルを受信して、もう少し少ない「下流」のニューロンに伝達している。これらのニューロン同士は通常、物理的につながっているわけではなく、ニューロンとニューロンの間にシナプスという狭いすきまがある。シグナルが一つのニューロンの末端にたどり着くと、神経伝達物質が放出され、その物質がシナプスを越えて次のニューロンの樹状突起に（鍵と鍵穴のように）結合する。このようにして届いたシグナルに十分な強度があれば、また新たなシグナルを発生させて受け渡されていく。

ニューロンが電気シグナルを発生させることは「発火」、発生する電気シグナルは「活動電位」と呼ばれている。活動電位の特徴は、一定の大きさの電位が、発生するかしないかの二択であることだ。そのため、シグナルの強度は活動電位の大きさではなく、その発火の回数に表れる。強い刺激（たとえば、明るい光など）のシグナルは、弱い刺激の場合より多くの発火を引き起こすので、より多くの下流のニューロンを発火させやすい。こうして小さな細胞レベルでも、時間は——単位時間あたりのシグナルの数という性質において——重要な役割を担っている。

神経科学者がニューロンのことを「同時検出器」と表現することがある。ニューロンは常に上流から、基礎値と言うべきわずかな刺激のインプットを受けているが、ニューロンが実際に発火するのは、このわずかなインプットが激増し、多数のシグナルが同時に届いた時だけなのだ。ただ、このスケールにおける「同時」とはどういうことなのかと思う人もいるかもしれない。ニューロンにとっての「今」とは何だろう。

それを考えるには、ニューロンの細胞膜を出入りするイオンの流れが決め手になる。上流からの刺激が神経伝達物質として届き、ニューロンの細胞膜に結合すると、イオンチャネルという微小な通り道が開いて、細胞内にイオンが流入する。通常、入ってくるのはわずかに正（＋）の電荷を帯びたナトリウムイオンだ。細胞内の電荷はもともと負（－）に傾いているが、このナトリウムイオンの流入によって電荷が中和され、少しずつ電荷ゼロの状態に近づいていく。これを脱分極という。そして脱分極が一定のレベル（閾値）を超えたときに、ニューロンは急激に発火するのだ。上流からの刺激が素早く（続々と）届くほど、イオンの流入速度が上がり、発火が起こりやすくなる。ただし、実はニューロンは穴の空いた水時計のようなものなので、入ってきたイオンが細胞膜から漏れ出たり、細胞の能動的な働きで細胞外に汲み出されたりもする。

ニューロンにとっての「今」は、このイオンの流入が流出のペースを上回るようになるまでの時間だ。それは動的な時間枠であって、さまざまな形で細胞の制御を受けている。ニューロンはイオンを速やかに汲み出すこともあれば、ゆっくりのこともある。細胞膜にあるイオンチャネルの数は、その細胞のDNAによって調節されている。ニューロンは上流からの刺激をどれも同じように扱うわけではない。やや離れたニューロンから樹状突起に届くシグナルは軸索に達する途中で消えやすく、ニューロンが発火するかどうかへの貢献度は低くなる。

マテルは「僕にはニューロンが、何かを計算している人のように思えます」と言った。「ニューロンたちは時間と空間を超えて、活動電位という形で情報を統合しているのです」。マテルは学生たちに、「土曜日の夜、ダンスパーティーに行くか、外出せずに勉強するか、君だったらどうやって決める?」と尋ねてみるという。「母親に尋ねたらこう答え、友人たちはまた別の答えをする。パーティーに行くべきだと言う友人もいるかもしれないが、君は以前、その友人が勧めてくれた別のパーティーに行って、全然楽しくなかった。そうなると、彼らの意見は重要性が低くなる」。このように、ニューロンは判断の拠り所になる情報を比べている。

いずれにしても、ニューロンにとっての「今」は無の時間ではない。そして、ほかの場合と同じように、時間ができるにはいくらかの時間がかかる。神経伝達物質がシナプスに拡散して、一つのニューロンから別のニューロンへ届くのに50マイクロ秒（1ミリ秒の20分の1、1秒の2万分の1）、ニューロンが脱分極して発火に至るまでにおそらく20ミリ秒、そしてさらにニューロン自身が発したシグナルが細胞の端まで伝わっていくのに約10ミリ秒だ。ニューロンは1秒間に10～20回発火することがある。ニューロン集団が間欠的な一斉発火を繰り返すと き、そのパルスは電磁的な規則的振動（オシレーション）を引き起こす。「時間知覚を理解する難しさの一つは、脳でのプロセスがミリ秒という短い時間スケールで起きているところです」とマテルは言った。その同じ回路がどうやって、秒や分、さらには時間に至るまで、さまざまな時間スケールの経験を可能にするかが問題なのだ。

ある初期のモデルでは小脳に注目し、それを文字通りの電気回路（分岐のあるネットワークと、シグナルを遅くさせるディレイラインを持つもの）として扱っていた。この考え方は、音のくる方角を判断する能力の説明には役に立つ。ある音のシグナルが別の音よりわずかだけ早く耳に届くと、その時間差が音の方角に関する情報になるからだ。しかし、数秒から数分という長さの知覚には、それほど有用ではない。その代わりに、マテルはここ数年、別のモデルの研究を支援している。電気回路のようにではなく、交響曲のように作動するモデルだ。

脳の時間の計り方

マテルは1995年にオハイオ州立大学を卒業後、デューク大学の博士過程に進学した。そこで、前年にコロンビア大学から転籍していたウォーレン・メックのもと、インターバル計時の神経的基盤の解明に取り組んだ。メックは新しい知見に満ちた二組のデータセットを集めていた。一つはラットと人の研究に基づくもので、人の持続時間の感覚は脳内のドーパミン濃度を変化させる薬剤の投与によって速くなったり遅くなったりするということを示していた。二つ目は回路の問題だ。ラットの研究から、脳の背側線条体という部分を破壊または除去すると、標準的な計時課題の遂行能力が失われることがわかった。そして、線条体に障害のあるパーキンソン病患者も同じように、インターバル計時を誤判断する。この点については、コロンビア大学のチャラ・マラパニを始めとして、ロンドン大学の神経科学者、マルジャン・ジャハンシャヒや、UCSDのデボラ・ハリントンなどが、多くのエビデンスを明らかにした。マテルがやってくるとすぐに、メックはこの二つのデータセットを手渡した。

「彼はこれらの書類を僕に渡し、『君の仕事は、そのすべてが脳の中でどのように起きているかを解き明かすことだ』と言いました」とマテルは語った。「答えを見つけ出せ、のように言っていたわけではないと思います。ですが、それから僕はたくさんの論文を読みはじめました。心理学の文献ではなく、神経生物学の文献を」

マテルは話をしながら、研究室とラット用の設備を案内してくれた。ラットは1匹ずつ、30センチ四方くらいのプラスチック製の小部屋（チャンバー）に入っていた。それぞれのチャンバーには小さなスピーカーと三つの穴がある。このスピーカーから時折り音がするのが餌のペレットを与える合図になっていて、ラットは音を聞くと穴に鼻を突っ込む。「レバーより穴の方がうまくいくんです。ラットは物に鼻を突っ込むのが好きなので」とマテルは言った。この仕組みを使って、マテルが選んだ時間間隔を学習するようにラットたちを訓練する。たとえば、ラットが穴に鼻を突っ込んだら（その行動は穴ごとに設置された赤外線ビームで検出されるようになっている）、報酬として、30秒後に餌が与えられるとする。そのとき、30秒たつのを待っていられずに鼻を突っ込んでも何も出てこない。ラットにすれば、成功するには鼻を突っ込むことと待つこと——そして再び突っ込むまでにどのくらいの長さを待てばよいかを学習すること——のすべてが必要だ。

話している途中で、マテルは金属製のキャビネットのところで立ち止まり、人の脳のプラスチック模型を取り出した。それをテーブルにセットして、大脳皮質の右と左の半分（大脳半球）を切り離し、さらにばらばらにしていった。脳の内部には、脳幹の一番上のところに、平たいキノコのような構造があった。それは脳梁といって、左右の大脳半球をつなぐ重要な神経線維の束だ。マテルは、それぞれの大脳半球の中にあるV字形の部分を指差した。そこは脳室だ。脳室は液体が充満した袋状の空間で、脳内の衝撃を和らげる重要な働きをする。「脳は周りも液体に取り囲まれていて、全体が液体に浸かっている状態です」と彼は言った。「卵を保護するやり方に似ています」

脳梁の下部には、感情や記憶に関与する大脳辺縁系の一部にあたる海馬と扁桃体があり、視床、大脳基底核、その他の構造物とともに、全体として皮質下構造を成している。

人類は考える生物種である。このことから脳の主な仕事は、人の思考を促すことだと思われがちだ。確かに、考えるという仕事にとって脳は欠かせない存在だが、脳の最も根本的な仕事とは、私たちが先のことを予想したり、動いたり、そのとき直面しているあらゆる状況に対して最良の動きを選択したりするのを手伝うことだ。この目標を達成するために、脳はどの動きをするべきかについての不確実性を極力排除しなければならない。そのためには、まずその場で何が起きているかの確実なデータを集める必要がある。とくに、現時点であらゆることがどうなっているか――以前の動きの結果はどうだったか、今の状況は良くなっているのか悪化しているのか――が重要だ。そしてそれがはっきりするまで、情報はループを繰り返しながら脳内を駆け巡る。

始まりは、感覚データが目や耳や脊髄を通って入ってくることだ。データは視床の別々のエリアを通過したあとに、感覚皮質のそれぞれの領域に分かれて伝達される。一次視覚野（脳の後部の後頭葉にある）、一次聴覚野（両サイドの側頭葉にある）、体性感覚野（頭頂葉の一番前あたりにある）などだ。その先で一部の情報が合流して、大脳辺縁系と側頭葉へとめぐる。これは「What経路」と呼ばれることがある。脳はこの経路を介して、その刺激が何であるか（what）を、価値判断は抜きにして把握するのだ。その評価（あれはケーキだ）が定まったら、情報は大脳辺縁系の扁桃体や海馬などに伝わり、価値（私はあのケーキをどのくらい熱烈に食べたいか？）とともに符号化されて、もし覚えておく価値があるなら記録される。データは次に前頭前皮質に伝わり、そこで判断の重みづけがされ（私はあのケーキを、宿題をする前に食べるべきか、宿題を終えるまで置いておくべきか？）、優先順位がつけられて、重要性の低い情報（私のダイエット）は下位に置かれる。情報はさらに運動前野と運動野に向かい、そこから行動開始の指令が発せられる。

この旅路のほぼ中ほどに、大脳基底核という重要な領域がある。大脳基底核は線条体や黒質緻密部を含むいくつかの構造の集合体で、線条体がシグナルの入り口になる（教科書の図で見ると、線条体は一部がらせん形になっていて、耳掛けタイプのイヤホンのようにも見える）。大脳基底核は脳の省力化部門とも言える。もし私がケーキを目にしたときのいつもの反応が、直ちにそれを食べることであるなら、私の脳は、通常の「What経路」のループは飛ばしてよいと即座に判断する。つまり、「ケーキを見る、ケーキと特定する」のあとの「ケーキを望ましいものと認識する、ケーキを食べるかどうかを検討する」という過程は飛ばして、直ちに食べることに向かうのだ。大脳基底核は皮質ニューロンの特定の発火パターンを認識することで、私がすぐにでもしたいと思うことを私にさせながら、新たな刺激のために神経構造を解放している。そこは繰り返される活動を学習して、習慣を（たとえそれが依存であっても）形作る場所だ。

この大脳基底核が、脳のインターバル計時を司る時計の中心的な要素でもあると、マテルとメックは考えている。このことが「交響曲のように作動するモデル」のポイントである。彼らはこのモデルを「線条体ビート周波数モデル」と名づけて提唱している。

マテルとメックは、「線条体ビート周波数モデル」を音楽の用語で説明する。大脳基底核が指揮者だ。そこでは、樹状突起にとげがある有棘《ゆうきょく》ニューロンという神経細胞が、大脳皮質の無数のニューロン群の同時発火の様子を常時見守っている。ある論文でメックとマテルはこのことを「大脳皮質の活動による曲作り」と表現している（時間を研究する科学者たちは音楽にたとえることが好きなようだ）。「それはオーケストラみたいなもので、同時に演奏しながら、そのタスクが今どのあたりを進んでいるかを教えてくれるのです」とマテルは言った。そして彼は大脳基底核が習慣の形成にとって不可欠であることを思い出してほしい、と続けた。習慣とは、人が自分のしていることをとくに意識しないまま、周囲の状況に合わせてする行動のことだ。たとえば、車の運転はほとんどが「自動的な、習慣に基づく処理だ」。高速道路で特定の出口のサインを見たとき、人はウインカーを出し、片側の車線に移るために、ハンドルを一定のやり方で握って大きく回す。

「大脳皮質が出口のサインのシグナルを検出すると、それが線条体の引き金を引く。線条体は大脳皮質のこの活動を、いつものお決まりのパターンだと認識する。そして『了解』と言って行動を変え、ウインカーを作動させる」。このようにマテルは説明を続けた。「ウインカーを出す動きが大脳皮質に検出されると、また別の行動変容の引き金を引く。そして今度は車線を変更したり、車の速度を落としたりする。人はこのような一連の行動に従うのみです。ある特別な環境を検知したら、この行動をして、それでまた新たな環境になって……と習慣的に続いていくわけです」

持続時間の学習は、これと同じように、反復されるデータのループから発生する。そして少なくとも最初のうちは、このループが実際のタスクと密接に結びついている。餌のペレットを待っているラットは、交響曲を聴いている人に似ている。「ラットは時間経過のどのあたりの位置に自分がいるかを知っているわけではありません。そのうち餌がくる、ということを知っているだけです。人も時間が過ぎることを感知できるわけではなく、そこで起きることを知っているだけです」とマテルは言った。「あなたは、ある交響曲を100回聞いたことがあるとしましょう。今あなたはコンロのところに行き、水をいれたヤカンを火にかける。それから隣の部屋に行って交響曲をかけます。あなたは第二楽章の3小節目になったところでヤカンが沸騰しはじめることを習慣的に知っている。いつ第二楽章のその小節になったかは、今聴いている音を統合することで認識します。それは交響曲のはじめの頃より何かが蓄積され一定量を超えたわけではなく、複雑さが増すわけでも、全体として程度が変化するわけでもありません。ここがペースメーカー・アキュムレーター・モデルの、蓄積されたり減ったりという感覚とは違うところです。マウスは、脳の状態が『30』ではなく『10』を表しているときに餌が出てくるとわかれば、それに合わせて確率的に行動するのです」

大脳皮質のニューロンは、一つ一つがアンテナのようなもので、「それぞれが何か特定のことに感度を合わせています」とマテルは言った。「ありとあらゆる限定的な何かの状態についての検出器のようなものです」。大脳皮質からはおびただしい数のニューロンが大脳基底核の線条体につながっている。人の線条体は200万個あまりの有棘ニューロンで構成されており、その1個1個が1万〜3万個の皮質ニューロンの状態を監視している。そこには多くのオーバーラップがあるが、それぞれが上流で起きる特定の発火パターンを的確に検出する能力を持っている。そして特定のパターンが起きると、それを検出した線条体ニューロンが発火し、近くの黒質緻密部にあるニューロンからのドーパミン放出の引き金を引く。このドーパミンという小さな神経伝達物質が報酬となって、そのパターンは将来的に覚えておく価値のあるものとして記憶されることになる。シグナルはさらに視床を経由して、運動ニューロンに行くか大脳皮質に戻る。「この回路からのインプットすべての貢献を大脳基底核が検出しています」とマテルは言った。

こうした仕組みは十分に確立されている。マテルたちはこのモデルを使い、皮質ニューロンのいくつもの集団が、外部シグナルで刺激されたときに別々のパターンで発火することで、インターバル計時を可能にしていると考えている。その一部にはシータ振動と呼ばれる発火（1秒あたり5～8回、すなわち5～8ヘルツ）がみられる。ほかに8～12ヘルツ（アルファ）と20～80ヘルツ（ガンマ）の振動もある。これらの振動パターンが背側線条体の有棘ニューロンによって検出されるのだ。もちろん、こうした発火速度は、人の意識にのぼる日常生活の時間スケールよりずいぶん小さい。「脳はミリ秒スケールで機能していますが、私たちは数時間もの物事の時間を計ることができます。あなたがここにきてから、そうですね……1時間半ほどになりますね？　私たちはそういうことを時計を見なくても推定できます。では、人は脳内でのミリ秒レベルの現象を、どうやって分〜時間レベルの計算につなげるのでしょう」

マテルとメックはこの難問に取り組むために、バーミンガム大学の神経科学者、クリス・マイオールが開発したモデルを取り入れた。マテルの説明を聞くために、私たちはマテルの部屋に戻った。大きな窓からは晩春の明るい光が射し、キャンパスの風景が建物の屋根越しに見える。部屋の一方の壁には背の高い本棚があって、『Psychopharmacology（精神薬理学）』や『The Wet Mind（ウェットマインド）』といったタイトルの本が並ぶ。近くの窓辺には「驚きの〝成長する脳〟」という未開封のおもちゃがあった（水を加えるだけでいいらしい）。別の壁にはホワイトボードがあった。マテルはマーカーを手に取り、次のページのような図を描きはじめた。

まず2列のマークを描いた。各列が一つのニューロンの発火頻度を示している。今、何らかの刺激として、たとえば音が鳴りはじめるとしよう。ニューロンは音が届くと直ちに発火を始め、音が続く間は発火し続ける。しかし、すべてのニューロンが同じ頻度で発火するわけではない。あるニューロンは10ミリ秒に1回、別のニューロンはもう少し短く6ミリ秒に1回というように、それぞれに固有の頻度がある。ここで、この二つのニューロンが同じ線条体ニューロンに接続しているとしよう。その線条体ニューロンには二つのニューロンが同時に発火するタイミングがわかる。この図の場合なら30ミリ秒に1回だ。

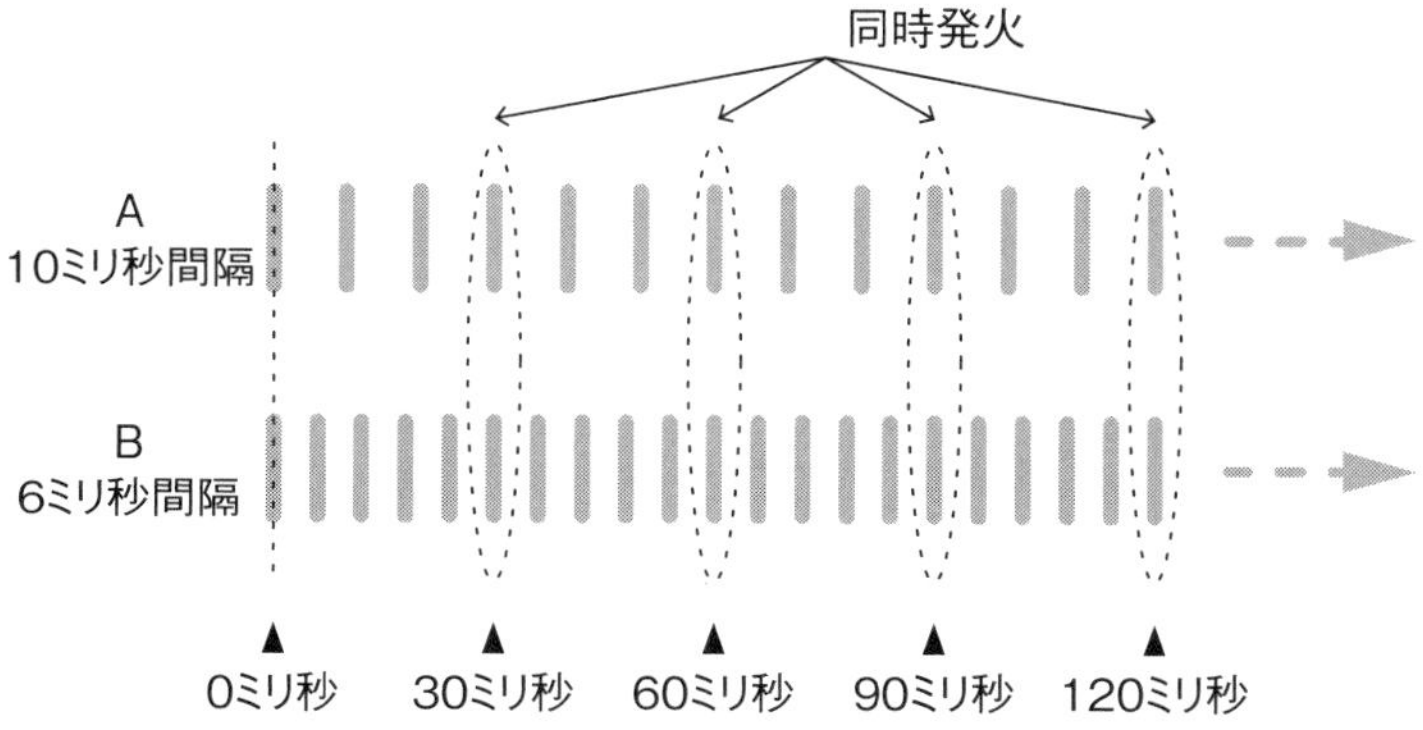

ニューロンAは10ミリ秒に1回、ニューロンBは6ミリ秒に1回発火する。

このようにして、この線条体ニューロンは一定の間隔（30ミリ秒）を検出できるようになる。ポイントは、この時間長は二つの皮質ニューロンがそれぞれ発生させる発火頻度よりかなり長いということだ。そして、線条体ニューロンには、一つ一つに（たった2個ではなく）1万〜3万個もの皮質ニューロンが接続している。それゆえ、線条体ニューロンは無数のニューロンの組み合わせによる膨大な数の同時発火を検出できるのだ。この計算でいくと、大脳基底核の有棘ニューロン群は、ミリ秒という時間スケールをはるかに超えて、現実世界の幅広い時間間隔に感度を持っていると考えられる。
それどころか、人のニューロン網は実質的に、起こり得るあらゆる持続時間を常時検知しているのかもしれない。ただ、脳がそのすべてをわざわざ記憶にとどめはしないだけだ。特定の持続時間が学習されるのは、単純に強化の問題だ。ラットなら餌のペレットをもらえること、人ならキャンディーをもらったり、言葉で励まされたりと、何らかのポジティブな報酬を得ることが強化につながる（信号が変わるのを90秒間待って、青になったときに、自由に走り出せるという満足感を得るのも報酬だ）。報酬を得たことで大脳基底核内にドーパミンがどっと放出されると、そのときの皮質の発火パターンがはっきり区別されて視床に送られ、あとあと参照できるように記憶に蓄えられるのだ。

厳密に数字の上での話だが、人の脳には数千億個のニューロンがあり、それらが時々刻々と、無数のシグナルをやりとりしている。そのことを考えれば、そこで外部世界の出来事の時間を計る何らかの方法ができたとしても不思議はないのかもしれない。それにしても、生きた細胞同士がやりとりを繰り返すことによって、計算ができたり、見知らぬ人の微笑みの持続時間を計るといった、人が心の奥で直観的にしている反応が起きるのだから、そのとてつもなさには驚くしかない。タイプするサルがシェイクスピアの戯曲の一つを打ってしまう確率の方が、よほど高いに違いない。

メックと話しているときに彼が強調したことがある。マテルを含むこの分野の研究者たちが解明しようとしている計時とは、時間を計ることではなく、「時間弁別」だということだ。ここで言う時間弁別は、特定の持続時間が別の持続時間より価値があると学習するプロセスのことだ。「脳は常に物事の時間を計っている。たとえ人がそのことに注意を払っていなくても」と彼は言った。「もし誰かがその人に『この10秒が大事だ』と言わなければ、10秒という時間は普通の人にとって何の意味もない。人は良いものと悪いものを、つまり何が重要なのかを弁別することを学習している。その弁別のためには記憶が必要になる。どんな計時課題も時間弁別なのだ」

ただし、計時の神経的基盤がどのようなものであろうと、時間を感知するための器官があるという意味ではない。そのことをマテルはあらためて強調した。耳は音の波を、目は光の波を検出する。鼻は臭い分子を解釈する。「しかし、ほかの感覚系とは違って、人は『時間物質』の検出器を持っているわけではありません」とマテルは言った。「脳は間違いなく時間を感知して、私たちの行動を制御しています。ですが、脳が計っているものは物質ではなく、主観的な時間です。脳は何らかの時間的見通しを得るために、脳自体のはたらきに注意を払っています」。人の知覚に関する限り、時間は、脳が自分の内側で起きている会話を聴くことで生まれるのだ。

神経科学の領域では線条体ビート周波数モデルの文献が徐々に増えている。ほかの研究者からの引用が多くなり、インターバル計時の主要な神経生理学的学説として、多くの科学者に認められている。しかし、それで計時の問題が完全に解明されたわけではない。論文の中で線条体ビート周波数モデルのことが言及されるときは、よく、「時間の判断における内的時計として、特定の生理的回路の機能性を説得力をもって明示したエビデンスは、ほとんどない」といった限定的な文言が添えられている。あるいは、「(科学者たちは)現在までのところ、時間の処理に特化したシンプルな神経機構を特定できていない」ということを示唆する注釈がついていたりする。

別のモデルも議論にのぼっている。「計時能力に関する新しい計算モデルは、毎年10種類は登場しているはずです」と、オーバリン大学の神経科学者、パトリック・シメンは言った。シメンと同僚たちは2011年に独自のモデルを導入した。そのモデルは、確立済みの意思決定モデルの要素を採用し、大脳基底核の同時性検出能も取り入れている。「このモデルは、ある意味では新しいと言えますが、既成のいくつかのモデルを、少し違った方法で組み合わせたものです」とシメンは言った。ウォーレン・メックはかつて、彼自身のモデルについて、ほぼ同じことを語っている。「われわれは、まったく新しい概念を提示しているわけではない」とメックは私に言った。「われわれもそういうやり方をしている。採用したのはマイオールのモデルだ。その要素を使って、もっと有用になるように組み立て直しただけなんだ」

マテルにとっても、線条体ビート周波数モデルにはすっきりしない部分がある。一つには、あのモデルは個々の皮質ニューロンの振動を必要とするが、そうしたことは普通は見られないということだ。ニューロンが特定の振動に合わせて発火することはあるが、常時そうだというわけではない。あのモデルはノイズへの感度も高い。ノイズは、反応につきもののわずかな変動で、どんな生物システムにも存在するものだ。「すべてのニューロンが同じようにノイズを発するなら、それはそれでかまわないが、あるニューロンはやや速く、別のニューロンはやや遅く振動するようだとモデルが完全に破綻してしまい、計時などできません。すべてが一貫性を保っているかどうかにきわめて鋭敏なのです。しかし現実はそういうものではないと思います」

そして多くの科学者と同じように、マテルも、時間知覚の計量的に見える性質に悩まされている——時間が「増える」と感じたり、一定の時間間隔の半分が過ぎたなどと感知する能力が人にあることだ。実験室のラットですら、そういう経験をする。マテルは一群のラットを2通りの条件下で訓練した。一つは、マテルがある音を鳴らしたら10秒後に餌がもらえるという条件。もう一つは、マテルがライトを点灯したら20秒後に餌がもらえるという条件だ。ところが驚いたことに、両方の刺激を一度にオンにすると、ラットは15秒後に餌を期待する行動をした。それは二つの刺激のちょうど真ん中の時間だ。まるでラットが二つの時間を平均したかのようだ。

「動物が何らかの大きさ成分を持つ時間を知覚することは、間違いないと思います」とマテルは言った。「ラットは持続時間を平均しているだけではありません。持続時間を平均しながら、それぞれの刺激が報酬をもたらす確率によって、計算結果の重みづけもしています。ラットの行動様式を見ていると、情報処理能力の一部に、きわめて定量的なアナログ情報が含まれていることがうかがえます。僕は今でも　僕たちが提起した全般的な枠組みをある程度まで信じています。線条体はあの位置から皮質ニューロンのアンサンブルを見ている。そして餌が出てくると、ドーパミンのパルスを放出して、同時発火している皮質ニューロンのアンサンブルを記憶にとどめる。そして皮質ニューロンもその位置から、自分たちの同時発火が起きるのを待っている線条体ニューロンを見ている。しかしそれで皮質の全体的な活動パターンが大きくなるわけではない」

「そしてそこに、この領域の謎の部分があると思います。心理学的には、時間が増大するように感じられることがありますが、そのような時間の流れ方を可能にする皮質活動のパターンとは、どのようなものかということです。順位づけにつながるようなパターン認識モデルの余地があるでしょうか？　その可能性は高いということ、そしてこれらの二つの概念を統合する何かがあるということに、かなりの確信を持っています。しかし今のところは、どうすればそれを得られるかがわかりません」

数日後、私はメックに電話した。「物理学者から見れば確かに、あのモデルはひどい時計だ」と彼は認めた。著しい変動を示すし、ニューロンのアンサンブルは10〜12％も同期からずれることがある。比較のために言えば、概日時計の変動はわずか1％だという。「だが、概日時計には柔軟性がほとんどない。24時間以外は計れないのだから！」それに対して、彼の時計モデルは驚くほど柔軟で、数秒から数分の範囲で計時できる。そしてこの時計はパーキンソン病や統合失調症の人たちが経験する時間的な障害を説明する一助にもなる。スカラー計時理論から逸脱しているわけではなく、その上に構築され、最後に時計モジュールと記憶モジュールを加えることで「一層『生物学的にありそうな』ものになっている」と彼は言った。「われわれはこの言い方が好きなんだ」

メックはこの領域の未来に期待を寄せている。彼がそこに足を踏み入れたのは、まさに体内時計という概念が行動生物学者たちに忌み嫌われていた頃だった。そして次のステップは生理学的な側面を解読することだった。それは今も進行中の努力目標だが、背景にある前提――そこに探求するべき何らかの計時メカニズムが、一つ、または複数あるということ――にもはや疑いはない。「われわれは他のすべてを排して計時のことを研究した」とメックは言い、第一世代の時間研究者のことを話した。「われわれは仕事の無駄をそぎ落とし、計時のことだけを見ていられるようにした」。それに対して今の世代は、「もっと現実的な見方をしている。計時はそれほど特別なことではない――計時は、脳が学習したり、注意したり、感情を経験したりするときの挙動の一部にすぎないというのだ」

カーディフ大学の認知神経心理学者のキャサリン・ジョーンズは同意した。「計時についての私の理解はかなり進みました」と彼女は言った。「私がこの世界に入ったのは1990年代終盤ですが、問題はすでに提示されていました。脳のどこかに、その内部時計があるという問題です。ちょっと独断的なところがありました。その概念は、もう少し幅広いものになっています。今は、ほかの人が何かを言っているのを聞いて、ああ、それは計時に関係することだと気づくことがあります。たとえば、人は発話と身振りをどう協調させて、良好なコミュニケーションをはかっているか、といった問題もそうです」

ジョーンズが初めて研究職に就いたのは、ロンドン大学のマルジャン・ジャハンシャヒの研究室だった。そこではパーキンソン病患者の運動と計時の問題を研究した。彼女は今、自閉症を研究している。この疾患によくある行動（反復性の運動、社交困難、複数の感覚からのインプットの統合困難など）の一部も、計時の異常と考えられるのではないかと思っている。ミシガン州立大学の若き行動認知神経科学者のメリッサ・オールマンも同意する。彼女は、メックとジョン・ウィアデンのどちらとも共同研究をしたことがあり、今はジョーンズと同系統の研究を進めている。「自閉症の人のことを『時間に迷った人』だと考えれば、こうした行動の説明がつくのではないかということに、関心を持つようになりました」と私に言った。オールマンとジョーンズは二人とも、この種の研究はまだ新しく、不確かなものだと強調した。特別な理論があるわけではないし、自閉症にまつわる時間的な問題について、何かの合意が得られているわけではない。それでも、乳幼児の計時異常のようなものがいつの日か特定され、高リスクの子供たちのスクリーニング検査に使えるようになるかもしれない、と二人は言った。

アネット・シャーマーはシンガポール国立大学の心理学者だ。最初は感情と非言語コミュニケーションの研究を始めたが、トレヴァー・ペニー（大学院生の頃にメックの研究室にいたことがある）と結婚してからは、計時の研究に惹かれていった。「今や私も計時界わいの一員です」と私に言った。シャーマーは、情緒的覚醒と計時についての研究はほとんどが視覚刺激を扱っていると言った。たとえば、怒った顔の画像は、無表情の顔を同じ時間だけ見せた場合より長く感じられる、という現象は十分に確立されている。しかし、彼女自身の研究では、聴覚刺激に逆の効果があることがわかった。聞き手にとっては、驚いたような言い方の「あ」は、平板な「あ」を聞いた場合より短かく感じられるのだ。その原因はわかっていないが、音や声には、静止画像にはない別の動的変数（緩急など）が入っていることをシャーマーは指摘した。いずれにせよ、覚醒によって体内時計のスピードが増し、それによって時間がひずむという概念は、それほど単純ではなさそうだ。

「現実味のあるメカニズムではありますが、人の知覚が影響を受ける仕組みは、おそらくほかにもあるのでしょう」とシャーマーは言った。一つは注意だ。計時に関する文献では、注意はよく、情緒的覚醒とは逆の作用があると書かれている。怒った顔が無表情の顔より長く感じられるのは、それが覚醒を促し、その結果として体内時計の速度が速くなるからだ。一方、汚い言葉を画面上で見たときに、普通の言葉より短く感じられるのは、汚い言葉が注意を引くからだ。脳は邪魔をされて時を刻む行為がおろそかになり、少しだけ時間を見失ってしまうので、その間の時間が過小推定される。しかし、この二つのカテゴリーを見分けるのは難しい場合がある。汚い言葉（fuckやasshole）を表示すると、注意を引くのとちょうど同じくらい覚醒を促すこともあるだろう。

「複雑な問題です」とシャーマーは言った。「覚醒モデルに関するエビデンスの多くは、注意と解釈することもできるかもしれません。覚醒は確かに注意かもしれない――その可能性はあります。機能的な観点からすると、この二つはきわめて密接に関連しています。進化の観点から見れば、生存のために必須の物事は人の注意を引き、行動を覚醒させるものです。何か目立つものに対して人が行動を起こし、そのことを覚えているためには、それが目につくタイミングが重要です」

どちらかといえば、計時の研究は広く浅く広がりすぎのきらいがある。「時間は一人の研究者ではとてもカバーできないほど大きな分野だと思います――あなたにできるでしょうか？」とジョーンズは言った。「時間の分類学はどこにあるでしょう？」

時間の研究者たちは「時間の分類」を切望している。不規則に広がりつつある研究領域に秩序と一貫性をもたらす、ある種の包括的な理論体系が求められている。メックがカリフォルニア大学バークレー校の心理学者で神経科学者のリチャード・イヴリーと共同執筆した２０１６年の論文には、「最新の『時間分類学』が喫緊に求められている」と書かれている。「別の分野からきた研究者たちが、それぞれ違った用語や実験法を用いながら、実は特定の文脈内にある同じ問題を扱っている、といった事態が散見される。この領域の成熟に伴って、取り扱う問題をより適切に表現するための共通言語を見つけることが有益であろう」

「共通言語」――私はパリ郊外にあるＢＩＰＭ時間部門の部門長、フェリチタス・アリアスに会った時のことを不意に思い出した。彼女は私に、世界で一番正確な時計を見せてくれた。全世界で共有されているそれは、角をホチキスで留めた紙の束だった（今はＥメールで素早く届く）。この方法によって、私たちは同じ時間を使うことに合意している。計時の研究者たちにも、そういうものが必要なのだろう。研究者たちに必要なのは言語という形の時計だ。

なぜ年をとるほど時間は速くなるのか

ジョン・ウィアデンにまた話を聞くことができたのは数年後のことだった。ウィアデンは、「基本的にはもうリタイアしている」と言った。しかし少しだけ間をおいて、リタイア生活は「かなり退屈」なので、また教える仕事を始めたと言い足した。ウィアデンは2、3の研究を続けていたが、ほとんどが若手の研究の手助けだった。ほかにも、母親が91歳で亡くなったことや、エジプトと韓国に旅行したこと、「リタイアカー」と名づけた車を買ったことなどを話してくれた（車はポルシェで、時速130キロを上回ると警告音が鳴る仕様だった）。

それでもウィアデンには、時間評価に関するいくつかの側面がまだ気にかかっていた。とくに、なぜ高齢になるほど時間が速く過ぎるように感じられるのかという古くからある問題だ。時間にまつわるあらゆる謎の中で、最もよく聞かれ、最も本質的で、最も複雑なものがこれだろう。先行研究はいくつかあり、80％もの被験者が、年をとって時間が速く過ぎるようになったと言っている。ウィリアム・ジェイムズも『心理学原理』の中で、《年をとるに従って次第に短く感じられる――日も月も年もそうである。一時間がそうであるかどうかは疑問である。分と秒はどう見てもほぼ同じ長さのままである》[*71]と書いた。しかし、時間は本当に、人が年をとるほど飛ぶように過ぎていくだろうか？　その答えもやはり、「時間」という言葉が何を意味しているかによってずいぶん変わる。

「非常にややこしい問題だな」とウィアデンは言った。「人が『時間が速く過ぎる』と口にするとき、いったいどういう意味で言っているだろう？ 何を計るべきだろうか？ 誰かが『時間が速く過ぎるように思う』と言っているからとか、誰かに『年をとるほど時間は速く過ぎるでしょうか？』と尋ねて『ええ、ほんとその通り』と肯定するからといって、その人たちが正しいと決まったわけではない。人は何にでも相づちを打つものなのだ。この問題は、実はまだ研究が足りていない。その上、正しいツールを使った実験すらまだ始まっていないし、現実世界で起きることをどう記録すべきかについては、取っ掛かりすら得られていない」

時間と年齢の謎を言い表すには、少なくとも二つの方法がある。最もよくあるのは、「特定の長さの時間が過ぎる速さは、若い頃より今の方が速くなっている」のような言い方だ。たとえば、40歳の人にとっては、10歳や20歳の頃より1年が速く過ぎるように思える。ジェイムズはソルボンヌ大学の哲学者、ポール・ジャネを引用している。「記憶の中に5年のまとまりがいくつもある人なら誰でも、自問するだけで、最近の5年は過去のどの5年よりずっと速く過ぎたということがわかるだろう。学校に通っていた最後の8年とか10年を思い出してみよう。その時間と、最近の8年や10年を比べると、前者はまるで1世紀、後者は1時間くらいの長さだ」

その印象を説明するために、ジャネはある数式を提案した。時間の見かけの長さは年齢に逆比例する、ということを表す式だ。50歳の人にとっての1年は、10歳の少年にとっての1年より5倍短く感じられる。なぜなら、50歳の人にとっての1年は人生の50分の1だが、10歳の少年にとっての1年は人生の10分の1だからだ。ジャネの説を発端として、なぜ時間が年齢とともに速くなるのかについて、同じような説明が次々に登場した。それらをここでは「比率理論」と呼ぼう。シンシナティ大学で化学工学の教授を務めていたロバート・レムリッヒは、1975年に、ジャネの式にひと工夫を加えた（レムリッヒは泡沫分離法という工業処理法の発明者の一人としての方がよく知られているかもしれない。通気によって生じる泡を用いて、液体中の汚染物質を除去する技術を開発したのだ）。レムリッヒは、ある時間の主観的長さは年齢の平方根に逆比例する、と提唱した。実際には上のような式になる。

$$dS_1/dS_2=\sqrt{R_2/R_1}$$

ここでdS_1/dS_2は、過去と比較した場合の、時間間隔が過ぎる相対速度、R_2は現在の年齢、R_1は過去の年齢だ。たとえば、あなたが40歳だとして、10歳の頃と比べるなら、40÷10の平方根は2なので、1年は10歳の頃より2倍速く過ぎる（ただしレムリッヒは慎重な注意書きをつけていた。この式は「長期に及ぶ外傷や異常事態といった経験が一切ないことを想定している」と）。

レムリッヒは、この式を検証するために調査をした。まず工学部の学生（平均年齢20歳）と成人（平均年齢44歳）を31人集めた。そして、その時点での時間の過ぎる速さは、「現在の年齢の半分の頃」と「現在の年齢の4分の1の頃」の二つの時期に比べて速くなったか遅くなったかを推定するように求めた。するとほぼ全員が、過去のどちらの時期と比べても、今の方が時間が速く過ぎると答えた。それから数年後、カナダのマニトバ州にあるブランドン大学の心理学者、ジェイムズ・ウォーカーは、もう少し年上の学生（平均年齢29歳）の集団に、「現在の年齢の半分の頃」と「4分の1の頃」に比べて「現在の1年の長さをどう感じるか」を尋ねた。結果は同様で、74％の学生が、若かった頃は時間がもっとゆっくり過ぎたと回答した。1983〜1991年にはノースアラバマ大学の心理学者、シャルル・ジュベールが類似の調査をさらに3回おこなって、やはりジャネとレムリッヒの説を確認するような結果を出した。

ただし、このような言い回しを研究の設問にすることには問題がある。人の記憶を極端に楽観視しているからだ。私は先週の水曜日のランチに何を食べたか覚えていないし、それが先々週の水曜日のランチと比べて美味しかったかそうでなかったかとなると、もうお手上げだ。そんな私が、10年、20年、あるいは40年前に時間がどういう速さで過ぎたかという、ひときわ抽象的な経験のことを正確に思い出せるものだろうか。さらに言えば、ウィリアム・ジェイムズも書いていたが、比率理論はあまり説明になっていない。ジャネは自分の式について、「この現象を大まかに表すものである」と書き、「謎が少しでも解明できたとは言い難い」と締めくくっている。

ジェイムズは、年をとると時間がたつのが速くなる経験は「振り返ってみたときの印象の単純化」によって起きる可能性が高いと考えた。若い頃は実質的にすべての経験が初めてのことなので、その経験は何年たっても生き生きと残る。しかし年をとるにつれ、習慣とおきまりの手順ばかりになる。あらゆることをすでに経験済みなので、新たな経験は少なくなり、今過ごしている時間のことを気に留めなくなる。やがて、「何日、何週間という時間が、記憶の中で数え切れないほどつながって、何年もの時間が内容のない空虚なものになる」とジェイムズは書いた。

ジェイムズのやや悲しいこの主張は、「記憶理論」とでも呼べそうなカテゴリーに入るだろう。ロックが提唱した、「人は過去の時間の長さを、思い出に残っている出来事の数によって判断する」という理論に連なるものだ。忘れられない出来事が数多くある期間は、振り返ってみればゆっくり過ぎたように――たくさん時間がかかったように――感じられるが、とくに出来事のなかった期間は素早く過ぎたように思え、その時間はどこへいったのかと問いたくなるのだ。時間の過ぎる速さに記憶がどのように影響を及ぼすかについては、いくつかの説がある。

感情に訴えるような出来事は、記憶の中で大きな場所を占める傾向にある。だから、働き過ぎて疲れた親になったあなたには、高校での4年間――初めてのプロム、初めての車、卒業式のように、写真やスクラップブックのおかげで記憶の中でハイライトが当てられている数々の思い出がある――は、平均的な4年という期間より長かったように感じられるだろう。ましてや、通勤、使い走り、皿洗いなどに明け暮れる今の生活でのここ4年と比べれば、どうしたって長かったと感じる。

また、人はたいてい10～20代の頃といった特定の期間のことを、ほかの期間より生き生きと思い出すようだ。レミニセンス・バンプ（想起のこぶ）と呼ばれるこの現象が、あとになって特定の期間が長く続いたように感じることに影響しているかもしれない。

記憶を主な要素とするこれらの説明には、「人が年をとるほど、生活が記憶に残りにくいものになっていく」という想定が織り込まれている。しかし、それが真実だというエビデンスはほとんどなく、一般的な経験はその逆のように思われる。私が妻と出会った夜のことは、10代の頃のサマーキャンプでのファーストキスの思い出よりずっとはっきり心に残っている。自分が初めて自転車に乗った日の天候や年齢は覚えていないが、ほんの数年前（私が46歳の時）、6歳の息子の自転車から手を離し、息子が初めて、おぼつかないながらも自分だけの力で野球場の芝生の上を精一杯走っている姿を見た、よく晴れた春の土曜日のことは鮮明に覚えている。

私は50年の間に旅をし、愛し、失い、またやり直したが、若い頃の記憶は次第に誰か別の人や過去の人のもののようになっている。自分に起きた注目すべきことはすべて、結婚して親になってからの年月で起きたことのように感じるのだ。その間に二人の息子がみるみるしっかりしてきて、彼らにとっての新しいことすべてが、私にも再び新鮮に感じられた。アルファベット、足し算、掛け算、ピアノ、裏庭でたくさん練習したあとで、サッカーボールに緩やかなカーブをつけて、ネットの右上隅に蹴り込むことができるようになったこと――。

時間は確かに速くなった感じがする。明らかに急いで過ぎていく。しかし、私はこの言葉をどういう意味で言っているだろう？　最近の数年は以前より出来事が少なくなったということだろうか？　それとも私は、子供たちの時間の経験に自分を重ね合わせるようになったのだろうか？　彼らの時間は私自身の時間より、何かを負うこともせき立てられることも少ないので、私は自分の時間に一層のプレッシャーを感じるようになったということか？　私の時間が飛ぶように過ぎるわけは、その中身がたいして記憶に残らないものだからではない。たぶんその反対で、時間の中身は記憶に残ることばかりだ。記憶に残る出来事がとても多いからこそ、私は、やりたいけれど時間がなくてどうしてもできないこと、忘れがたいものになったであろうあらゆることに、切実に気づかされる一方なのだ。時間は私が年をとるにつれ速くなったのか？　それとも、時間のスピードは一定なのに、単に私に残されている時間が少なくなったので一層貴重に感じられ、悩ましいだけだろうか？

こんなもつれた疑問を解きほぐそうとする試みが、以前からおこなわれている。その一つは、レムリッヒよりさらに前の１９６１年に発表された「On Age and the Subjective Speed of Time（仮訳：年齢と主観的時間の速度について）」と題する研究だ。これはバッドサイエンスの良い教訓でもある。この研究者たちは、時間を速くするように思わせる要因の一つは、忙しいという感情だということに気づいた。そこで、「忙しいということ自体が重要なファクターであるのか、あるいは忙しいから時間が一層貴重になるということなのか」を検討することにした。まず二つの群の被験者（大学生１１８人と、66～75歳の高齢者１６０人）を集め、一人一人に25通りの「メタファー」のリストを渡して、よく見させた。

25のメタファー

全速力で駆ける馬と騎手
逃げる泥棒
高速運行するシャトル便
疾走する列車
回転木馬
むさぼり食う怪獣
飛ぶ鳥
飛行中の宇宙船
しぶきを上げる滝
ぐるぐる回る糸巻き
行進する足
回転する大きな車輪
退屈な歌
風に舞い上がる砂
糸をつむぐ老女
火のついたろうそく
ビーズの首飾り
若葉の芽吹き
杖を持った老人
漂う雲
上方へ続く階段
広大な空
丘の上に続く道
波一つない静かな海
ジブラルタルの岩

被験者に、それぞれのメタファーがどの程度、「時間のイメージを喚起させる」かを考えてもらい、五つずつ5段階に順位づけするよう指示した。その結果、若者と高齢者は時間を同じように経験していることがうかがえた。つまり、両群とも最も代表的な時間のメタファーは「高速運行するシャトル便」や「全速力で駆ける馬と騎手」のようなものと感じる一方、最も似つかわしくないものは「波一つない静かな海」や「ジブラルタルの岩」だと感じていた。しかし、この研究者たちは、いくつかの統計学的な操作を追加し、現代の読者から見れば疑わしいほど込み入った解析を加えた結果として、高齢者は静的なメタファーよりも速さを感じさせるメタファーの方が各自の経験をよく象徴しているとみなす傾向にある一方、若者たちは概して静的なメタファーを好む、と結論づけた。

この研究には見過ごすことのできない方法上の欠点もあった。著者たちは、時間が速く過ぎるという印象に、次の二つの要素のうちどちらの寄与が大きいかを明らかにしようと計画していた。「その人がいかに忙しいか」と「その人が自分の時間をいかに重要に思うか」だ。もし忙しさの方が寄与が大きいなら、時間が速く過ぎると答えるのは若い人のはずだ。なぜなら若者は高齢者より活動的だから、と彼らは推論した。ところが、実際にそう答えたのは高齢者の方だった。そこで研究者たちは、「高齢者にとっては死が近づくほど時間がなくなっていく」から、その人にとっての時間の価値の方が貢献が大きいのだと結論づけた。しかし彼らは、

「高齢者は以前より忙しくも活動的でもない」と記すだけで、実際にそうである証拠を示しはしなかった。そのため、人が自分の時間の価値をどのように評価するかの唯一の指標が、時間のメタファーをどうランクづけするかになっていた。なぜ年をとるほど時間が速くなるように感じるのかを説明しようとする試みは多くがそうだが、この研究も推測を数字でくるんで見せるにとどまっている。

「年をとるほど、なぜ時間が速くなるか」という謎のもっと簡単な説明がもう一つある。実はそうではない、という説だ。確かにそれはそうだ。現実には、時間は年齢とともに速くなったりはしない。それは印象にすぎない。ところが、その印象そのものが錯覚だと考える研究者が増えている。時間は年をとると速くなるように思えるだけなのだ。
過去の多くの研究は、一見すると結果に一貫性があるように見える。被験者の3分の2以上(67〜82%)が、若かった頃は時間が過ぎるのがもっとゆっくりに感じられたと回答している。しかし、その印象を文字通りに受け取るなら、年をとるほどそういう人が多くなると予想される。もし平均的に、40歳の人は20歳だった頃に比べて、1年が過ぎるのを速く感じるなら、時間が以前より速く過ぎると答える人の数は、20代より40代の方が多いことが示されるはずだ。あるいは、この二つの年齢層に、この1年がどのくらい速く過ぎたかを説明するように求めたら、40歳代の人たちの方が、より速かったと言うだろう。高齢の被験者ほど時間が速く過ぎるという印象が顕著になるのだから、何らかの勾配の存在が明らかになると予想される。

ところが数字はそうなっていない。その印象は一貫して、あらゆる年齢層で等しく共有されている。高齢者の3分の2が、今は自分が若かった頃より時間が速く過ぎると回答するし、若者もやはり3分の2がそう答えるのだ。あらゆる年齢層の同じ割合の人々が、時間は年齢とともに速く過ぎると言う。これは一種のパラドックスだ。「あらゆる年齢層の多くの人が、年をとるほど時間が速くなるという印象を持っている」ということをそのまま受け取るなら、「その印象は年齢とは関係ない」ということになる。

一体どういうことだろう？　多くの人が「何か」を経験しているのは間違いない。しかし、何を？　混乱の一部は、ここに挙げたような研究で、時間について考えるように被験者に要請したやり方に原因がある。多少の違いはあるが、すべての研究で、被験者が確実には答えられないような質問をしている。つまり、「10年前、20年前、30年前に時間の流れをどのように経験しましたか？」というような問いだ。こうした質問ではなく、測定できる何かがあれば、その人がたった今、時間の流れをどう感じているかがわかるだろう。そうすることで根拠がいくらかしっかりする。一般に、時間が過ぎるのが速くなるという印象は、当人の年齢よりも心理学的状態（とくに、その人が自分の現状をどの程度忙しいと表現するか）と強く相関する。シモーヌ・ド・ボーヴォワールが書いているように、《その日その日に時間の経過をどう感じるかは、その内容に左右される》[*72]のだ。

1991年にトロントのサニーブルック医療センターの心理学者、スティーヴ・ボームと二人の同僚が、高齢者における忙しさと時間評価の関係を慎重に調査した。彼らは300人の高齢者と面接した。その大半がリタイアしたユダヤ系の女性で、年齢は62〜94歳。半数は活動的な人で、残り半分はあまり活動的でなく、後者の多くはさまざまな高齢者用施設に入所していた。まず被験者に、それぞれの情緒的な健康度と幸福度を評価するための一連の質問をした。次に、「今あなたは、時間が過ぎる速さをどのように感じますか?」という質問をして、1(速くなっている)、2(だいたい同じ)、3(遅くなっている)の中から選ぶように指示した。その際に、とくに時間間隔(1週間、1年など)は指定せず、「速くなっている」や「遅くなっている」が何を意味するか(何に比べて、あるいは、いつに比べて、速いとか遅いとかいうのか)はあいまいなままにした。その結果はやはり他の研究と同じで、被験者の60%が、今は以前より時間が速くなっていると回答した。しかしそれだけではなかった。そのように答えた被験者は、そうでない被験者より活動的な傾向にあり、その人が「有意義な生活」として記述した通りの暮らしを送っていて、自分は実年齢より若いと感じると答えた。一方、今の方が時間が進むのが遅いと回答した被験者が現に13%もいて、その人たちはほかの人たちに比べて、うつ病の徴候を示す割合が高かった。「年をとると、時間が必ずしも速くなるわけではない」と研究者たちは書き、「むしろ時間は人の心理学的な幸福度とともに加速する」と結論づけている。
ここ10年ほどの間におこなわれた三つの研究では、「年をとるほど時間が速くなるように感じる」という概念への最有力な反証が得られている。2005年にルートヴィヒ・マクシミリアン大学ミュンヘンのマーク・ウィットマンとサンドラ・レーンホフは、500人ほどのドイツ人とオーストリア人への質問調査をおこなった。年齢範囲は14～94歳で、全体を八つの年齢層に分けて、次のような一連の質問をした。

あなたは、普段の時間がどのくらい速く過ぎると感じますか？
あなたは、今から1時間が、どのくらい速く過ぎると予想しますか？
あなたは、先週がどのくらい速く過ぎたと感じますか？
あなたは、先月がどのくらい速く過ぎたと感じますか？
あなたは、去年がどのくらい速く過ぎたと感じますか？
あなたは、ここ10年がどのくらい速く過ぎたと感じますか？

被験者には、各質問に「–2（非常に遅い）」から「+2（非常に速い）」までの5段階スケールで答えるように指示した。この調査でも、過去の諸研究とは違って、被験者に特定の長さの期間についての現在の印象を、過去のどこかの時点での印象と比べて答えさせることはしなかった。その代わりに、さまざまな年齢層の被験者に、いくつかの時間間隔が過ぎる速さを今どう感じているかを尋ねた。すべて現在の印象だ。

結果はきわめて明確だった。各年齢層の被験者が、どの長さの時間についても平均で「+1(速い)」と回答した。年齢層ごとに比べても統計学的な差はなく、高齢者ほど若年者より時間が速く過ぎると感じていることを示すものはほとんどなかった。唯一、「ここ10年」のカテゴリーだけは、ごくわずかな差がみられ、高齢者は若年者より、ここ10年が速く過ぎたと答えた割合が高かった。しかし、その差はわずかであり、50歳付近で最も大きくなるように思われた。つまり、50歳から90歳超の人は、ここ10年の過ぎた速さを平均と同じ「+1(速い)」と回答していた。

非常によく似た実験が2010年にもおこなわれている。16~80歳のオランダ人1700人以上を被験者にしたその研究で、実質的に同じ結果が得られた。この時も1週間から10年までの時間が過ぎる速さを尋ね、どの年齢層も平均で「+1(速い)」と回答した。実験に携わったオーバリン大学のウィリアム・フリードマンと、デューク大学およびアムステルダム大学のスティーヴ・ヤンセンは、年齢層の間に統計学的な差はなく、時間が過ぎるのが「速い」と感じる人は若年者より高齢者の方が多いという徴候はほとんどみられないと発表した。唯一の例外は、ウィットマンとレーンホフの調査と同じで、高齢になるほど、ここ10年が速く過ぎたと回答する割合が高くなる徴候が、わずかにみられたことだ。ただし、差が出るのは50歳まであって、その年齢を過ぎると差はなくなった。

フリードマンとヤンセンの調査でみられたわずかな差は、年齢によるものではなく、被験者が現在の生活の中で、どの程度の時間的プレッシャーを感じているかによるものだった。フリードマンとヤンセンは時間の過ぎ方についての質問に加え、被験者の忙しさの感覚を測るために作った一連の文言を提示していた。たとえば、「自分のしたいことや、しなければならないことを全部するには時間が足りないことが多い」「すべてのことをやり終えるために大急ぎしなければならないことがよくある」などだ。被験者は「−3（まったく同意しない）」から「+3（強く同意する）」までの中から回答した。すると、その回答の結果は各自の時間評価と密接に対応していた。つまり、時間や週や年が過ぎるのが「速い」または「とても速い」と回答した被験者は、生活が忙しいと感じると答えたり、1日のうちにやりたいことが全部はできないことがあると答える割合が高かったのだ。さらに2014年には、あらゆる年齢層の日本人800人以上で再調査したところ、基本的に同じ結果が得られた。これらすべての研究が、時間は年齢ではなく、時間的なプレッシャー（切迫感）によって速くなることを示しているようだ。これで、あらゆる年齢の人が「時間が過ぎるのが速くなっている」と答える理由の説明がつく。時間は、実質的にすべての人が等しく足りないと感じているものなのだ。「誰もが、あらゆるスケールの時間が速く過ぎると感じています」とヤンセンは私に言った。

それでも、ちょっと興味をそそられることがある。ヤンセンとフリードマンの研究ではウィットマンたちの場合と同じように、若者よりも年をとるにつれ、ここ10年は時間が過ぎるのが速くなったと答えた人が多かった。つまり過去10年が過ぎた速さは、20代の人より30代の人の方が少し速く、40代の人はさらに少し速かったという（どの年齢層も「+1（速い）」の範囲内だが）。しかし50代以上の人全員にとって、ここ10年の過ぎる速さはほぼ同じだった。

これについて考えられる説明を、ヤンセンはまだ調べているところだが、おそらく時間的なプレッシャーとは関係ないだろうと考えている。人は前の週、前の月、あるいは前年については、自分がどの程度の時間的プレッシャーを受けていたかを十分に評価できるが、過去10年となるとおそらくできないのだ（それに、平均的な被験者は30歳になればほぼ確実に、その前の10年を非常に忙しく――平均的な50歳と同じくらい忙しく――過ごしている）。おそらく若い人ほど大きなライフイベントを楽しみにしていて、それを待ち望む気持ちによって、最近の10年は過ぎるのが遅かったように思うのだろう。20代と30代の人は、高齢者に比べれば、ここ10年の間の出来事を多く思い出し、その10年が比較的長かったと感じているのだ。しかし、もしその通りなら――つまり、もし10年単位の時間が年齢とともに速く感じられることの理由が、思い出に残る出来事が年々少なくなるからだとしたら――なぜその効果は50代以降に消えてしまうのだろう？　なぜ増大しないのだろう？
50歳以降の人が若い人より、過去10年が速く過ぎたと言いがちなのはなぜか――そのもっともらしい説明がもう一つあると、ヤンセンとウィットマンは考えている。それは暗示の力だ。年をとるほど時間が速く過ぎ去るという印象は民間信仰のようなもので、過去10年が過ぎ去った速さを評価するときには、若い人より高齢者の方がそれに影響されやすいのだ。ここまでのエビデンスをもう一度考えてみよう。この印象はあらゆる年齢層の人が広く均一に持っている。ただしそれは、たいていの人の実際の経験とは一致していない。40歳や50歳の人の中で、前年（あるいは前週、前月）が「速く」過ぎたと言う割合が20歳の人における割合より高いというわけではない。私たちの経験していることは、年齢と関係するというよりも、短い時間の中で誰もが等しく感じている忙しさと関係するからだ。それでも、過去10年の速さを評価するときには、50歳以上の人は別のある事柄を考慮に入れがちだ。その要因の影響は、人が年をとり、80代や90代になるからと言って増すわけではないと明らかになっている。それは、「年をとると時間が過ぎるのが速くなる」という共通概念だ。年をとるほど、自らの見方がそういう概念によって形成されていると思いがちなのだと、研究者たちは考えている。

年をとるほど時間が速く感じられるのは、ほかの人たちがそう言っているから――この説明は循環論法のようで落ち着かない感じがする。それでも私は、確かにそうかもしれないとも思う。長いこと私は、年をとると時間が飛ぶように過ぎるということわざを、無視したり退けたりしていた。「年をとると」というところがあてはまるほど、自分は年をとっていないと思っていたからだ。しかし最近は、そうかも、いや実際にそうだと思うようになった。時間は速くなりはしない。無情なまでに一定の速さだ。私は胸がちくりとするのを感じながら、日に日にその事実に気づかされている。

おわりに

修理に預けた腕時計を受け取るため、地下鉄に乗り、マンハッタンのミッドタウンにあるグランドセントラル駅まで行った。プラットホームは駅の地下深くにある。そこから階段を上ると通路になっていて、回転バーの改札を通勤客が行き交っている。エスカレーターが中二階に続く。その乗り口のところで中年女性がパンフレットを配っていた。女性は「The End《終わり》」と書かれたTシャツを着ていた。私に手渡されたパンフレットの表紙にも「The End」の文字があった。女性は大きな声を出していた。「神はおいでになる。それは誰もが知っています！　でもその日付がわからなければ、どうして備えることができましょう」

エスカレーターを上がったところでも、眼鏡をかけた少し年配の男性が、やや前かがみになりながらパンフレットを配っていた。男性が着ている黄色いTシャツにも「The End」の文字。そしてその下に「May 21《5月21日》」の日付があった。その日まであと3週間もない。私はとっさに、ひどいことを考えた。5月22日になったら、世界は終わらなかったということが明らかになるが、彼らは売れ残りのTシャツをどうするのだろう？　しかし私はすぐに、死を意味するその言葉に思いを巡らせた。もし来月、あるいは来週、なんならあと数分で、本当にすべてが終わってしまうとしたら、どうだろう？　私は備えができているだろうか？　自分の時間を精一杯活用しただろうか？

１９２２年、パリの新聞アントランシジャン紙が読者への問いかけを掲載した。「もしも天変地異によって、もうすぐこの世が終わるとわかったら、あなたは残された数時間をどう過ごしますか？」 たくさんの読者が回答を寄せた。中でもマルセル・プルーストは、その質問を楽しんでいた。「もし私たちが、おっしゃるような死の淵に立たされているのだとしたら、人生が急に素晴らしいものに思えてくるでしょう」とプルーストは書いた。「考えてもみましょう。なんと多くの計画が、旅行が、恋が、研究が、そこに――私たちの人生に――隠れていることか。怠惰な私たちは未来を疑いもせず、ぐずぐず先送りにするうちに、そうしたものが見えなくなっています」。人は終わりがあることに気づかない限り、現在に注意を集中させることができない、それはなんと不幸なことか、とプルーストは言っている。私たちが現在していることは、たいてい反射的になされている。習慣は意識的な思考の敵だ。なぜ私たちは今ここで、現在のことを考えないのだろう？

先日、昔の日記を読み返していたら、数年前にグランドセントラル駅を通ったときの記述を見つけた。その日は図書館にハイデガーの『The Concept of Time（仮訳：時間概念）』を返しに行ったのだ。１９２４年発行のその本は、基本的には講演をまとめたもので、ハイデガーののちの作品『Being and Time（存在と時間）』にみられる多くの概念が登場する。この日は返却期限の日で、ニューヨーク行きの列車に飛び乗った。その道すがら、ハイデガーの時間についての思想を再吸収しようとした。

ハイデガーの議論の中心には、彼が「Dasein」と呼ぶ無形の概念がある。それは「現存在」と翻訳されるが、ハイデガーは「世界内存在」や「共同存在」とも定義している。ハイデガーによると、現存在は、その終わりがくるまでは何事も完結しない。しかし当然ながら、その終わりが来れば、もはや存在しない。

ハイデガーは当初、神学を学び（のちにナチ党に参加した）、アウグスティヌスの熱心な読者だった。アウグスティヌスは『告白』の中で、ハイデガーと同じような概念を探求し、「音あるいは音節を発音してみよ。その持続が長いか短いかは音が終わるまで計れない。『今』はあとになって振り返って計るしかない」ということを書いた。ハイデガーはこの論じ方を一般的な存在にまで広げたのだ。ある人の存在は、それが終わるまで完全には評価できない。「私は私の時間を精一杯活用しているか？」のような疑問は、それがこれからの1時間のことでも、その人の全人生のことであっても、その時間の終わりを見極めたあとでなければ答えられない。実存論の立場からすると、時間は有限であるからこそ価値がある。「今」は「あと」になってようやく明らかになる。時間という根源的な現象は未来にある、とハイデガーは書いている。

もちろん批判もある。ハイデガーの理論では、実存にまつわる問題に満足のいく答えは決して見つからないということになるからだ。答えを用意できたときには、あなたは死んでいるのだから。アウグスティヌスは、時間とは「魂の延長」以外の何ものでもないと言った。現在の魂は、記憶と期待の間に延びている。ハイデガーは、この延び広がりに、さらに緊張感を持たせている。人は未来に向かって永遠に保持されながら、あとづけのやり方で現在の人生が評価される。人の存在——現存在——は常に「過去に先駆する」。これはまさに時間の定義だ。ハイデガーの言葉を読んでいると、不安を誘われる。「存在の究極の表れである現存在とは、『時間そのもの』であって、時間の中に存在するものではない……私自身が過去を連れて前に進みながら、私は時間とともにある」

しかし私には時間がなかった。列車がグランドセントラル駅に着くと、私は駅を駆け抜けた。星座が描かれた丸天井の下を走り、球形の時計があるインフォメーションセンターを過ぎて地下に下り、図書館方面行きの地下鉄に乗った。私は未来の自分があとで解読できることを願いながら、いくつかのメモを走り書きしていた。

ジョシュアとレオが4歳になったばかりの頃、難しい質問が始まった。「死ぬ」って何？パパは死ぬ？　パパいつ死ぬの？　ぼくは死ぬ？　人間はお肉でできてるの？　腐る？　ぼくが死んだら誰がぼくのお誕生日のろうそく吹き消すの？　誰がぼくのケーキ食べるの？

私はある程度の心の準備はできていた。発達心理学者のキャサリン・ネルソンが、このくらいの年齢で自己が形になってくると書いていたからだ。子供は生まれて2年くらいは、自分自身の記憶と、人から聞かされたことの区別がつかない。たとえば、あなたがスーパーマーケットに行った話を子供に聞かせると、その子はその出来事をあたかも自分自身が行ったことのように思い出すだろう。回想という経験それ自体が初めてのことなので、すべての記憶が自分のものであるかのように思うのだ。しかし子供は徐々に、自分の記憶は自分だけのものとして認識する。そして、自分が時間を通して、ひとつながりで移り変わっていくことに気づくようになる――私は、膜に包まれて意識を持つ「私」という存在である。私は、「昨日、私は私だった」という私の記憶と、「明日、私は私である」という私の期待の両方でできている。過去も未来も、常に私は私だ――。

しかし、自分が時間を超えたひと続きの存在であることに新しい自己がひとたび気づけば、それは終わる。「ぼくは、いつでもぼくだ――だけど、『いつでも』っていつまで？」身の回りのあらゆるものに終わりがあることに気づけば、必然的に、自分自身もいつか、何らかの形で終わるのだという結論に至る。

時計修理店に着くと、時計修理士が机について、宝石用のルーペで腕時計をのぞき込んでいた。彼は目を上げ、私を見た。それから私の腕時計が入った小さなビニール袋を探し出し、私に手渡した。ほかに待っている人はいなかったので、私は彼に、もし15分ほど時間があるなら、どうして時計修理士になったかを話してくれないかと頼んだ。「15分?」と彼は言った。強い訛りがあった。「どうして15分もいるんだ? どんなことだって5分で話してやるよ」

彼はウクライナで育った。15歳の時、両親に、もう学校には行きたくないと告げた。何かをしたかったが、それが何かはわからなかった。時計職人はどうだと誰かに言われ、それでその仕事に就いた。当時は冷戦下で、ロシアでは時計の部品がなかなか手に入らず、手作業で部品を作らなければ仕事にならないことがよくあった。近頃の時計の製造元はブランドごとに決まった部品を使っているが、たまに、彼が自分で簡単に作れる部品で修理できることがある。ここまで話して彼は机のところに戻り、ロレックスを手にして戻ってきた。裏ぶたが開いて、回転する歯車が織りなす小宇宙が見えていた。彼は誇らしげに小さな柱のような部分を指した。時計の心臓部にあたる天輪《てんわ》という部品を正しい位置に保つ軸だ。彼はそれを手作りしたのだ。

私は彼に、この仕事のどういうところに最も満足を感じるか、と尋ねた。彼は困ったような顔をした。「時計の修理さ」と彼は言った。「誰かがそれを持ってきて、動かないと言う。俺が修理する。すると動くようになる——そういうところが満足さ」

私は料金を払ってグランドセントラル駅に戻った。電車までにまだ時間があったので、カフェに座って、腕時計を取り出した。修理士は、時計をウォータープルーフにしたと言っていた。その時刻は、私の携帯の表示より2分進んでいた。私は時計を手首にはめ、懐かしいような重みを感じた。それから、たちまちその存在を忘れた。

あたりを見回すと、高齢の女性が二人、ソーダコーナーの丸椅子に腰掛けてしゃべっていた。そばのテーブルでは、フランス人のカップルと二人の子供がソフトクリームを食べていた。聖職者が急ぎ足で過ぎていく。ノートに何かを書いている女性。テーブルに肘をつき、あごに手を当てて寝ている男性。そこここにスマートフォンを見ている人や電話で話す人、言葉を交わし合っている人たちがいて、ビジネスと会話のざわめきでいっぱいだった。それは、きわめて社会的な生物が、種の中でつながったり同期したりしながらたてる音だ。

そんな光景に心がなごむ思いがした。私はここ数カ月は自宅で仕事をしていたので、何かの歯車の一つになったような感じがするのは久しぶりだった。私は腕時計を見た。乗るはずの電車まであと12分だった。

息子たちが成長して、この本のことを尋ねてくるようになった。「それ何の本？　なんでそんなに時間かかっているの？」そろそろ書き終わるべき時がきたと悟った。二人は5歳になっていた。

私は、今年こそ、息子たちがビーチを永遠に好きになる夏が到来したと感じていた。ちょうどレイバーデーの週末がきた。夏のけだるさと、秋のぴりっとした日々にはさまれた輝くばかりの休日、その名が永遠に終わらない何かをほのめかす休日だ。「ハリケーン一過」の好天でビール日和だった。息子たちは午後になるとまず、ビーチで波をかぶるとはこういうものだということを、鼻から海水を流しながら正しく学んでいった。それから潮が引きはじめ、いよいよ砂の城を作る時間だ。

私たちは引き潮の波に洗われない、ぎりぎり最前線の場所を選んだ。そこは干潮時限定の最高級不動産だ。平らで、砂が十分に水気を含んでいながら、海水はかぶらない。息子の一人はあっという間に、砂の小山で町並みを作り、ぐるっと囲む低い壁まで建てた。私はその前方に濠《ほり》を掘り、それからそのさらに前方に防波堤を築いた。

息子は大喜びで目を見張り、「今までこんなに時間があったことなかった！」と叫んだ。たぶんそれは、大きな波がこんなに近くに見えるのに（潮はまだ引いている途中だった）、怖くないし、あわてなくてもいいと感じるのは初めてだ、という意味だ。

ニーチェは、人が砂の城を作るやり方を見れば、その人と時間との関係がわかる、と論じた（実際には、心理分析学者のスティーヴン・ミッチェルが、ニーチェが論じたと論じた）。ある人は手を動かしつつも、必ず戻ってくる波のことを気にかけながら、びくびくしている。そしてついに波がやってくると、喪失感にショックを受ける。2番目の人は、どうせ波に壊されるのに、なぜわざわざ？　という態度で、城を作り出そうともしない。3番目の人は回避できない事態を受け入れ、それを心に留めながらも、気にすることなく楽しんで作業に没頭する。この3番目の人物を、ニーチェは人間の手本だと見ている。

私は3番目のカテゴリーの人間でありたいが、1番目の人だとしても幸いだ。私のもう一人の息子は、私がそれとなく助言したにもかかわらず、濠と防波堤より前方で自分の建築プロジェクトに着手した。最初に不規則な波が戻って来たとき、それは濡れた小山に帰した。息子の目に涙。彼はふたたびプロジェクトにとりかかり、それもたちまち崩れ去ったが、またやり直した。ニーチェは彼のための4番目のカテゴリーを用意するべきだった。やや独特な態度をとりながらも、強く執着する人物だ。

そうこうしているうちに潮の戻りに勢いがつき、息子たちは壊滅的な被害にあった。町を作った息子は壁の後ろに立って、潮の流れを正面から見ていた。両手を前に突き出し、「そこでおしまい！　もうおしまい！」と波に向かって叫んでいた。顔には大人びた笑みを浮かべていた。

息子は巨人のようだった。見たことがないほど楽しそうだ。私はうらやましかった。

謝辞

本書はジョン・サイモン・グッゲンハイム記念財団およびマクダウェル・コロニーからのご支援がなければ実現しなかった。

*67 ウェルギリウス、1981年、『牧歌・農耕詩』（河津千代訳）p.300、未来社
*68 チョーサー、1995年、『完訳 カンタベリー物語（中）』（桝井迪夫）p.111、岩波書店
*69 アウグスティヌス、2018年、『告白Ⅲ』（山田晶訳）p.72、中央公論新社
*70 ポール・フレッス、1960年、『時間の心理学』（原吉雄、佐藤幸治訳）p.219、東京創元社
*71 W・ジェームズ、1993年、『心理学（下）』（今田寛訳）p.78、岩波書店
*72 シモーヌ・ド・ボーヴォワール、2013年、『老い　下巻［新装版］』（朝吹三吉訳）p.122、人文書院

*36 W・ジェームズ、1993 年、『心理学（下）』（今田寛訳）p.73、岩波書店
*37 W・ジェームズ、1993 年、『心理学（下）』（今田寛訳）p.74-75、岩波書店
*38 W・ジェームズ、1993 年、『心理学（下）』（今田寛訳）p.75、岩波書店
*39 W・ジェームズ、1993 年、『心理学（下）』（今田寛訳）p.75、岩波書店
*40 W・ジェームズ、1993 年、『心理学（下）』（今田寛訳）p.75、岩波書店
*41 W・ジェームズ、1993 年、『心理学（下）』（今田寛訳）p.75-76、岩波書店
*42 W・ジェームズ、1993 年、『心理学（下）』（今田寛訳）p.76、岩波書店
*43 アウグスティヌス、2018 年、『告白Ⅲ』（山田晶訳）p.76、中央公論新社
*44 アウグスティヌス、2018 年、『告白Ⅲ』（山田晶訳）p.67、中央公論新社
*45 アウグスティヌス、2018 年、『告白Ⅲ』（山田晶訳）p.67、中央公論新社
*46 デボラ・ウェアリング、2009 年、『七秒しか記憶がもたない男』（匝瑳玲子訳）p.214、ランダムハウス講談社
*47 デボラ・ウェアリング、2009 年、『七秒しか記憶がもたない男』（匝瑳玲子訳）p.174、ランダムハウス講談社
*48 デボラ・ウェアリング、2009 年、『七秒しか記憶がもたない男』（匝瑳玲子訳）p.203、ランダムハウス講談社
*49 デボラ・ウェアリング、2009 年、『七秒しか記憶がもたない男』（匝瑳玲子訳）p.203、ランダムハウス講談社
*50 デボラ・ウェアリング、2009 年、『七秒しか記憶がもたない男』（匝瑳玲子訳）p.176、ランダムハウス講談社
*51 デボラ・ウェアリング、2009 年、『七秒しか記憶がもたない男』（匝瑳玲子訳）p.176、ランダムハウス講談社
*52 デボラ・ウェアリング、2009 年、『七秒しか記憶がもたない男』（匝瑳玲子訳）p.220、ランダムハウス講談社
*53 H・G・ウエルズ、1994 年、『タイム・マシン 他九篇』（橋本槇矩訳）p.168、岩波書店
*54 H・G・ウエルズ、1994 年、『タイム・マシン 他九篇』（橋本槇矩訳）p.175、岩波書店
*55 ニュートン、1979 年、『中公バックス　世界の名著　31　ニュートン』（河辺六男訳）p.65、中央公論社
*56 カール・マルクス、2020 年、『新版　資本論　第 3 分冊』p.671、新日本出版社
*57 ダニエル・C・デネット、1998 年、『解明される意識』（山口泰司訳）p.214、青土社
*58 ダニエル・C・デネット、1998 年、『解明される意識』（山口泰司訳）p.134、青土社
*59 ポール・フレッス、1960 年、『時間の心理学』（原吉雄、佐藤幸治訳）p.100、東京創元社
*60 ポール・フレッス、1960 年、『時間の心理学』（原吉雄、佐藤幸治訳）p.100、東京創元社
*61 ポール・フレッス、1960 年、『時間の心理学』（原吉雄、佐藤幸治訳）p.222、東京創元社
*62 ポール・フレッス、1960 年、『時間の心理学』（原吉雄、佐藤幸治訳）p.220、東京創元社
*63 エルンスト・ペッペル、1995 年、『意識のなかの時間』（田山忠行、尾形敬次訳）p.54-55、岩波書店
*64 エルンスト・ペッペル、1995 年、『意識のなかの時間』（田山忠行、尾形敬次訳）p.55、岩波書店
*65 スティーヴン・カーン、1993 年、『時間の文化史』（浅野敏夫訳）p.43、法政大学出版局
*66 ルイス・キャロル、2010 年、『不思議の国のアリス』（河合祥一郎訳）p.12、角川書店

引用一覧

*1 ジョージ・レイコフ、マーク・ジョンソン、2004 年、『肉中の哲学』（計見一雄訳）p.199、哲学書房
*2 アウグスティヌス、2018 年、『告白Ⅲ』（山田晶訳）p.20-21、中央公論新社
*3 アウグスティヌス、2014 年、『神の国 上』（金子晴勇ほか訳）p.571、教文館
*4 アウグスティヌス、2018 年、『告白Ⅲ』（山田晶訳）p.54、中央公論新社
*5 W・ジェイムズ、2004 年、『純粋経験の哲学』（伊藤邦武訳）p.10、岩波書店
*6 ペトロニウス、1991 年、『サテュリコン』（国原吉之助訳）p.306、岩波書店
*7 ジェレミー・リフキン、1989 年、『タイムウォーズ』（松田銑訳）p.23、早川書房
*8 ジェレミー・リフキン、1989 年、『タイムウォーズ』（松田銑訳）p.25、早川書房
*9 ジェレミー・リフキン、1989 年、『タイムウォーズ』（松田銑訳）p.26、早川書房
*10 ジェレミー・リフキン、1989 年、『タイムウォーズ』（松田銑訳）p.15、早川書房
*11 ジェレミー・リフキン、1989 年、『タイムウォーズ』（松田銑訳）p.15、早川書房
*12 プルースト、2019 年、『失われた時を求めて 1』（高遠弘美訳）p.28、光文社
*13 スティーヴン・ストロガッツ、2014 年、『SYNC』（長尾力訳）p.157、早川書房
*14 アリストテレス、2017 年、『アリストテレス全集 4』(内山勝利訳)p.242、岩波書店
*15 アリストテレス、2017 年、『アリストテレス全集 4』(内山勝利訳)p.242、岩波書店
*16 ファインマン、レイトン、サンズ、2015 年、『ファインマン物理学Ⅰ』（坪井忠二訳）p.62、岩波書店
*17 ナサニエル・ホーソーン、2015 年、『ナサニエル・ホーソーン短編全集Ⅰ』（國重純二訳）p.232、南雲堂
*18 ナサニエル・ホーソーン、2015 年、『ナサニエル・ホーソーン短編全集Ⅰ』（國重純二訳）p.233、南雲堂
*19 プラトン、1980 年、『プラトン全集 4』（田中美知太郎訳）p.114、岩波書店
*20 プラトン、1980 年、『プラトン全集 4』（田中美知太郎訳）p.114、岩波書店
*21 アリストテレス、2017 年、『アリストテレス全集 4』(内山勝利訳)p.328、岩波書店
*22 アリストテレス、2017 年、『アリストテレス全集 4』(内山勝利訳)p.219、岩波書店
*23 アウグスティヌス、2018 年、『告白Ⅲ』（山田晶訳）p.70、中央公論新社
*24 アウグスティヌス、2018 年、『告白Ⅲ』（山田晶訳）p.71、中央公論新社
*25 アウグスティヌス、2018 年、『告白Ⅲ』（山田晶訳）p.71、中央公論新社
*26 アウグスティヌス、2018 年、『告白Ⅲ』（山田晶訳）p.71、中央公論新社
*27 アウグスティヌス、2018 年、『告白Ⅲ』（山田晶訳）p.71、中央公論新社
*28 アウグスティヌス、2018 年、『告白Ⅲ』（山田晶訳）p.50、中央公論新社
*29 アウグスティヌス、2018 年、『告白Ⅲ』（山田晶訳）p.38、中央公論新社
*30 アウグスティヌス、2018 年、『告白Ⅲ』（山田晶訳）p.53、中央公論新社
*31 アウグスティヌス、2018 年、『告白Ⅲ』（山田晶訳）p.72、中央公論新社
*32 アウグスティヌス、2018 年、『告白Ⅲ』（山田晶訳）p.52、中央公論新社
*33 アウグスティヌス、2018 年、『告白Ⅲ』（山田晶訳）p.52、中央公論新社
*34 アウグスティヌス、2018 年、『告白Ⅲ』（山田晶訳）p.72、中央公論新社
*35 アウグスティヌス、2018 年、『告白Ⅲ』（山田晶訳）p.72、中央公論新社

その他

実験

※本文中では文章の流れの中で示されている実験が多数あります。「○○実験」となっていない項目は、実験概要を項目名にしています。

人体・生体物質

施設・地名

索引

人名

著者プロフィール
Alan Burdick　アラン・バーディック
ニューヨーク・タイムズのシニア・スタッフエディター。これまでにニューヨーカーのスタッフライターおよびシニア・エディター、ニューヨーク・タイムズ・マガジンやディスカバーなどの雑誌のエディターなどを経て現職に至る。ハーパーズ、GQ、ナチュラル・ヒストリー、オンアース、アウトサイドなどにも寄稿し、その記事は『Best American Science and Nature Writing』にも収載されている。１冊目の著書『Out of Eden：An Odyssey of Ecological Invasion（翳りゆく楽園 外来種 vs. 在来種の攻防をたどる）』は全米図書賞のファイナリストにノミネートされ、オーバーシー･プレスクラブアワードの環境報告部門賞を受賞した。グッゲンハイム・フェローへの選出歴がある。小惑星 9291 に名前が登録されている。家族とともにニューヨーク郊外に暮らす。

訳者プロフィール
佐藤 やえ
翻訳家。薬剤師の資格を持ち、医学・医療情報の翻訳、自然科学系の書籍翻訳を手がけている。訳書に、『New Scientist 起源図鑑』『Beyond Human 超人類の時代へ』（ともにディスカヴァー・トゥエンティワン）、『国際移住機関 世界移民統計アトラス』（原書房）など。東京都品川区在住。

WHY TIME FLIES　なぜ時間は飛ぶように過ぎるのか

2021（令和３）年 10 月 15 日　初版第１刷発行

著　　者：アラン・バーディック
訳　　者：佐藤 やえ
発 行 者：錦織 圭之介
発 行 所：株式会社 東洋館出版社
〒 113-0021　東京都文京区本駒込５丁目 16 番７号
営業部　TEL：03-3823-9206
FAX：03-3823-9208
編集部　TEL：03-3823-9207
FAX：03-3823-9209
振替　00180-7-96823
ＵＲＬ　http://www.toyokanbooks.com/

［装　丁］藤塚 尚子（e to kumi）
［本文デザイン］亀井 智子（岩岡印刷株式会社）
［印刷・製本］岩岡印刷株式会社

ISBN978-4-491-04404-0 / Printed in Japan